水体污染控制与治理科技重大专项"十三五"成果系列丛书

沙颍河流域差异化水质目标管理与多目标智能管理平台构建

(多闸坝流域差异化水质目标管理技术体系及其业务化应用标志性成果)

优控污染物水质基准及风险评估

——以沙颍河流域为例

张亚辉　丁婷婷　等编著

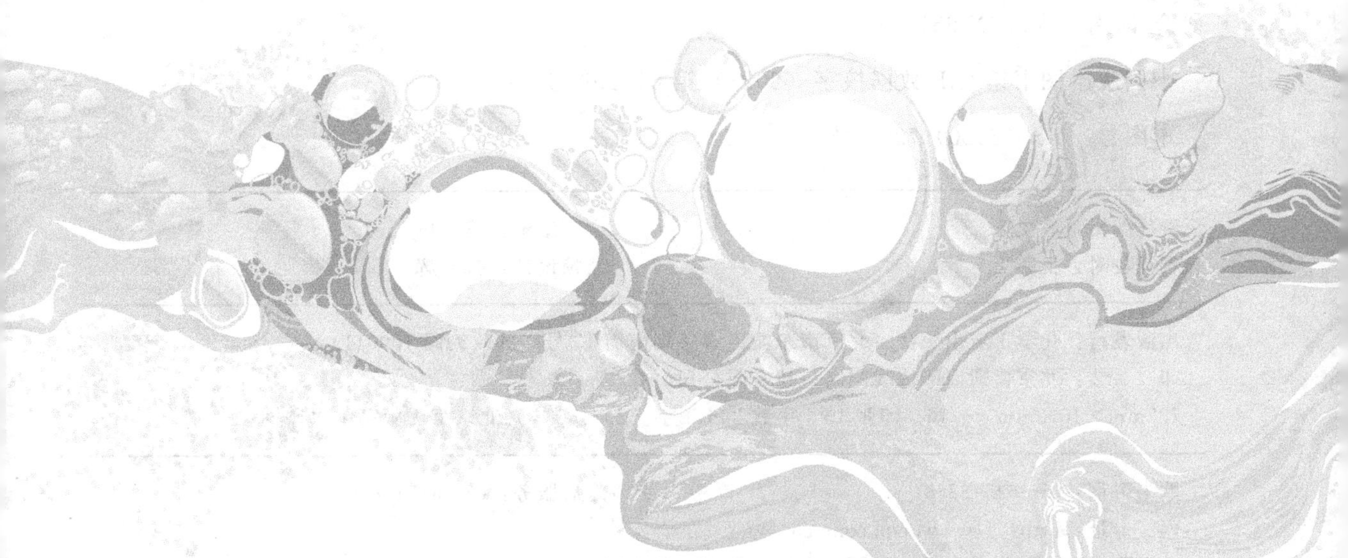

化学工业出版社

·北京·

内容简介

《优控污染物水质基准及风险评估——以沙颍河流域为例》是作者"十三五"期间水专项课题的研究成果总结，以沙颍河流域为例，系统监测了流域水体、沉积物中重金属、挥发性有机污染物（VOCs）、半挥发性有机污染物（SVOCs）（包括多环芳烃、有机氯农药、有机磷农药、多氯联苯、邻苯二甲酸酯类、取代苯类、酚类、苯胺类、氯代烃类、醚类和5种其他类）以及抗生素共计200多种化学品的污染水平，分析了污染物的空间分布并进行了来源解析。基于流域水环境污染状况大量调查与监测结果，建立了流域优控污染物筛选技术规范，提出了沙颍河流域优控污染物名单，含8类共40种物质；建立了沙颍河流域水环境基准的技术方法体系，提出了4种流域优控污染物的水环境基准阈值，基于水质基准值采用商值法、安全阈值法和联合概率曲线法进行了生态风险评估。研究结果为沙颍河流域水环境管理提供了依据，也为其他流域化学品的管理提供了示范。

本书详细阐述了优控污染物和水质基准以及生态风险评估的研究过程，具有很强的学术性和实用性，适合从事流域优控污染物筛选、流域水质基准和生态风险评估研究的学者以及环境决策者参考，也适合作为环境科学和生态毒理学教师和学生的参考用书。

图书在版编目（CIP）数据

优控污染物水质基准及风险评估：以沙颍河流域为例/张亚辉等编著. —北京：化学工业出版社，2021.4
（水体污染控制与治理科技重大专项"十三五"成果系列丛书）
ISBN 978-7-122-38425-6

Ⅰ.①优… Ⅱ.①张… Ⅲ.①河流-流域-水质标准-研究-河南 Ⅳ.①X-651

中国版本图书馆CIP数据核字（2021）第017299号

审图号：GS（2020）7207号

责任编辑：满悦芝　　　　文字编辑：王　琪
责任校对：王鹏飞　　　　装帧设计：张　辉

出版发行：化学工业出版社（北京市东城区青年湖南街13号　邮政编码100011）
印　　装：北京盛通商印快线网络科技有限公司
787mm×1092mm　1/16　印张15　字数366千字　2021年4月北京第1版第1次印刷

购书咨询：010-64518888　　　　售后服务：010-64518899
网　　址：http：//www.cip.com.cn
凡购买本书，如有缺损质量问题，本社销售中心负责调换。

定　　价：98.00元　

《优控污染物水质基准及风险评估
——以沙颍河流域为例》
编写小组

组　　　长： 张亚辉　丁婷婷

其他编写人员： 杜士林　黄子晏　王一喆
张　瑜　魏占亮　肖欣欣
王宏亮　王晓伟　陈丽红
刘晓雪

前言

水资源是人类生命之源，人们的生活和生产活动都离不开水。流域作为重要的生态系统，同时也为大自然的各种生物提供栖息场所。化学物质在河流生态系统的循环过程中经过迁移、转化最后得以降解，因此健康的河流生态系统是水资源循环和水生态安全的重要保障。随着经济的发展，我国的工业、农业迅速发展，随之而来的便是环境问题。工业废水和生活污水的排放量越来越大，个别沿河城市的化工厂没有经过处理将污水等排入河流中，农业和畜牧业也使得水环境中的农药、抗生素等污染物增加，这些污染物质堆积远远超过了河流水环境的自愈能力，从而引发水资源污染。面对水污染问题，国务院及生态环境部加大了水污染控制与治理力度，“十二五”期间国家启动了水体污染控制与治理科技重大专项，针对辽河和太湖流域开展水污染控制和水环境保护的综合示范，解决了我国河流的一系列污染问题，取得了重要成果。

沙颍河流域是淮河最大的支流，跨豫、皖两省，贾鲁河郑州饮用水源区、颍河许昌饮用水源区、颍河禹州饮用水源区、沙河周口饮用水源区、沙河平顶山饮用水源区等一系列大型饮用水源区都位于沙颍河流域。作为饮用水水源地，除了常规营养元素氮磷以及溶解氧等水质指标等，各种化学品的污染状况越来越受到关注。沙颍河流域内存在造纸、化工、酿造、皮革、畜禽养殖以及农业面源等多行业的污染排放，排放到流域水环境中的化学污染物种类繁多，如重金属、农药、抗生素、多环芳烃等，导致多种毒害污染物复合污染水环境。由于污染物的种类多样，不同污染物引起的生态危害程度也不同，因此难以对所有化学品进行管理控制。在如此众多的污染物中，如何更好地管理和控制，保障水源水质和生态环境的安全是值得思考的问题。因此，迫切需要建立高通量筛查技术体系，提出流域水环境优控污染物清单，以达到优先控制、有针对性治理的水质保护目标。此外，水环境基准研究是落实“水十条”、促进我国水环境质量改善的需求，因此建立流域水质基准技术方法学、提出重点优控污染物的水环境基准建议值，是河流水质安全的重要保障。

本书得到了水体污染控制与治理科技重大专项河流水环境综合整治技术研究与综合示范主题淮河流域重污染河流深度治理和差异化水质目标管理关键技术集成验证及推广应用项目沙颍河流域差异化水质目标管理与多目标智能管理平台构建课题（2017ZX07602-003）的资助。本书共 10 章。第 1 章首先介绍了沙颍河流域的概况，分析了流域污染控制管理科技需求，提出了需要解决的问题。第 2 章分析了国内外优控污染物的筛选方法，建立了流域优控污染物筛选技术规范。第 3 章分析了国内外水质基准研究概况，建立了我国流域水环境基准的技术方法框架，提出了流域水环境基准相关的技术方法体系。第 4 章开展了水体和沉积物的监测方法，评价了污染物在沙颍河流域的暴露水平以及空间分布，追溯其来源。第 5 章基于沙颍河流域有毒有害污染物的高通量筛查，开展了沙颍河流域优控污染物的筛选，提出了沙颍河流域优控污染物清单。第 6 章对优控污染物清单中的重金属和多环芳烃进行了生态风险评估。第 7～10 章为沙颍河流域重点优控污染物的水质基准推导以及基于基准值的生态风险评估：其中，第 7 章为基于水质因子硬度下的沙颍河流域重金属镉基准值的推导以及生态风险评估；第 8 章为基于水质因子温度和 pH 条件下沙颍河流域氨氮基准值的推导以及生态风险评估；第 9 章和第 10 章分别为沙颍河流域硝基苯和苯并［a］芘基准值的推导以及生态风险评估。

由于作者水平有限，书中难免存在疏漏之处，敬请批评指正。

编著者

2021 年 3 月

目录

第 9 章 沙颍河流域淡水水生生物硝基苯基准研究与生态风险评估 —— 208

第 10 章 沙颍河流域淡水水生生物苯并[a]芘基准研究与生态风险评估 —— 218

参考文献 —— 223

01

第1章

沙颍河流域概况

过去20多年，社会经济的高速发展和迅速的城市化进程，使得我国的环境遭到严重污染，环境问题变得非常复杂，我国已进入水环境污染事故突发的高风险时期。全国水污染问题仍有待进一步解决，形势依然十分严峻，国务院《关于落实科学发展观加强环境保护的决定》要求到2020年，环境质量和生态状况明显改善。淮河流域环境治理和污染减排成为国家水环境保护的中心任务，对于国家水环境保护工作的推进具有引领作用。据淮河水利委员会调查统计，淮河流域河流水质在“十二五”期间得到显著提升，V类和劣V类河流从2010年的35.4%降低至2015年的26.4%，但河流水体污染问题仍然较为突出。

沙颍河是淮河流域最大的支流，是我国主要的粮食产地和畜禽养殖产地，随着沙颍河流域水环境治理措施的实施及环境管理的日益严格，沙颍河流域水环境质量得到有效改善。但在城镇化、工业化持续推进过程中，污染物排放量也随之增加，沙颍河流域的水污染防治形势依然严峻，随着“水十条”的颁布实施，原有的环境管理方式已不能满足新常态下流域水环境质量持续改善的需求。

1.1 自然地理概况

1.1.1 地理位置

沙颍河位于淮河流域以北（111°55′28″～116°19′36″，32°36′36″～34°58′22″），河流源头为伏牛山，伏牛山位于河南省境内。沙颍河与涡河、伊洛河、黄河、洪汝河等河流相邻接，流经河南与安徽两省合计40余个县市后流入淮河。沙颍河流域地理位置见图1-1。

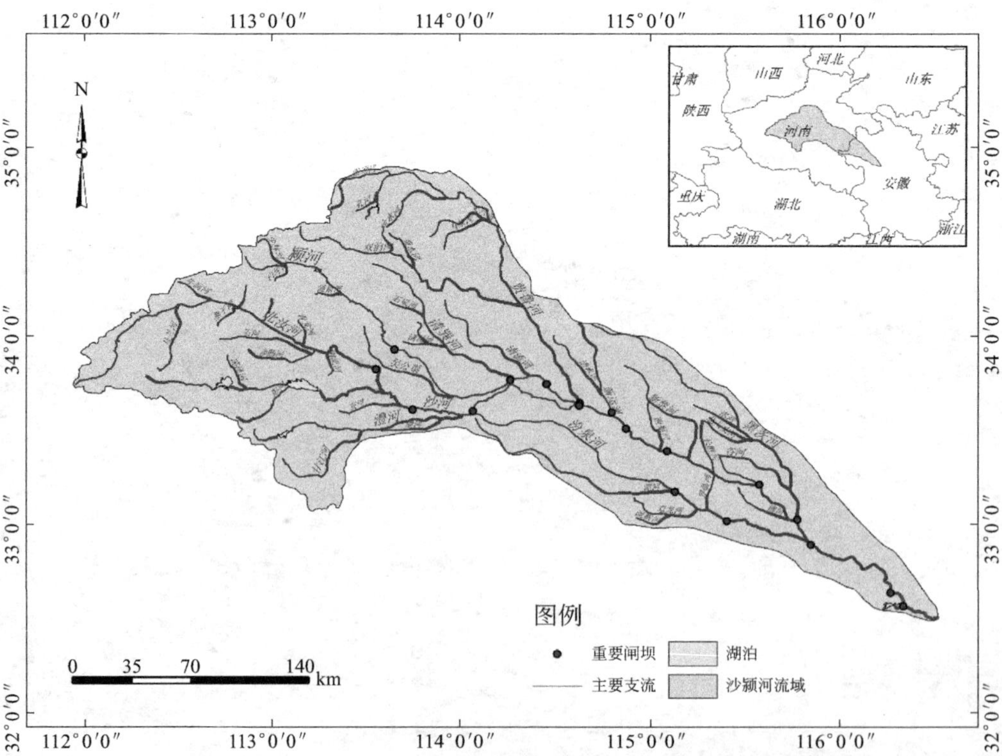

图1-1 沙颍河流域概况图

1.1.2 地形地貌特征

沙颍河流域地势总趋势是西高东低，其地形处于全国第二级阶梯的前缘，大都属于第三级阶梯。流域西部为秦岭山脉向东延伸的余脉。流域内地貌具有类型复杂多样、层次分明、平原地貌类型极为丰富的特点。地貌类型在空间分布上，西部是山地和丘陵；中部和东部以平原为主。地貌形态分为山地（中山、低山）、丘陵、台地（岗地）和平原及洼地五种类型；地貌成因主要为流水地貌。低山海拔为300～1000m，丘陵一般海拔50～300m，相对高程在50m以下，多数分布在山地周围或呈分散孤立的残丘，主要由抬升地块遭受流水侵蚀切割而成。台地（岗地）一般相对高程20～30m，分布在丘陵与平原过渡地带。沙颍河流域主要为平原和洼地，约占总流域面积的3/4；山区和丘陵区则主要分布在流域西部，约占总面积的1/4，流域最高海拔位于沙颍河上游的石人山，为2153m。

1.1.3 水文气象特征

沙颍河流域的气候主要特点是四季分明，夏热多雨、冬寒晴燥，春秋干旱且少雨，旱涝、冷暖转变较快。流域地处我国南北气候过渡地带，属于北亚热带至暖温带半湿润季风气候区。其中，东亚季风是影响流域天气的主要因素。春季西南季风开始盛行，流域降水逐渐增多；夏季盛行的西南气流携带大量的暖湿空气，为沙颍河流域的雨季提供水汽，是降水最多的季节；秋季西南季风开始南退，降水迅速减少；冬季盛行干冷的偏北风。季风造成流域四季的差异。流域内年平均风速为2～3m/s，风速年内变化不大。流域内四季分明，春暖夏热，秋爽冬冷，春秋季节短，各约为2个月，冬夏季节长，各约为4个月。

1.1.4 植被与土壤特征

（1）植被　沙颍河流域地处我国南北气候过渡带，植被分布由于受气候、地形、土壤等因素的影响，具有明显的过渡性特点。沙颍河流域主要植被类型及种类见表1-1。

表1-1　沙颍河流域主要植被类型及种类

类型		主要树种
针叶林	常绿针叶林	马尾松、黄山松、杉木、侧柏、赤松、油松、黑松、华山松、太白冷杉、水杉、火炬松
	落叶针叶林	金钱松
阔叶林	落叶阔叶林	栓皮栎、麻栎、茅栗、枫香、黄檀、枫杨、化香、锐齿槲栎、柳、短柄枹、青檀、刺槐、泡桐、山槐、黄连木、槲栎、白栎、鹅耳枥、板栗、香椿、臭椿、榔榆、千金榆、椴、朴、包柏、大叶榉
	常绿阔叶林	青岗栎、夺槠、香樟、白栎、冬青、青栲、石楠、黑壳楠、大竺桂、湘楠、野漆、枳、连蕊茶
竹林		毛竹、刚竹、淡竹、水竹、苦竹、箭竹
灌丛	落叶灌丛	酸枣、野山楂、算盘子、胡枝子、柘树、紫穗槐、扁担木、盐肤木、云实、牡荆、山胡椒、映山红、六月雪、茅莓、黄栌、白蜡条、红皮柳、卫子、郁李、竹叶椒
	常绿灌丛	都支杜鹃、天目杜鹃、黄山杜鹃、绿叶胡枝子、胡颓子、三桠乌草、华山矾、伞形绣球、马银花、植木、山胡椒、女贞
灌草丛		白茅、白羊草、黄背草、羊胡子草、野古草、基草、野菊、蕨、翻白草、三脉叶马兰、荩草、五节芒、兔儿伞、马唐、夏枯草、上麦冬、半夏、鹿蹄草、地榆、狗尾草、益母草、玉竹、矮韭、丹参、鬼针草、轮叶沙参、柴胡、苍耳、远志、珍珠菜

续表

类型	主要树种
藤本植物	菝葜、紫藤、络石、木防己、海金沙、野葛、土茯苓、南蛇藤、猕猴桃、常春藤、爬山虎、三叶木通
水生植被	芦苇、菱笋、香蒲、莲、满江红、槐叶苹、水鳖、野菱、芡实、大漂、凤眼莲、空心莲子草、眼子菜、浮萍

(2) 土壤　沙颍河流域西部山区主要为棕壤和褐土；丘陵区主要为褐土，土层深厚，质地疏松，易受侵蚀冲刷。中东部平原区主要为砂姜黑土，其次为黄潮土、棕潮土、棕壤和水稻土等。沙颍河流域主要土壤类型及面积见表1-2。

表1-2　沙颍河流域主要土壤类型及面积

土壤类型	占流域面积的百分比/%
潮土	36.269
砂姜黑土	28.215
水稻土	19.243
棕壤	9.841
褐土	6.432

(3) 河流水系　流域水系四通八达，上游的支流较多，下游的支流较少，流域整体形状类似于扇形。流域内较大的支流有贾鲁河、沙河、颍河等，其流域面积都在1000km^{2}以上，流域内面积介于100～1000km^{2}的支流有近百条。以贾鲁河与沙颍河交汇面和阜阳断面为界，把流域分成了上、中、下游三段。流域上游区与中游区以河南省周口市为界，中游区与下游区以安徽省阜阳市为界。流域上游区为周口以上；中游区为周口以下、阜阳市以上；下游区为阜阳市以下。上游区有清漠河等主要河流，区域总面积约为25800km^2，河长总计324km；中游区有黑茨河等河流，区域总面积约为5900km^2，河长总计174km；下游区总面积约为4951km^2，河长总计126km。主要支流类型及面积见表1-3。

表1-3　主要支流类型及面积

河名	控制站或河段	集水面积/km^2	河长/km
汝河	沙口	3784	143
	汝河口	7389	223
沙颍河	漯河	12150	230
	周口	25800	317
	界首	29290	112
	阜阳	35250	490
	颍河口	36900	618
北汝河	岔河口	6080	250
澧河	澧河口	2787	145
颍河	张柿园	7348	263

续表

河名	控制站或河段	集水面积/km^2	河长/km
清河	河口	—	77
贾鲁河	孙嘴	5895	246
汾泉河	三里湾	5222	213
黑茨河	茨河铺	2990	191

1.2 社会经济概况

沙颍河流域是国家重要的工业经济区和粮食生产基地，是承载河南省人口、社会、经济发展的重要区域。根据河南省和安徽省统计年鉴，2015年流域总人口达3403.4万人，耕地面积3361.4万亩，地区人均GDP为3.89万元。三产结构为11.2∶49.4∶39.4，其中第二产业和第三产业所占比重较大。流域内的产业布局以轻工业为主，尤其是纺织业发展较快，主要集中在郑州、平顶山、周口等地市。近年来，沙颍河流域经济社会得到快速发展，尤其是大力推动了一大批新兴产业的发展。到目前为止，流域已经形成了较为完善的工业体系，包含冶金、煤炭、建材、制药、食品加工等。流域农业生产主要分布在东部平原区，以小麦、玉米和红芋为主要的粮食作物，兼有大豆、花生、水稻、高粱等。西部山丘区富含铁矿、煤矿等矿产资源，以采矿业为主。

1.3 流域污染概况

淮河流域水污染源于20世纪70年代，进入80年代后，随着工农业生产的快速发展和城市化水平的不断提高，工业废水和城市污水日益增多，淮河流域水污染防治工作日益严峻[1]。20世纪90年代以后，流域水质进一步恶化，水体功能下降，生态环境遭受更为严重的破坏。近年来，国家高度重视淮河流域水污染防治工作。虽然取得了一些进展，但流域水污染的严峻形势并没有得到根本改善，许多支流的水污染仍然相当严重[2]。沙颍河是淮河最大的一级支流，接纳众多城镇的排污，污水及污染物质量约占淮河水系40%，是淮河流域污染最为严重的支流之一[3,4]。沙颍河污水对淮河干流影响很大，从1989—2004年，淮河干流共发生5次规模较大的污染事件，均与沙颍河有关，每次都给淮河流域水环境造成不同程度的损害[5]。

沙颍河流域周围遍布各种工业企业，贾鲁河附近主要有造纸、化肥、食品发酵等行业；沙颍河上中游主要有伴有粮食生产的合成氨、酿造、皮革等行业；沙颍河下游农业和畜禽养殖业较为发达。除了氨氮、总氮和总磷等便于连续监测的污染物外，许多行业的特征污染物也进入到沙颍河流域水环境中，比如重金属、多环芳烃、多氯联苯、邻苯二甲酸酯、有机农药等，有些污染物即使很小的剂量也可以对人体健康与水生物造成危害。它们不仅具有“三致效应”，还可以对人和动物的生殖、遗传、神经和内分泌等系统造成剧烈的损害。沙颍河重污染水体随洪水迁移至淮河流域中下游区域，导致淮河流域发生大面积水污染事故，中游城镇居民生活用水发生困难，工农业生产遭受严重的经济损失[6]。流域内的造纸、化工、酿造、皮革、畜禽养殖以及农业面源等多行业的污染物排放，导致多种毒害污染物复合污染水环境。然而这些污染物在检测条件方面要求较高，目前国内尚无法持续、准确监测水环境中这些特征污染物的含量，无法准确判断其污染程度与风险水平，为沙颍河流域水污染防治带来困难。

1.4 沙颍河流域污染控制管理科技需求

沙颍河流域存在造纸、化肥、食品发酵、合成氨、酿造、皮革、畜禽养殖以及农业面源等多行业的复合污染，导致多种毒害污染物复合污染水环境。针对如此众多的且日益增加的环境化学污染物，国际上相继采取了通过从中筛选出污染物开展重点监测、管理和治理的策略，来达到对众多环境污染物管理与控制的目的。而这一筛选工作的基础就是对各种污染物的环境与健康风险进行评估。筛选出毒性强、难降解、残留时间长、在环境中分布广泛的污染物优先进行控制，称为优先污染物或优控污染物。鉴于沙颍河流域优控污染物背景资料严重匮乏、流域优控污染物清单缺失、流域水质管理目标不明的问题，利用先进分析仪器通过优化沙颍河流域水体中有毒有害污染物的高通量监测技术，建立高通量筛查技术体系。开展大量的野外调查监测、实验室分析，筛查出流域特征污染物类别，根据污染物的环境效应和暴露因子等综合评估比对，提炼出优控污染物清单，满足沙颍河流域水环境监测工作的需求，确保流域水环境安全。

目前我国地表水环境管理统一执行《地表水环境质量标准》（GB 3838—2002），其包括地表水环境质量标准基本项目、集中式生活饮用水地表水源地补充项目和集中式生活饮用水地表水源地特定项目 3 个方面。该标准依据地表水水域环境功能和保护目标，按功能高低将地表水依次划分为五类，对应五类水域功能，将地表水环境质量标准基本项目标准值分为五类，不同功能类别分别执行相应类别的标准值。水域功能类别高的标准值严于水域功能类别低的标准值。同一水域兼有多类使用功能的，执行最高功能类别对应的标准值。虽然我国当前执行的水质标准（GB 3838—2002）是以国外的水质基准作为基础进行制定的，但是由于我国一直以来缺乏环境基准的系统研究，现行标准的划分有待进一步科学化，指标有待进一步健全，尤其是针对区域生态系统中水生生物的指标严重缺乏，使得标准所依据的具体水域的指定功能和保护目标也同样不甚清晰。目前，经过“十一五”和“十二五”水专项的基准研究，我国的水质基准标准已有很大的进步，但与发达国家水质标准体系相比，仍存在诸多不足之处，需要不断地发展和完善。全国实行同一套水质标准，面对我国地域辽阔，水质条件复杂，不同流域的水体有不同的特征和水质状况。因此国家统一制定的水质基准不一定完全适用于每一个地表水流域，这就需要在全国水质基准的基础上，结合典型流域各水体的水化学和生物区系等特点对国家基准进行修正，以便得出具有针对性和区域性的特别基准，由此确定与区域相适应的水质标准，为国家地表水环境质量标准的制修订及“水十条”实施提供技术支撑。因此，开展基于流域的重点优控污染物水质基准，构建符合我国国情的流域水环境质量标准技术框架，是流域差异化水质目标管理面临的重要问题。

02

第2章

流域水环境优控污染物清单筛选技术方法

2.1 国内优控污染物筛选方法

近年来，随着工业技术和社会经济的不断发展，化学品的生产、使用和排放迅速增加，造成的环境污染问题日益突出。根据相关统计，目前已知的有机化学污染物约有 700 万种，其中常用的有 5 万种，进入环境的约有 10 万种，每年新产生的有机化合物数以千计[7,8]。化学物质的污染对全球生态环境和人体健康构成了巨大威胁。特别是部分有毒有害污染物，从生产、运输、储存、消费包括最终进入环境的全过程，都会带来环境污染的风险，危害人体健康，破坏生态平衡，引起国内外管理机构及研究学者的极大关注。因此，研究和控制高危害的有毒有害污染物已成为环境管理的有效途径。20 世纪中叶以来，许多国家、国际组织和地区在制定必要的环境保护法律法规的同时，开展了有毒有害污染物筛选、优先控制和安全评价的研究与管理。

目前国内外优控污染物筛选技术主要分为两种。一种是定量评分系统，根据目标污染物的毒性和在环境介质中的降解性、暴露风险、健康状况，对目标污染物进行打分，目前常用的筛选方法有综合评分法[9,10]、潜在危害指数法[11]、密切值法[12,13]、风险排序法[14]、模糊评价法[15,16]、Hasse 图解法等[17,18]。另一种是半定量的评分系统，该评分系统在环境调查的基础上，结合毒性效应、产品的使用量、进口及进口量、专家经验等进行筛选，该方法虽然也给出了各污染物的得分，但是最终优控污染物名单是基于综合得分阈值基础上的专家评判[19-21]。

2.1.1 国外优控污染物筛选研究进展

美国是第一个开展优先污染物研究的国家。20 世纪 70 年代，美国环境保护署根据水生生物和人类健康状况为主要判定依据，筛选并提出了含有 129 种污染物的优先污染物清单；1987 年，美国通过了《超级基金法修正案》，列出国家优先名单所列地点最常出现的有毒物质清单，依据其毒性、暴露危害等进行优先排序，每两年更新一次名单[9,10]。欧盟开展优先控制污染物筛选的具体方法为综合基于监测和模型的优先设置方案，采用相对风险的自动排序技术方法，经专家判断，对水环境中的优先物质进行筛选[14,22]。加拿大在《环境保护法》中明确了有毒物质的判定标准，它还规定了国内物质清单、非国内物质清单、优先物质清单、有毒物质清单、出口管制清单、最终清除物质清单的制定、发布和修改程序[23]。荷兰则开发了物质统一评价系统 USES 软件 1.0 版，可以为制定污染物清单提供一个简单的筛选工具，并可以进一步对清单上的污染物进行风险评价[24]。除此之外，澳大利亚、德国、瑞典、俄罗斯、韩国等国家也陆续开展了优先污染物清单的制定工作。国外主要环境优先污染物筛选排序方法见表 2-1。

表 2-1 国外主要环境优先污染物筛选排序方法

国家	主要评估指标	评价方法	参考文献
美国水环境优先污染物筛选	产量、检出率、急慢性毒性、毒性产生的环境效应及生物效应	专家论证法	[9,10]
美国《环境应对、赔偿和责任综合法》(CERCLA)有害物质优先名单	污染物 NPL 监测点位出现频率、毒性、人群潜在暴露危害	分级赋值、加权、加和综合计算	[9,10]

续表

国家	主要评估指标	评价方法	参考文献
欧盟综合基于监测和模型的优先设置方案（COMMPS）筛选评估	监测浓度、暴露得分、效应评估	COMMPS 评估工具	[14,22]
加拿大环境污染物筛选	污染物环境排放特征、暴露情况、效应特征、风险评估	逐级推进、专家评判	[23]
荷兰优先有机污染物筛选	排放数据、理化性质、生物累积性、污染物归宿、毒性数据	USES 1.0 软件	[24]
澳大利亚环境化学优先污染物	人体健康、环境效应、暴露评价	分级赋值、加权、加和综合计算	[25]
日本环境优先监测物质	人体健康、工作场所暴露因素、一般人群暴露因素	Hases 图解法	[25]
德国化学优先污染物	暴露情况、毒性、生态毒性	分级评分	[25]
英国化学物质利益相关者论坛(CSF 法)优先化学污染物	环境介质中的持久性、生物富集性、毒性	PBT 评估	[25]
英国皇家环境污染委员会(RCEP 法)优先化学污染物	列表、分选、评估	专家评判	[25]
挪威环境化学优先污染物	毒性、生物富集性	参考欧盟	[25]
瑞典环境化学优先污染物	参考欧盟	参考欧盟	[25]
韩国环境优先污染物	排放源、排放量、转移量、化学品分类与特征、流通量	风险排序法、CHEMS-1 法	[25]

2.1.2 国内优控污染物筛选研究进展

在我国，优先污染物的筛选多采用半定量评分系统。20 世纪 90 年代，中国环境监测站组织开展了我国环境优先监测污染物的研究工作，运用半定量方法通过专家认证提出了我国环境优先污染物黑名单。除此以外，我国天津、浙江、福建、北京等省、直辖市也陆续开展了区域优控污染物研究并出台了地区的优先控制污染物黑名单；部分学者也对国内重点流域采用不同的筛选方法，提出部分流域或河段的优先控制污染物建议名单，比如松花江流域、第二松花江流域、辽河流域等。国内主要环境优先污染物筛选排序方法见表 2-2。

表 2-2 国内主要环境优先污染物筛选排序方法

筛选方法	主要评估指标	评价方法	种类	参考文献
中国环境优先污染物黑名单	急慢性毒性、三致效应、产品产量、环境介质中检出率	专家论证	68	[26]
四川省优先污染物名单	对人体和环境危害性因子、分布广泛性因子、知名度因子	加权、加和综合计算，专家论证	35	[25]
甘肃省优先控制有毒化学品名单	环境人群接触、毒性、生产与使用量	分级赋值、加权、加和综合计算	38	[27]
浙江省第一批环境优先污染物黑名单	生产与使用量、进口量、排放量、毒性、环境事故	专家论证	43	[28]

续表

筛选方法	主要评估指标	评价方法	种类	参考文献
福建省水环境优先污染物名单	水系、废水排放量、重点行业	专家论证	48	[29]
天津市水体中优先有机物名单	毒性势、暴露势	分级赋值、加权、加和综合计算	24	[30]
天津市恶臭优先污染物名单	环境效应、年排放量、检出率	综合评价法	8	[31]
松花江优先控制有机污染物名单	检出率、三致效应、QSAR毒性预测	综合排序	28	[32]
北京市优先控制有毒化学品名单	环境暴露、产品接触、对哺乳动物的一般毒性、特殊毒性、水生生物毒性	系统评分法	33	[25]
第二松花江哨口至松花江村段优先有机污染物名单	环境暴露与毒性参数、水环境参数	模糊混合聚类法	13	[25]
松花江吉林江段水污染优控污染物名单	毒性、三致效应、腐蚀性与刺激性、污染事故	综合排序	33	[33]
辽河浑河沈阳段优先控制有机污染物名单	空气环境目标值、三致效应、潜在危害指数	潜在危害指数法	101	[34]

2.2 沙颍河流域优先控制污染物筛选

目前我国能合成的化学物质约 3.7 万种[35]，这些化学品在推动社会发展，方便人民生活得同时，也对环境引起了不同程度的污染，有些化学品即使以痕量浓度存在与水环境中，也会对水生生物与人体健康产生较高的风险。比如大多数多环芳烃具有致畸、致癌、致突变的作用，比如苯并[*a*]芘、茚并[1,2,3-*c*,*d*]芘等[36-42]；农药类污染物除了具有“三致”效应外，对人和动物的生殖、遗传和内分泌等系统具有强烈的损害[43-45]。针对日益增多的环境化学污染物，筛选出优先控制污染物对众多环境污染管理与控制具有重要意义。

目前我国部分地区、美国、欧盟等均出台了相应的优控污染物名单，美国水环境优先污染物名单的制定主要考虑了污染物的生产量、检出率、生物毒性、毒性产生的环境效应和生物效应等[9,14]；欧盟的主要评估指标是暴露浓度、效应评估[22,46]；加拿大的优控污染物名单主要通过对污染物的暴露分析、效应分析和风险评估等来确定[23]；我国的环境优先控制污染物名单的筛选原则主要考虑的是生产量大、较广泛存在于环境中、毒性效应大、难降解性、生物累积性和水生生物毒性等。鉴于我国尚未形成成熟的标准层面的优控污染物筛选技术方法，欧盟、荷兰等国家地区采用的计算模型需要大量本地参数，这些参数在我国尚存在较大空缺，综合分析各国评价方法，结合沙颍河实际情况，本书拟借鉴美国优控污染物筛选关键技术，结合我国实际国情进行部分创新，对沙颍河流域 41 个地表水与表层底泥中污染物进行综合打分排序，筛选出沙颍河流域最有可能出现环境污染问题的典型污染物，以此针对性地对沙颍河流域水环境治理提供意见与建议。

2.2.1 优控污染物综合评价方法

综合评分法全面、简便，是目前应用最广泛的评价方法。该评分法首先设置评分体系和权重，将各参数的数据分级赋给不同的评分，然后根据一定的指标对所选的化合物进行评分，最后将各单项的得分相加为单个化合物的总分，对总分进行排序后，筛选出优先污染物。

沙颍河流域优控污染物的名单主要通过综合评价的方法来确定，结合美国 EPA 筛选参数和中国优先控制化学品黑名单筛选参数，确定沙颍河流域优先控制污染物筛选参数为毒性效应、污染物环境暴露和污染物生态效应等指标。分别对污染物毒性效应、污染物环境暴露和污染物生态效应进行打分，之后三项之和为最终得分（图 2-1）。即：

$$\text{最终得分}(1500\text{ 分})=S_{tox}(600\text{ 分})+S_{exp}(600\text{ 分})+S_{eco}(300\text{ 分}) \tag{2-1}$$

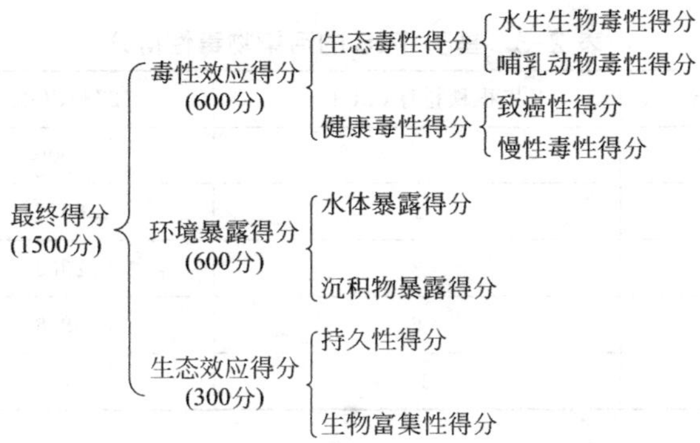

图 2-1 沙颍河流域优控污染物筛选综合评价方法

2.2.2 筛选原则

综合考虑美国以及国内已发布名单的优控污染物筛选研究思路和工作手段,开展沙颍河流域水环境优先控制污染物的筛选主要遵循以下原则：

① 生产和使用量大,广泛存在于沙颍河水环境中,具有较高检出率的污染物；

② 环境和健康危害性较大,在环境中风险水平较高的污染物；

③ 固有危害属性较大,特别是 PBT 类物质和具有"三致"效应的化学物质；

④ 具有环境激素效应的污染物；

⑤ 我国履约的国际环境公约管控化学品；

⑥ 目前国际上重点关注的新型污染物；

⑦ 地方监测站具备监测条件的污染物；

⑧ 分期分批建立优控污染物名单,实行名单的动态更新。

此外,名单筛选过程中,还充分考虑了流域水生态系统空间分布的异质性,不同分区内流域陆地特征、水生态系统特征,在沙颍河流域水环境优控污染物总清单的基础上,进一步以水生态功能分区为特点,对不同生态功能分区下的流域断面提出差异化优控清单,便于下一步为沙颍河流域开展多功能水质目标差异化管理提供支持。

2.2.3 综合得分计算方法

2.2.3.1 毒性效应得分

该部分基于各污染物毒性效应得分(TES)计算污染物的毒性效应得分。TES 评价方法与风险熵(RQ)系统相同。收集整理哺乳动物的急性毒性、慢性毒性、致癌性、水生生物急性毒性等数据,对其进行综合评价打分。在计算污染物的 TES 的基础上,参考美国的 RQ 值,确定污染物的最终毒性得分。RQ 分为五级,根据有害物质的毒性,分为 1、10、100、1000 和 5000。美国环境保护署在最新的《美国联邦法规汇编》第 40 卷第 1 章(7-1-16 版)中列出了一些污染物的最终 RQ 值。

根据不同的分级计算方法确定哺乳动物急性毒性、哺乳动物慢性毒性、致癌性、水生生物急性毒性、燃烧性和反应性的毒性分级 TES 值,同时参考公开发表的 RQ 值,取各评价因子中最保守的值作为最终的 TES_{min} 值,通过 2/3 累积指数法对数据进行转化,得到最终毒性得分 S_{tox}。具体见表 2-3。

表 2-3 基于 TES 的污染物毒性得分

TES	秩排序	累积秩排序(COR)	(2/3)COR	得分
1	0	0	1.0000	600
10	1	1	0.6667	400
100	2	3	0.2963	178
1000	3	6	0.0878	53
5000	4	10	0.0173	10

(1) 水生生物急性毒性数据筛选及分级 水生生物急性毒性数据选择藻、蚤、鱼三个营养层级进行评价。鱼类急性毒性数据选择 96h-LC_{50} 值，优先选择流水式试验数据，若无则选择静态或半静态试验数据，受试生物优先选择本土生物，如鲤鱼(*Cyprinus carpio*)、鲫鱼(*Carassius auratus*)、青鳉(*Oryzias latipes*)、稀有鮈鲫(*Gobiocypris rarus*)等，若无则以国际通用试验鱼种[如斑马鱼(*Brachydanio rerio*)等]毒性数据为基础。溞类急性毒性数据选择 48h-LC_{50} 值或 48h-EC_{50} 值，优先选择流水式试验数据，若无则选择静态或半静态试验数据，受试生物优先选择本土生物，如大型蚤(*Daphnia magna*)、模糊网纹蚤(*Ceriodaphnia dubia*)、淡水钩虾(*Gammarus lacustris*)等。藻类急性毒性数据选择 72h-EC_{50} 或 96h-EC_{50} 值，优先选择本土藻类。如果数据量少，在方法合适的前提下，也可考虑其他种类生物(如浮萍)的数据。

研究人员采用 1989 年 Sax 在《工业材料的危险特性》中提到的水生生物急性毒性评分法进行了评价，以最大毒性范围的 75%作为水生生物的最终急性毒性值[47]。根据《化学品分类和标签规范 第 28 部分：对水生环境的危害》(GB 30000.28—2013)中危害水生环境物质的分类标准[48,49]，可确定水生生物急性毒性 TES 值，见表 2-4。

表 2-4 水生生物急性毒性分级

类别	LC_{50} 分级	TES
其他	100mg/L≤LC_{50}<500mg/L	5000
类别 3	10mg/L≤LC_{50}<100mg/L	1000
类别 2	1mg/L≤LC_{50}<10mg/L	100
类别 1b	0.1mg/L≤LC_{50}<1mg/L	10
类别 1a	LC_{50}<0.1mg/L	1

(2) 哺乳动物急性毒性数据筛选及分级 哺乳动物急性毒性数据选择的受试生物为大鼠，优先选择大鼠经口染毒 14d-LD_{50}；当存在多个毒性数据时，取保守值作为最终的毒性值。当缺乏大鼠的经口急性毒性试验数据时，可以选择皮肤和吸入急性毒性试验数据，或小鼠、兔子等哺乳动物的急性毒性试验数据。根据《化学品分类和标签规范 第18部分：急性毒性》(GB 30000.18—2013) 中急性毒性分类标准[50]，可确定哺乳动物急性毒性 TES 值，见表 2-5。

表 2-5 哺乳动物急性毒性分级

类别	经口	皮肤	吸入			TES
			气体	蒸气	粉尘烟雾	
类别5	2000mg/kg<LD_{50}≤5000mg/kg	2000mg/kg<LD_{50}≤5000mg/kg	与经口和经皮肤等效	与经口和经皮肤等效	与经口和经皮肤等效	5000
类别4	300mg/kg<LD_{50}≤2000mg/kg	1000mg/kg<LD_{50}≤2000mg/kg	2.5mg/L<LC_{50}≤20.0mg/L	10.0mg/L<LC_{50}≤20.0mg/L	1.0mg/L<LC_{50}≤5.0mg/L	1000
类别3	50mg/kg<LD_{50}≤300mg/kg	200mg/kg<LD_{50}≤1000mg/kg	0.5mg/L<LC_{50}≤2.5mg/L	2.0mg/L<LC_{50}≤10.0mg/L	0.5mg/L<LC_{50}≤1.0mg/L	100
类别2	5mg/kg<LD_{50}≤50mg/kg	50mg/kg<LD_{50}≤200mg/kg	0.1mg/L<LC_{50}≤0.5mg/L	0.5mg/L<LC_{50}≤2.0mg/L	0.05mg/L<LC_{50}≤0.5mg/L	10
类别1	LD_{50}≤5mg/kg	LD_{50}≤50mg/kg	LC_{50}≤0.1mg/L	LC_{50}≤0.5mg/L	LC_{50}≤0.05mg/L	1

(3) 哺乳动物慢性毒性数据筛选及分级 哺乳动物慢性毒性数据优先选择最小有作用剂量 (minimal effective dose，MEDs)，当 MEDs 缺乏时，也可用最大无作用剂量 (maximal no-effective dose) 代替；当存在多个毒性数据时，取保守值作为最终的毒性值。优先选择鼠类慢性毒性试验数据，当缺乏数据时，也可选择兔子、猫、狗等哺乳动物或人类的慢性毒性试验数据，但是为了保持数据的一致性，需要将试验数据比值折算为小鼠 MEDs，折算根据徐叔云教授主编的《药理实验方法学》附录中的计算方法。人和动物间按体表面积折算的等效剂量比值见表 2-6。

哺乳动物慢性毒性 TES 值分级打分方法如表 2-7 所示，如无法确定试验周期，按小于1个月分类。

表 2-6 人和动物间按体表面积折算的等效剂量比值

类别	小鼠(20g)	大鼠(200g)	豚鼠(400g)	兔子(1.5kg)	猫(2.0kg)	猴(4.0kg)	狗(12kg)	人(70kg)
小鼠	1.0	7.0	12.25	27.8	29.7	64.1	124.2	387.9
大鼠	0.14	1.0	1.74	3.9	4.2	9.2	17.8	56.0
豚鼠	0.08	0.57	1.0	2.25	2.4	5.2	10.2	31.5
兔子	0.04	0.25	0.44	1.0	1.08	2.4	4.5	14.2

续表

类别	小鼠 (20g)	大鼠 (200g)	豚鼠 (400g)	兔子 (1.5kg)	猫 (2.0kg)	猴 (4.0kg)	狗 (12kg)	人 (70kg)
猫	0.03	0.23	0.41	0.92	1.0	2.2	4.1	13.0
猴	0.016	0.11	0.19	0.42	0.45	1.0	1.9	6.1
狗	0.008	0.06	0.10	0.22	0.23	0.52	1.0	3.1
人	0.0026	0.018	0.031	0.07	0.078	0.06	0.32	1.0

表 2-7 哺乳动物慢性毒性分级

类别	>1 个月试验			≤1 个月试验			TES
	经口	皮肤	吸入	经口	皮肤	吸入	
类别 5	>500mg/kg	>500mg/kg	>1000mg/L	>2500mg/kg	>2500mg/kg	>5000mg/L	5000
类别 4	50~500mg/kg	50~500mg/kg	100~1000mg/L	250~2500mg/kg	250~2500mg/kg	500~5000mg/L	1000
类别 3	5.0~50mg/kg	5.0~50mg/kg	10~100mg/L	25~250mg/kg	25~250mg/kg	50~500mg/L	100
类别 2	0.5~5.0mg/kg	0.5~5.0mg/kg	1.0~10mg/L	2.5~25mg/kg	2.5~25mg/kg	5~50mg/L	10
类别 1	<0.5mg/kg	<0.5mg/kg	<1.0mg/L	<2.5mg/kg	<2.5mg/kg	<5.0mg/L	1

(4) 致癌性分级 致癌性分类方法是根据世界卫生组织国际癌症研究机构（IARC）发布的四类致癌物清单进行分类。其中，一类致癌物名录中的致癌物有 120 种，对人体确定有致癌风险，二类致癌物共 380 种，其中的 2A 类致癌物有 81 种，其为对人类是很可能或可能致癌物，2B 类致癌物有 299 种，其为对动物致癌，对人类可能致癌物；有 502 种三类致癌物，对人类致癌性可疑，不能进行分类；有 1 种四类致癌物，可能对人类不致癌。具体分类方法见表 2-8。

表 2-8 IARC 致癌性分级方法

分类	组别	数量	致癌性
一类	组 1	120 种	对人类是致癌物
二类	组 2A	81 种	对人类是很可能或可能致癌物
	组 2B	299 种	对人类是可能或可能致癌物
三类	组 3	502 种	现有的证据不能对人类致癌性进行分类
四类	组 4	1 种	对人类可能是非致癌物

根据 IARC 分级方法对致癌性进行分级评分，将一类、二类、三类分别赋予 1、10 和 100 的 TES 值。四类标注对人类可能是非致癌物，不进行致癌性评分。未列入致癌物清单的污染物不进行致癌性评分。

2.2.3.2 污染物环境暴露得分

污染物的环境暴露得分是污染物检出率得分（S_{DF}）和污染物暴露浓度得分（S_E）之和，具体计算公式为：

$$环境暴露得分\ S_{exp}=S_{DF}+S_E \tag{2-2}$$

（1）污染物检出率得分　污染物在不同介质中的检出率计算方法如下：

$$污染物在水体中的检出率=\frac{污染物在检测点位水体中的出现频次}{水体的检测点位数} \tag{2-3}$$

$$污染物在沉积物中的检出率=\frac{污染物在检测点位沉积物中的出现频次}{沉积物的检测点位数} \tag{2-4}$$

污染物检出率得分分级赋值方法如表2-9所示，污染物的检出率最终得分是以污染物在各介质中的检出率得分的算术平均值计算，公式如下：

$$污染物检出率得分\ S_{DF}=0.3\times\frac{D_W+D_S}{2} \tag{2-5}$$

表2-9　污染物检出率得分分级赋值方法

分级	检出率/%	D_W、D_S
1	1～20	10
2	20.1～40	50
3	40.1～60	178
4	60.1～80	400
5	>80	600

（2）污染物暴露浓度得分　污染物的暴露浓度以各检测点位检出浓度取其几何平均值以减小极端值的影响，然后将不同介质下测得的污染物浓度采用几何分级法分别进行分级，用等比级数定义分级标准，共分5级再进行赋值。计算公式为：

$$a_n=a_1q_n \tag{2-6}$$

式中，a_n为平均暴露浓度最大值，$n=5$；a_1为平均暴露浓度最小值；q_n为等比常数。按上述公式，将水体和沉积物中定量检出的各种有机污染物的平均浓度分为5个区间，浓度从低到高赋值为5000、1000、100、10、1，最后采用2/3累积指数衰减法确定其得分S_W、S_S。

$$污染物暴露浓度得分\ S_E=0.7\times\frac{S_W+S_S}{2} \tag{2-7}$$

式中，S_W、S_S分别为污染物在水体、沉积物的暴露浓度得分。

2.2.3.3 污染物生态效应得分

污染物生态效应得分为污染物持久性得分（SHL）和生物累积性得分（SBCF）之和。

$$环境生态效应得分\ S_{eco}=\text{SHL}（150分）+\text{SBCF}（150分） \tag{2-8}$$

（1）污染物持久性　污染物持久性得分以污染物在环境中的衰减速率进行分级，以环境介质半衰期进行评估（表2-10）。

半衰期数据筛选受试生物优先级为：

a. 试验检测数据>模型估算数据；

b. 当存在多个同一级别数据时，取半衰期最大值的75%作为污染物最终的半衰期；

c. 未查到有效的生物半衰期试验数据时，以PBT Profiler模型估算的环境介质半衰期进行评估；

d. 环境介质半衰期以水、土壤、沉积物、空气各介质得分最高者为最终得分。

表 2-10 半衰期分级方法

类别	环境介质半衰期	SHL
	水、土壤、沉积物、空气	
A	半衰期≤4d	2.5
B	4d < 半衰期≤20d	13.25
C	20d<半衰期≤50d	44.5
D	50d<半衰期≤100d	100
E	半衰期>100d	150

（2）污染物生物累积性　目前，国际上还没有关于 BCF（bioconcentration factor）或 BAF（bioaccumulation factor）统一的评级标准，本书中关于污染物在生物体内的生物富集因子（BCF）的分级方法参考 Snyder 等提出的分级方法，对于未找到 BCF 值的以 $\lg K_{ow}$ 值替代。

由于现阶段可获得的生物富集试验数据有限，数据的筛选：选择鱼类试验数据，试验周期≥28d，试验数据优先于模型估算数据，确定一数据范围后取最大值的 75%作为最终的 BCF 值，见表 2-11。

表 2-11 生物富集因子得分

类别	BCF 或 BAF	$\lg K_{ow}$	SBCF
A	BCF≤100 即 lgBCF≤1	$\lg K_{ow}$<3 或者分子量>700	2.5
B	100<BCF≤1000 即 1<lgBCF≤2	3≤ $\lg K_{ow}$<4 且分子量<700	13.25
C	1000<BCF≤10000 即 2<lgBCF≤3	4≤ $\lg K_{ow}$<5 且分子量<700	44.5
D	10000<BCF≤100000 即 3<lgBCF≤4	$\lg K_{ow}$≥5 且分子量<700	100
E	BCF>100000 即 lgBCF>4	无 $\lg K_{ow}$ 值且分子量<700	150

2.2.4 参考数据库

优控污染物筛选工作中需对大量暴露、毒性等数据进行收集汇总。主要包括两类数据：一类是污染物的暴露状况数据，反映了污染物在沙颍河流域不同环境介质（水、沉积物）中的暴露状况，如检出率、检出浓度及一些流域污染调查相关文献中报道的污染物种类及暴露量等数据，主要通过开展沙颍河流域有毒有害污染物高通量筛查，以及搜索生态环境部和地方环境保护局实时监测数据获得；另一类是污染物毒性数据，主要指污染物评价过程中涉及的各理化指标和毒性参数的取值，通过国内外一些较完善的数据库获得，如化学物质毒性数据库、美国国家医学图书馆的 TOXNET 毒理学数据库、ECOTOX 污染物毒性数据库等，本土生物的毒性数据主要通过中国知网上搜索相关文献报道获得。参考的主要毒性数据库见表 2-12。

表 2-12 参考的主要毒性数据库

序号	数据库简介
1	化学物质毒性数据库 简介：本数据库为化学品毒性数据库，收载约 15 万个化合物（包括大量化学药物）的有关毒理方面的数据，如急性毒性、长期毒性、遗传毒性、致癌与生殖毒性及刺激性数据等，并提供数据来源

续表

序号	数据库简介
2	化合物毒性相关数据库 TOXNET 简介:TOXNET 是美国国家医学图书馆(NLM)的化合物毒性相关数据库,包括药品毒理学、危险化学品和其他相关领域的信息,从 TOXNET 可对下列子数据库进行检索
3	ECOTOX 污染物毒性数据库 简介:生态毒理学的知识库(ECOTOX)是一个全面、公开的数据库,提供单一化学品的环境毒性,包括水生生物、陆生植物和野生动物的毒性数据
4	中国知网 简介:提供 CNKI 源数据库、外文类、工业类、农业类、环境类、医药卫生类、经济类和教育类多种数据库。其中综合性数据库为中国期刊全文数据库、中国博士学位论文数据库、中国优秀硕士学位论文全文数据库、中国重要报纸全文数据库和中国重要会议文论全文数据库

03

第3章

水质基准研究方法

3.1 国内外水质基准研究进展

3.1.1 国外水质基准研究进展

水质基准（WQC）具体是指环境中污染物对特定对象不产生不良或有害影响的最大剂量或浓度[51,52]。WQC不是单一浓度或剂量，而是定义为不同保护目标的范围[53]。与WQC相关的污染物包括重金属、非金属无机物和有机物。与WQC相关的水质指标包括pH、色谱、浊度和大肠菌数。水质基准形成一个系统框架，根据保护目标分类为水生生物WQC和人类健康WQC。最近，鉴于食物链中污染物的生物累积，非水生生物（例如野生动物）越来越多地被引入WQC的范围[54]。根据使用目的，WQC分为饮用水、休闲标准水、农业用水、渔业用水和工业用水。此外，根据水污染物的类型，WQC分为重金属、有机物、营养盐和病原微生物的标准。

为了保护水环境，各国投入了大量的人力物力进行系统的WQC研究。美国是第一个研究WQC的国家。自20世纪60年代初以来，美国环保署（USEPA）已经发表了大量关于WQC的文献[55]，并形成了一个相对完整的WQC系统。美国环保署[56] 于2000年发布了"保护人类健康环境水质标准的方法"，该方法引入了一些推导人类健康WQC的方法，然后修订了美国的WQC指南[57]。2009年，美国环境保护署发布的最新的水质基准文件描述了保护水生物群和人类健康的淡水、海水急性、慢性标准，包括167种污染物（120种优先污染物和47种非优先污染物）和23种感官标准[58]。水质基准的测定考虑了许多因素，因此标准值受各种环境因素的影响，如水硬度、温度、pH和可溶性有机物[59]。水质基准本质上是科学的、基础的和区域性的 [58,60]。首先，通过研究污染物的环境行为和生态毒理学效应来确定水质基准。该决定基于前沿科学（如环境化学、毒理学、生态学和生物学），因此本质上是科学的。其次，水质基准为环境监管、管理提供了基础，是整个环保活动的基石。此外，水质基准研究根据各自的区域特征在不同国家单独进行，不同地区的环境和毒理效应不同。因此，水质基准也是区域性的。

除美国外，世界卫生组织、加拿大和荷兰以及世界上其他国家分别发布和修订了WQC[61] 的文件。1898年，俄罗斯卫生学家Nikitinski发表了石油产品对河流水质和鱼类的影响，并首次引入了环境标准的概念[62]。美国推出了第一个WQC研究，1907年，Marsh在美国发表了第一份WQC，研究一些工业废物对鱼类的影响。后来，科学家研究了各种WQC问题，并介绍了相关的理论和方法。自20世纪60年代以来，美国环保署发布了一系列环境标准文件，如绿皮书、蓝皮书、红皮书和金书[63-67]，从而建立了一个全面的WQC系统。1999年，加拿大出版了"加拿大水生生物保护水质指南"（下称"指南"）[68]。2000年，美国环保署发布了"保护人类健康环境水质标准的方法学"，系统地解释了WQC对人类健康的推导[56]。在2002年、2004年、2006年和2009年，美国环保署修订了国家推荐水质标准[69]。自2000年以来，许多国家（如澳大利亚、新西兰、加拿大和荷兰）和组织（例如欧盟和世界卫生组织）也出版或修订了水质标准[70,71]。

在推导水生生物基准方面，USEPA推荐为每个污染物制定两个基准，目的在于防止污染物对重要水生生物以及其他的重要物种造成不可接受的长期和短期危害效应，其中最大浓度基准（criteria maximum concentration，CMC）表示短期暴露不会对水生生物产生显著影响的最大浓度，持续浓度基准值（criteria continuous concentration，CCC）表示持续暴露不会对水生生物产生显著影响的最大浓度，二者分别根据一系列水生动物的急慢性毒性试验结果推导而得。为了使获得的毒性数据具有较好的代表性，避免欠保护（underprotection），“指南”中指出用于推导 CMC 和 CCC 的急慢性毒性数据至少涉及 3 个门、8 个科的生物[72]，要为大多数生物（95%以上）提供适当的保护[73]。

不同国家或地区根据基准制定指南文件，使用不同的基准推导方法，来推导本国或地区的水生生物水质基准阈值。目前，评估因子法和统计外推法（物种敏感度分布法和物种敏感度排序法）被用于推导世界上常见的水生生物标准。

3.1.1.1 评估因子法

评估因子法（assessment factor，AF），是将搜集到的最小毒性数据除以评估因子，具体如下式。

$$水生生物急性基准(CMC)=LC_{50}(EC_{50})/AF \tag{3-1}$$

$$水生生物慢性基准(CCC)=LOEC/AF \tag{3-2}$$

式中，$LC_{50}(EC_{50})$ 为最低的急性毒性值；LOEC 为最低的慢性毒性值；AF 为评估因子。

评估因子法的关键是 AF 的确定。为了提高基准数据的有效性，应尽量获得更多物种的急性和慢性毒性数据，尤其是较敏感物种的数据。参照欧盟对使用评估因子法推导基准的规定，需要至少 3 个营养级水平的生物（鱼类、甲壳类和藻类）的急性毒性数据，或 1 个以上慢性毒性数据。由于 AF 法选用最敏感物种的毒性数据，所以对于较敏感的物种，应尽可能搜集其毒性数据，再取其几何平均值。

评估因子的作用旨在减少实验室数据间的差别、物种种内和种间的差异、由短期暴露数据推导长期暴露结果以及由实验室数据推导野外数据的误差。评估因子 AF 的确定需要根据污染物理化性质、生物蓄积性等数据作为参考，AF 的取值范围可以从 10～1000，可以参照表 3-1。

表 3-1 评估因子法中 AF 值的选择

等级	有效的毒性信息	AF
PNEC-A4	至少 3 个可代表三个营养层次的物种(通常为鱼、水蚤和藻)的长期慢性数据 NOECs	10
PNEC-A3	可代表两个营养层次的物种(鱼和水蚤或鱼和藻)的长期慢性数据 NOECs	50
PNEC-A2	1 个长期慢性数据 NOEC(鱼或水蚤)	100
PNEC-A1	至少 3 个可代表三个营养层次的物种(通常为鱼、水蚤和藻)的短期急性数据 $LC_{50}(EC_{50})$	1000

评估因子的优势在于它需要较少的基础数据，计算方法简单。缺点是该方法属于经验方法，依赖于敏感生物的毒性值，因此存在比毒性百分位数方法更高的不确定性。此外，该方法没有考虑物种与生物体内污染物富集效应之间的关系。因此，当难以获得数据或执行比较时使用该方法验证。

3.1.1.2 统计外推法

在 20 世纪 70、80 年代，美国与欧盟分别提出了物种敏感度排序法（species sensitivity rank，SSR）与物种敏感度分布法（species sensitivity distribution，SSD）两种统计方法推导水质基准，其原理都是基于累积概率分布[74]。

(1) 物种敏感度分布法　物种敏感度分布法，简称 SSD 方法。Kooijman 等[75] 在 1987 年首次提出物种敏感度分布的概念。SSD 使用急性毒性数据（如 LC_{50}、EC_{50} 等）构建 SSD 曲线推导急性基准值，使用慢性毒性数据（如 NOEC、EC_{10} 等）构建 SSD 曲线推导慢性基准值。常用的模型有参数法 log-triangle、log-normal、log-logistic、Burr 等[76]，在欧盟、加拿大和澳大利亚等的水质基准推导中均有应用。

物种敏感性分布的优点是它充分利用了获得的所有物种的有毒数据，并假设有限的物种可以代表整个物种，具有生态系统的随机抽样生态系统性。缺点是最终急性值（FAV）因模型不同而非常不同，并且不考虑其富集效应有机体中的污染物。当该范围内有更多足够的急性和慢性污染物数据时，该方法可用于推导基准。

(2) 物种敏感度排序法　物种敏感度排序法，又叫毒性百分比排序法，简称 SSR 方法。“指南”中规定，使用“双值基准”进行水环境管理，即急性基准值（CMC）和慢性基准值（CCC）。

① 计算急性基准值（CMC）　搜集急性毒性数据，计算每个物种的物种平均急性值（SMAV）和每个属的属平均急性值（GMAV）；将 GMAV 从小到大进行排序，并且将其分配等级 R，最小的属平均急性值的等级为 1，最大的属平均急性值的等级为 N（N 为属的个数），如果有两个或者更多的属平均急性值是相等的，可任意地将它们排列成连续的等级；对每个属平均急性值的累积概率 P，按公式 $P=R/(N+1)$ 进行计算；选择累积概率最小的 4 个属平均急性值，用这 4 个属平均急性值和它们的累积概率计算 FAV，计算公式如下[77]：

$$S^2=\frac{\sum(\ln \mathrm{GMAV})^2-(\sum\ln \mathrm{GMAV})^2/4}{\sum P-(\sum\sqrt{P})^2/4} \tag{3-3}$$

$$L=[\sum\ln \mathrm{GMAV}-S(\sum\sqrt{P})]/4 \tag{3-4}$$

$$A=S\sqrt{0.05}+L \tag{3-5}$$

$$\mathrm{FAV}=\mathrm{e}^{A} \tag{3-6}$$

$$\mathrm{CMC}=\mathrm{FAV}/2 \tag{3-7}$$

② 计算慢性基准值（CCC）　慢性基准值（CCC）取决于最终残留值（FRV）、最终植物值（FPV）和最终慢性值（FCV）三者中的最低值。这三个阈值的计算过程分别如下。

a. 最终慢性值（final chronic value，FCV）的计算　最终的慢性值是根据慢性试验的较低和较高的慢性极限的几何平均值来计算的。较低的慢性限制是最高的测试浓度，不会导致不可接受的不利影响的数量，低于该影响，没有测试的浓度导致不可接受的影响。慢性上限是测试的最低浓度，确实导致了不可接受的不良反应，并且所有测试的浓度都会导致这样的效果，使用求解 FAV 的方法计算 FCV。它也可以通过将最终急性值 FAV 除以急性-慢性比率（final acute-chronic ratio，FACR）来计算。

$$\mathrm{FCV}=\mathrm{FAV}/\mathrm{FACR} \tag{3-8}$$

b. 最终植物值（final plant value，FPV）的计算　通过选择具有重要水生植物物种的测试的最低结果来获得最终植物值。植物值是用藻类或用水生维管束植物进行 96h 慢性试验的结果。FPV 的计算相对简单，搜集筛选污染物对藻类与水生维管束植物的慢性毒性数据，其中最小的毒性值即为 FPV。

c. 最终残留值（final residue value，FRV）的计算　最终残留值旨在防止商业或娱乐性重要水生物种影响市场性，并保护野生生物，包括消耗水生生物的鱼类和鸟类，使其免受不可接受的影响。这是通过将最大允许组织浓度（maximum permissible tissue concentration，MPTC）除以适当的生物浓缩系数（bioconcentration factor，BCF）获得的最低残留值与适当的脂质百分数（appropriate percent lipids，APL）。FRV的计算公式如下：

$$FRV = MPTC/BCF \times APL \tag{3-9}$$

依据1985年USEPA颁布的“技术指南”，慢性基准值CCC为FCV、FPV与FRV之中的最小值。

（3）毒性数据的最少需求原则　无论是SSR方法还是SSD方法，都要考虑其毒性数据的丰富度。为充分考虑生物多样性和数据代表性，鱼类至少分别有中国一种冷水和温水鱼，并注意增加鲤科鱼类的分量；至少一种浮游甲壳类或枝角类；最好有底栖动物；至少一种昆虫；至少一种藻类。用于推导CMC和CCC的急慢性毒性数据至少涉及3个门、8个科的生物，需有较好的代表性，即要为大多数生物（95%）提供适当的保护。当确定的生物物种的数量对该流域具有充分的代表性时，在满足水质基准计算和推导方法学相关要求的基础上，代表物种的数量可减少为3门、6科。若有植物毒性数据，还应考虑藻类与水生维管束植物等物种[78]。详细的物种如下：

① 硬骨鱼纲鲑科的一种；

② 硬骨鱼纲中非鲤科的一种；

③ 脊索动物门中除1和2的第三科，两栖动物或硬骨鱼纲物种；

④ 节肢动物门中底栖甲壳类的一种，如虾、蟹等；

⑤ 节肢动物门中浮游甲壳类的一种，如枝角类等；

⑥ 节肢动物门和脊索动物门以外的任意一个科；

⑦ 昆虫纲的一种；

⑧ 一种水生植物。

3.1.2 我国水质基准研究

我们国家在WQC上起步较晚，研究表明最初只是从国外收集，WQC仅参考发达国家的WQC和WQS，基础研究相对较弱，缺乏运行的WQC方法。由于科学证据不足，在保护整个生态系统时可能会发生潜在的“过度保护”或“保护”。在1985年，美国环保署综合各个方面的研究成果，制定发布了《保护水生生物的国家水质基准推导指南及其用途》（*Guidelines for Deriving Numerical National Water Quality Criteria for the Protection of Aquatic Organisms and Their Uses*），后续学者都对WQC进行了深入研究[79]。现在，WQC一直在迅速发展。水质标准中国绿皮书《中国水环境质量基准绿皮书》[80] 于2014年出版并总结和预测了当时中国WQC研究的环境，系统地提出了中国WQC的基本框架，为进一步研究新时期的WQC提供了科学依据。

过去20多年我国水环境管理体系建立了一系列相关的法规和水质标准，但是我国未曾开展水环境质量基准的系统研究，目前水环境质量标准主要是参考国外的相关标准，只是根据我国水体的主要使用功能为依据制定，其中，《地表水环境质量标准》（GB 3838—2002）依据地表水域使用功能和保护目标划分为5类功能区，包括自然保护区、饮用水源地、渔业、工业和农业等用水功能，按照高功能区高要求、低功能区低要求的原则，分别赋予了Ⅰ类到Ⅴ类的水质标准，水域功能类别高的标准值严于水域功能类别低的标准值。标准值的科学性和系统性亟待提高。

目前为止，国内学者借鉴国外水质基准推导方法，比如评估因子法、SSD 方法与 SSR 方法等，已经计算了某些典型污染物的水生生物水质基准阈值，比如重金属包括铅、汞、镉与锌等[81-84]，有机污染物如硝基苯、三氯生等[85,86]。Jin[87]、Wang[88]、Yan[89] 和 Yang[90] 等进行化学物质的生态毒理学试验并结合搜集的毒性数据先后推导了氯酚类化合物、三氯生、硝基苯、四溴双酚 A 的水生生物基准值。但目前针对流域水生生物基准值的研究比较少，需要着重开展流域水生生物基准值的研究，为流域污染物的风险评估提供基础。

和发达国家的水环境质量标准相比，我国水环境质量基准和标准体系研究尚不健全，存在一定的差距[91]。因此我们需要制定符合我国国情的水质基准，为我国的水环境治理提供数据参考。

3.2 沙颍河流域水质基准推导方法

当前在我国水环境质量基准研究过程中，大部分污染物可以直接利用统计外推方法直接推导。但在实际水环境中，水质因子如温度、pH、硬度、碱度等会对污染物的毒性有显著影响。针对受水质因子等因素影响其毒性的特殊污染物，在推导其水质基准时需要充分考虑到水质因子的影响。本书选择了沙颍河流域优先控制的 3 种污染物：镉（水体硬度显著影响其毒性）、氨氮（温度、pH 显著影响其毒性）、硝基苯（环境优先控制有毒有机污染物名单之一），分别进行上述 3 种基准关键技术的研究，将不同水质因子条件下的毒性数据进行统一标准化到同一个条件下，推导其水生生物水质基准阈值。同时利用推导的基准阈值对沙颍河流域的地表水进行风险评估（图 3-1）。本书为我国全方位多角度地进行水质基准研究提供了参考。

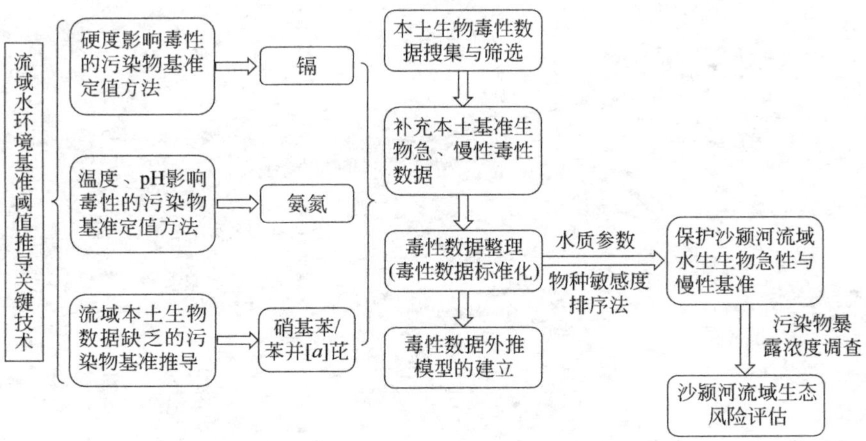

图 3-1 沙颍河流域水质基准技术路线图

04

第4章

沙颍河流域水环境污染物时空分布特征

4.1 引言

沙颍河是淮河最大的支流，其流域周围遍布各种工业企业，主要的有造纸及纸制品业、农副食品加工业、煤炭开采和洗选业、化学原料及化学制造业、食品制造业、纺织业、畜牧养殖业和酒饮料制造业等，大量的工业企业废水排入，致使这些工业企业废水中的特征污染物普遍存在于沙颍河流域水环境中，比如造纸产生的铅和汞等重金属、纺织业产生的苯胺类污染物、农业种植产生的农药类污染物、煤炭开采和洗选产生的多环芳烃类污染物等，对沙颍河流域水环境造成了不同程度的污染。

为了探究沙颍河流域地表水与表层底泥污染现状，本章使用GCMS、ICMS和LCMS等检测平台，以中国水环境中优先控制68种污染物为主要研究对象，参考其他国家优控污染物清单，结合沙颍河流域典型行业特征污染物，对上、中、下游共计41个采样点地表水与表层底泥中重金属、多环芳烃、多氯联苯、邻苯二甲酸酯、有机氯农药、有机磷农药、硝基苯、酚类、取代苯类、苯胺类、氯代烃类、醚类、抗生素、挥发性有机物等污染物进行全方位的检测，分析各类污染物的空间分布特征，对主要污染物来源进行推测。本章的目的是通过对沙颍河流域水环境中污染物的高通量筛查，建立沙颍河流域水环境优控污染物数据库，掌握不同地区水环境污染状况，为沙颍河流域优控污染物的筛选提供理论支持。

4.2 材料与方法

4.2.1 样品的采集与保存

课题组于2018年7月3日—10日、11月5日—12日以及2019年4月3日—10日对沙颍河流域主要断面进行丰水期、枯水期及平水期采样，行程涉及河南郑州市、开封市、洛阳市、平顶山市、许昌市、漯河市、周口市以及安徽界首市等多个地市，采样点位41个，包括30个国控/省控断面，以及11个根据生态分区确定的生态断面。除了对所有断面进行地表水样品采集外，还对30个国控/省控断面采集了沉积物样品。样品的采集、浓缩预处理和保存按照国家有关标准执行。具体采样布点图如图4-1所示，点位信息表见表4-1。

表4-1 沙颍河流域采样点位信息表（84坐标系）

样品编号	断面名称	GPS信息	
		经度/(°)	纬度/(°)
S1	尖岗水库	113.568665	34.692959
S2	H7-4	113.605598	34.83152
S3	H8-1	113.822639	34.813179
S4	中牟陈桥	114.110420	34.681297
S5	H8-5	114.213905	34.513611
S6	H8-6	114.219719	34.299099
S7	H12-5-16	114.016617	34.241879
S8	新郑黄甫寨	113.797198	34.310427

续表

样品编号	断面名称	GPS 信息	
		经度/(°)	纬度/(°)
S9	白沙水库	113.790894	34.311489
S10	禹州褚河大桥	113.540115	34.119061
S11	S236 汝河大桥	113.234245	33.918938
S12	H12-5-4	113.036978	34.023516
S13	杨寨中村	112.852631	34.135891
S14	汝阳紫罗山	112.508064	34.168858
S15	昭平台水库	112.767553	33.723039
S16	白龟山水库	113.227570	33.717736
S17	孤石滩水库	113.071388	33.489258
S18	H12-5-10	113.307592	33.503694
S19	大陈闸	113.478050	33.838063
S20	叶县沙河张集村桥	113.481010	33.719601
S21	叶舞公路桥	113.491838	33.492618
S22	S220 下澧河桥	113.614380	33.511978
S23	舞阳马湾	113.754700	33.604828
S24	临颍高村桥	113.981996	33.898062
S25	漯河三里桥	113.988853	33.56197
S26	临颍吴刘闸	113.790379	33.873106
S27	扶沟摆渡口	114.336411	34.15601
S28	鄢陵陶城闸	114.245110	33.789991
S29	西华址坊	114.164901	33.69985
S30	西华程湾	114.165416	33.668664
S31	周口康店	114.669113	33.623196
S32	商水双桥	114.578819	33.499606
S33	西华大王庄	114.589291	33.716915
S34	周口二水厂	114.644651	33.626055
S35	槐店闸	115.091958	33.386733
S36	郸城杨楼闸	115.347653	33.578106
S37	郸城侯楼闸	115.420475	33.650279
S38	沈丘李坟	115.117128	33.171378
S39	界首七渡口	115.353881	33.257413
S40	沈丘纸店	115.270700	33.310482
S41	K80	115.838383	32.902642

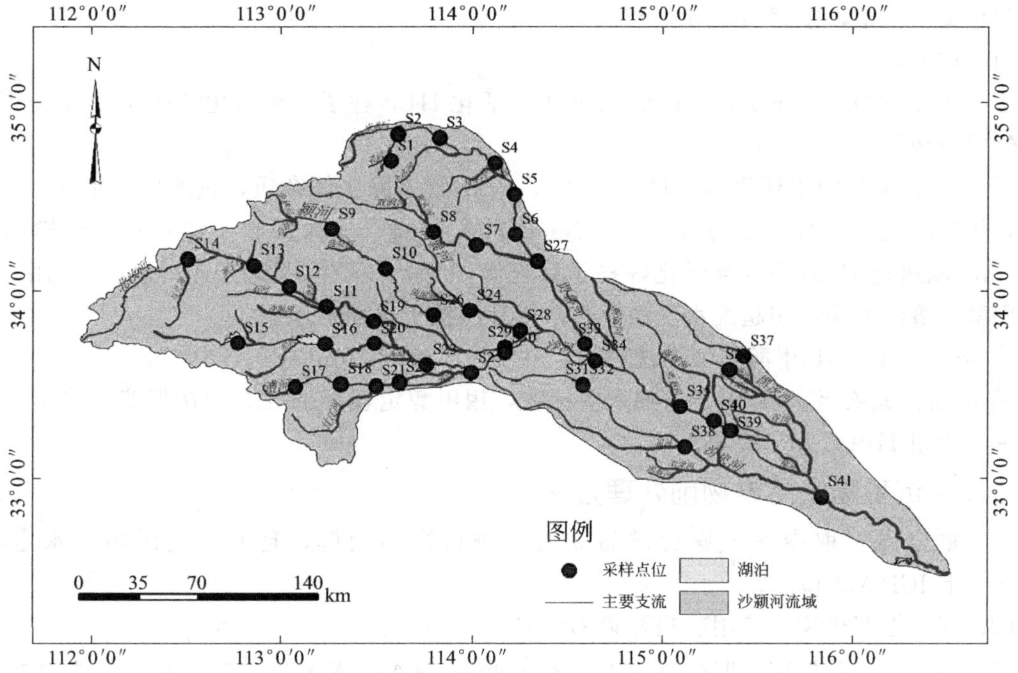

图 4-1 沙颍河流域采样布点图

4.2.2 样品前处理

现场测定了 5 项常规指标（水温、pH、溶解氧、电导率和硬度），经保存、前处理，带回实验室检测的指标包括以下两种。①地表水：24 种重金属、57 种挥发性有机污染物（VOCs）、104 种半挥发性有机污染物（SVOCs）(包括 17 种多环芳烃、19 种有机氯农药、7 种有机磷农药、18 种多氯联苯、6 种邻苯二甲酸酯类、9 种取代苯类、11 种酚类、4 种苯胺类、4 种氯代烃类、4 种醚类以及 5 种其他类）、30 种抗生素；②沉积物：24 种重金属、57 种挥发性有机污染物（VOCs）、104 种半挥发性有机污染物（SVOCs）(同水中指标)。有机物、重金属和抗生素的前处理方法如下。

4.2.2.1 水体各污染物前处理方法

（1）重金属：过 0.45μm 滤膜后使用 ICP-MS 检测。

（2）挥发性有机物：使用吹扫补集-GC-MS 进行检测。

（3）半挥发性有机物：试验采用集固相萃取装置处理样品，主要步骤为活化、上样、干燥、洗脱和浓缩，操作如下。

① 活化：依次用 5mL 二氯甲烷、5mL 丙酮、5mL 甲醇和 5mL 超纯水活化 SPE 小柱（C18 和 HLB 串联）。

② 上样：采集的水样用溶剂过滤器过 0.45μm 膜去除水体杂质，过滤后取水样 2L 于烧杯中，加入回收率指示物，以最优流速通过 SPE 小柱（5mL/min），而后用超纯水洗涤烧杯数次，最后用真空泵使小柱加压抽真空 40min 除去柱中残留水分。

③ 洗脱：二氯甲烷与丙酮混合液（1∶1，体积比）分 3 次洗脱，洗脱速度 1mL/min，每次 4mL，收集洗涤液并将 C18 和 HLB 小柱的洗涤液混合在一起。

④ 浓缩：然后用高纯氮气吹至近干，加入内标物，用正己烷定容至 1mL，涡旋振荡，

转移到色谱小瓶中，使用 GC-MS 检测。

（4）抗生素

① 活化：依次用 5mL 甲醇和 5mL 水进行活化 HLB 柱子（将活化液体加入 HLB 柱中，靠自然重力滴下不用加压）。

② 上样：采集的水样用溶剂过滤器过 0.45μm 膜去除水体杂质，过滤后取水样 2L 于烧杯中，用硫酸调节水样 pH 为 3，加入 Na_2EDTA 0.8g，加入回收率指示物，水样以 3～5mL/min 流速过 HLB 柱（当活化好柱子后充满纯水，柱子水不能干），过样后，用 5mL，20%甲醇水溶液冲洗，用超纯水洗涤数次，用高压抽干里面的水。

③ 洗脱：用 6mL 甲醇溶液淋洗小柱，淋洗液收集到 10mL PP 管中。

④ 浓缩：氮吹至 1mL 以下，加入内标物，用甲醇定容至 1mL，涡旋振荡，转移到色谱小瓶中，使用 HPLC-MS 检测。

4.2.2.2 沉积物各污染物前处理方法

（1）重金属　取冷冻干燥后样品 0.1g，进行高温消解，赶酸后使用超纯水定容至 100mL，上 ICP-MS 检测。

（2）挥发性有机物　使用吹扫补集-GC-MS 进行检测。

（3）半挥发性有机物　取冷冻干燥后样品 5g，加入回收率指示物，使用快速溶剂萃取装置进行萃取，萃取剂使用二氯甲烷和丙酮 1∶1、100℃条件下分 2 个阶段萃取，每阶段均使用二氯甲烷、丙酮各 10mL，萃取结束后使用氮气吹扫。将萃取液使用旋蒸仪浓缩至 1mL 左右转移至 KD 瓶中，使用氮吹仪浓缩至 1mL 以下，加入内标物，用正己烷定容至 1mL，涡旋振荡，转移到色谱小瓶中，使用 GC-MS 检测。

4.2.3 检测方法与主要仪器

现场测定的常规指标和实验室检测指标的检测方法及使用仪器见表 4-2 和表 4-3。

表 4-2　检测方法汇总表

序号	指标	标准方法	版本号
1	溶解氧	水中溶解氧测试标准方法 ASTM D888-12 方法 C 基于荧光传感器原理的仪器探头检测法	ASTM D888-12
2	水温	多功能水质参数仪法	
3	pH 值	便携式 pH 计法	《水和废水监测分析方法》(第四版)国家环境保护总局 2002 年 3.1.6(2)
4	电导率	便携式电导率仪法	《水和废水监测分析方法》(第四版)国家环境保护总局 2002 年 3.1.9(1)
5	硬度	便携式硬度计法	
6	水中重金属	供 FLAA 或 ICP 分析总金属元素的水样酸消解和提取，等离子体发射光谱质谱法	USEPA 3010A(1992)，USEPA 6020B(2014)
7	水中挥发性有机物	水样吹扫捕集，挥发性有机物的气相色谱-质谱法	USEPA 5030B(1996)，USEPA 8260C(2006)
8	水中半挥发性有机物	分液漏斗液-液萃取法，半挥发性有机物的气相色谱-质谱法	USEPA 3510C(1996)，USEPA 8270D(2014)
9	沉积物重金属	沉积物、污泥和土壤的酸消解，电感耦合等离子体发射光谱质谱法	USEPA 3050B(1996)，USEPA 6020B(2014)

续表

序号	指标	标准方法	版本号
10	沉积物挥发性有机物	土壤和固体废物中挥发性有机物吹扫捕集和提取，挥发性有机物的气相色谱-质谱法	USEPA 5035(1996)，USEPA 8260C(2006)
11	沉积物半挥发性有机物	索式抽提法，半挥发性有机物的气相色谱-质谱法	USEPA 3540C(1996)，USEPA 8270D(2014)
12	抗生素	高效液相色谱法	

表4-3 使用仪器汇总表

序号	仪器设备名称	型号规格	生产厂
1	电感耦合等离子体质谱仪(ICP-MS)	7500a	美国 Agilent 公司
2	气相色谱-质谱联用仪(GC-MS)	7890B-5977B	安捷伦科技有限公司
3	高效液相色谱质谱联用仪(HPLC-MS)	1200/6310	美国 Agilent 公司
4	快速固相萃取仪	E-916	BUCHI
5	固相萃取装置	12 位	Supleco
6	多参数水质分析仪	HQ-40d	哈希
7	旋转蒸发仪	Rotavapor R-300	BUCHI
8	氮吹仪		安谱
9	分液漏斗振荡器	SR-2DW	日本 TAITEC
10	冷冻干燥机	AlpHa1-4L Dplus	德国 CHRIST
11	硬度计	DIGITAL TITRATOR	HACH

4.2.4 质量保证与质量控制

4.2.4.1 地表水样品

(1) 采样质量控制　采用硬质塑料瓶采集地表水。其中金属离子的水样现场加酸酸化至pH为1～2。对于地表水中VOCs的样品加酸调至pH<2，加入0.01～0.02g抗坏血酸除去残余氯，采集平行双样。对于地表水中SVOCs的样品，白天采集，晚上即刻使用固相萃取装置进行污染物富集，SPE小柱为C18和HLB串联。水样采集后，立即投入车载冰箱中进行4℃以下冷藏。现场质量控制样品包括现场平行样、现场空白样、运输空白样等进行质量控制。水样运输前将容器的外（内）盖盖紧。装箱时用泡沫塑料等分隔，以防破损，尽快运往实验室。同一采样点的样品瓶应尽量装在同一个箱子中；分装在几个箱子内，则各箱内均有同样的采样记录表。

(2) 实验室分析质量控制

① 无机元素　各元素的相关系数均达到0.999或以上。所有样品分析均做3次测定取平均值。每次重新开机测试均重新绘制标准曲线。采用内标对仪器的漂移及样品的基体效应进行校正。每批次都插入平行双样，每20个样品测定1～2个平行双样。测定结果的相对偏差均小于20%。每批分析均带有空白样品，每批次空白样品的测定值均低于标准限值的10%。对水样采用基体加标作为主要质控措施。各元素加标回收率位于70%～130%之间，均满足方法的要求。

② 有机化合物　挥发性有机物如氯甲烷、氯乙烷、苯、甲苯等57个VOCs标准曲线的相关系数R^2均能达到0.990以上；半挥发性有机物标准曲线的相关系数R^2均能达到0.990以上。使用超纯水作为空白，每一批样品中目标化合物的空白值均在检出限以下。

实际水样中加入合适的替代物进行样品预处理并上机测试，如替代物甲苯-D8的回收率在70%～120%之间；4-氟联苯的回收率在90%～110%之间；对三联苯-D14的回收率在80%～120%之间。每20个样品测定1～2个平行双样，挥发性有机物、半挥发性有机物的相对偏差均小于20%。地表水中VOCs的基体加标回收率在60%～130%之间，SVOCs回收率在50%～150%之间。

4.2.4.2 底泥样品

(1) 采样质量控制　用棕色玻璃瓶采集有机物的底泥样品。测定痕量重金属的底泥样品用聚四氟乙烯容器。样品瓶和聚四氟乙烯容器预先用硝酸溶液（1∶2）浸泡2～3天，用去离子水淋洗干净、晾干。样品于4℃避光、密闭保存，保存时间如果超过48h，则应在－10℃条件下保存。采集的现场质量控制样品，包括现场平行样、现场空白样、运输空白样等进行质量控制。

(2) 实验室分析质量控制

① 无机元素　底泥中各元素的相关系数均达到0.999或以上。所有样品分析均做3次测定取平均值。每次重新开机测试均重新绘制标准曲线。采用内标对仪器的漂移及样品的基体效应进行校正。每批次都插入平行双样，每20个样品测定1～2个平行双样。测定结果的相对偏差均小于20%。每批分析均带有空白样品，每批次空白样品的测定值均低于标准限值的10%。对底泥样品采用水系沉积物标准参考样品（GBW07358）作为质量控制样品，对实际样品的前处理过程和测定过程进行质量控制。测定结果显示各元素的回收率均处于75%～125%之间。

② 有机化合物　挥发性有机物如氯甲烷、氯乙烷、苯、甲苯等57个VOCs标准曲线的相关系数R^2均能达到0.990以上；半挥发性有机物标准曲线的相关系数R^2均能达到0.990以上。底泥样品实验中石英砂作为空白，每一批样品中目标化合物的空白值均在检出限以下。

在实际样品中加入合适的替代物进行样品前处理并上机测试，如替代物甲苯-D8的回收率在70%～120%之间；4-氟联苯的回收率在90%～110%之间；对三联苯-D14的回收率在80%～150%之间。每20个样品，取同一份冷冻干燥后的底泥样品进行平行测试，SVOCs目标物相对偏差均小于20%，VOCs目标物相对偏差均小于20%。每20个样品，取同一份冷冻干燥后的底泥样品进行基体加标，前处理后上机测试，半挥发性有机物测试中PCBs、有机氯、PAHs等目标物回收率均在50%～150%之间。

样品采集后保存条件见表4-4。

表4-4　样品采集后保存条件

指标	水样	沉积物
VOCs	40mL棕色小瓶内加盐酸调pH，同时加25 mg抗坏血酸去除余氯，冷藏保存	
重金属	100mL塑料瓶，加硝酸调pH，冷藏保存	玻璃瓶，冷藏保存
SVOCs	2L棕色玻璃瓶，当晚抽滤过C18和HLB串联柱子，柱子封口膜密封并用铝箔纸包严，冷藏保存	玻璃瓶，冷藏保存

续表

指标	水样	沉积物
抗生素	2L棕色玻璃瓶,当晚抽滤用3mol/L硫酸调节水样到pH为3,加入Na_2EDTA 1.6g过HLB柱子,保存同上	

4.3 结果与讨论

4.3.1 半挥发性有机物时空分布特征

4.3.1.1 多环芳烃类

多环芳烃（polyeyelie aromatie hydroearbon，PAHs）是全球性污染物，种类繁多，分为芳香稠环型及芳香非稠环型，是广泛存在于环境中的持久性有机污染物（POPs）[92]。大多数多环芳烃具有致畸、致癌、致突变的作用，被美国环保署（USEPA）和中国环境保护总局划分为水环境优先控制污染物[93-95]。河流中的多环芳烃主要通过干湿沉降和地表径流进入水体[96]，环境中多环芳烃的产生主要是由于人类生产活动中有机物的不完全燃烧，比如车辆的使用、化石燃料的燃烧、植物的燃烧等[97-99]。本书针对沙颍河流域各水样、沉积物样品进行了16种多环芳烃的检测，包括萘（Nap）、苊烯（Acy）、苊（Ace）、芴（Fluo）、菲（Phe）、蒽（Ant）、荧蒽（Flua）、芘（Pye）、苯并[*a*]蒽（BaA）、䓛（Chry）、苯并[*b*]荧蒽（BbF）、苯并[*k*]荧蒽（BkF）、苯并[*a*]芘（BaP）、茚并[1,2,3-*c*,*d*]芘（IcdP）、二苯并[*a*,*h*]蒽（DBA）和苯并[*g*,*h*,*i*]苝（BghiP）。枯水期在水和底泥中分别检测出9种和16种，丰水期在水和底泥中16种多环芳烃均有检测出，平水期在水和底泥中检测出12种和16种多环芳烃，所检测的多环芳烃包括2环类多环芳烃1种（Nap）、3环类多环芳烃5种（Acy、Ace、Fluo、Phe、Ant）、4环类多环芳烃4种（Pye、BaA、Chry、Flua）、5环类多环芳烃4种（BbF、BkF、BaP、DBA）、6环类多环芳烃2种（IcdP、BghiP）。

（1）水体多环芳烃

a.水体多环芳烃含量和组成　沙颍河流域丰水期地表水中多环芳烃的检出种类、检出率、浓度范围和平均值如表4-5所示。所检出的16种多环芳烃分别为萘、苊、芴、菲、蒽、荧蒽、芘、苯并[*a*]蒽、䓛、苯并[*b*]荧蒽、苯并[*k*]荧蒽、苯并[*a*]芘、茚并[1,2,3-*c*,*d*]芘、二苯并[*a*,*h*]蒽、苯并[*g*,*h*,*i*]苝、苊烯，除苊烯外其余各物质在各个点位均有检出，萘的平均浓度最高，为161.18ng/L，芴的平均浓度最低，为11.07ng/L，整体上，丰水期沙颍河全流域40个采样点多环芳烃浓度在356.60～2275.04ng/L之间，平均浓度为981.87ng/L，在点位槐店闸取得最大值，在点位H12-5-4取得最小值。沙颍河流域枯水期地表水中多环芳烃的检出种类、检出率、浓度范围和平均值如表4-6所示。所检出的9种多环芳烃分别为萘、苊、芴、菲、蒽、荧蒽、芘、苯并[*b*]荧蒽、苊烯。萘的平均浓度最高，为105.60ng/L，苯并[*b*]荧蒽的平均浓度最低，为0.24ng/L。各采样点多环芳烃浓度在71.39～2909.16ng/L之间，平均浓度为256.72ng/L，在点位西华程湾取得最大值，在点位叶舞公路桥取得最小值。沙颍河流域平水期地表水中多环芳烃的检出种类、检出率、浓度范围和平均值如表4-7所示。所检出的12种多环芳烃分别为萘、菲、蒽、芴、二氢苊、苊、荧蒽、芘、苯并[*a*]蒽、䓛、苯并[*b*]荧蒽、苯并[*a*]芘。萘的平均浓度最高，为69.47ng/L，苯并[*a*]芘的平均浓度最低，为0.02ng/L。各采样点多环芳烃浓度在37.64～341.49ng/L之间，平均浓度为195.44ng/L，在点位鄢陵陶城闸取得最大值，在点位中牟陈桥取得最小值。

表 4-5 沙颍河流域丰水期地表水中多环芳烃的检出种类、检出率、浓度范围和平均值

多环芳烃	最大值/(ng/L)	最小值/(ng/L)	平均值/(ng/L)	检出率
萘	359.30	7.50	161.18	100.00%
苊	50.16	8.34	25.52	100.00%
芴	36.43	2.40	11.07	100.00%
菲	43.03	4.77	17.54	100.00%
蒽	43.06	4.77	17.41	100.00%
荧蒽	337.97	14.01	110.73	100.00%
芘	335.82	22.96	89.34	100.00%
苯并[*a*]蒽	306.12	23.81	94.83	100.00%
䓛	213.51	17.86	63.79	100.00%
苯并[*b*]荧蒽	133.02	1.77	16.36	100.00%
苯并[*k*]荧蒽	458.67	6.89	74.35	100.00%
苯并[*a*]芘	458.67	6.89	74.35	100.00%
茚并[1,2,3-*c*,*d*]芘	295.59	25.08	111.25	100.00%
二苯并[*a*,*h*]蒽	157.77	1.62	12.61	100.00%
苯并[*g*,*h*,*i*]苝	292.73	1.39	26.31	100.00%
苊烯	92.61	ND	33.36	82.05%

注：ND表示未检出，全书同。

表 4-6 沙颍河流域枯水期地表水中多环芳烃的检出种类、检出率、浓度范围和平均值

多环芳烃	最大值/(ng/L)	最小值/(ng/L)	平均值/(ng/L)	检出率
萘	2909.16	2.71	105.60	100.00%
菲	29.07	ND	15.53	95.00%
蒽	55.65	ND	38.13	95.00%
苊	79.61	ND	24.99	80.00%
荧蒽	33.63	ND	16.72	63.00%
苊烯	471.08	ND	19.01	65.00%
芴	432.33	ND	20.93	58.00%
芘	33.95	ND	15.64	55.00%
苯并[*b*]荧蒽	2.48	ND	0.24	10.00%

表 4-7 沙颍河流域平水期地表水中多环芳烃的检出种类、检出率、浓度范围和平均值

多环芳烃	最大值/(ng/L)	最小值/(ng/L)	平均值/(ng/L)	检出率
萘	146.24	29.75	69.47	100.00%
菲	37.52	ND	23.07	97.56%
蒽	33.32	ND	23.33	87.80%

续表

多环芳烃	最大值/(ng/L)	最小值/(ng/L)	平均值/(ng/L)	检出率
芴	35.60	ND	24.53	82.93%
二氢苊	30.59	ND	18.35	65.85%
苊	38.12	ND	15.69	60.98%
荧蒽	29.19	ND	12.81	53.66%
芘	23.62	ND	6.89	31.71%
苯并[a]蒽	26.18	ND	0.64	2.44%
䓛	5.39	ND	0.13	2.44%
苯并[b]荧蒽	20.75	ND	0.51	2.44%
苯并[a]芘	1.02	ND	0.02	2.44%

与近年来国内外其他河流（表4-8）水体中多环芳烃浓度相比，沙颍河流域丰水期总多环芳烃浓度比国内主要河流水平稍大，但要低于其他工业化水平较高河段。枯水期与平水期沙颍河流域多环芳烃浓度与黄河、河南省、长江等流域相当。与国外一些河流相比，沙颍河流域多环芳烃浓度偏高，丰水期总多环芳烃浓度是美国密西西比河的3倍，是澳大利亚布里斯班河的40倍[100-106]。

表4-8 全球各地河流水体中多环芳烃浓度范围和平均值

采样点	采样时间	种类	浓度范围/(ng/L)	平均值/(ng/L)
中国沙颍河流域(本书)	2018年7月	16	356.60～2275.04	981.87
中国沙颍河流域(本书)	2018年11月	9	71.39～2909.16	256.72
中国沙颍河流域(本书)	2019年3月	12	37.64～341.49	195.44
中国,长江	2005年	15	70.3～1844	283.3
中国,长江	2005年	11	321.8～6235	2095
中国,杭州	2002年	10	989～9663	3717
中国,台湾	1999年	16	10～9400	430
澳大利亚,布里斯班河下游	2001年	15	5～12	8.2
美国密西西比河	2004年	116	62.9～144.7	114.9

沙颍河流域40个采样点中有白沙水库、禹州褚河大桥、林颍高村桥、临颍吴刘闸、西华址坊、周口康店、槐店闸、界首七渡口、沈氏纸店9个点位位于沙颍河干流颍河上，其余点位均位于贾鲁河、双洎河、北汝河、沙河、澧河、汾河、洺河、黑茨河、泉河、清潩河等支流。

b.水体多环芳烃组成分布特征和溯源 沙颍河流域干流、支流、分流各采样点多环芳烃总浓度如图4-2所示。

丰水期全流域干流多环芳烃平均浓度为1003.63ng/L，各支流贾鲁河多环芳烃平均浓度最高，为1223.24ng/L，双洎河多环芳烃平均浓度最低，为731.24ng/L，北汝河多环芳烃平均浓度为970.17ng/L，沙河多环芳烃平均浓度为860.66ng/L，澧河多环芳烃平均浓度为803.48ng/L。由此可见，沙颍河流域丰水期支流中贾鲁河多环芳烃含量比较高，其余支流多环芳烃含量较低，干流多环芳烃含量高于大部分支流。

枯水期全流域干流多环芳烃平均浓度为150.72ng/L，各支流沙河多环芳烃平均浓度最

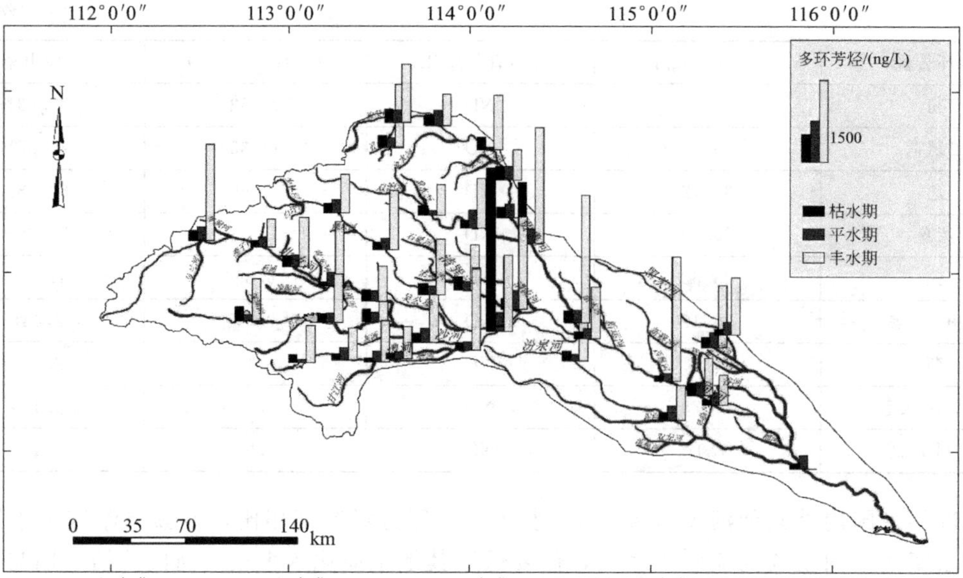

图 4-2 沙颍河流域各采样点水体中多环芳烃总浓度分布图

高，为 638.70ng/L，澧河多环芳烃平均浓度最低，为 111.33ng/L，北汝河多环芳烃平均浓度为 150.06ng/L，贾鲁河多环芳烃平均浓度为 322.86ng/L，双洎河多环芳烃平均浓度为 161.10ng/L。由此可见，沙颍河流域枯水期沙河、贾鲁河多环芳烃含量比较高，干流多环芳烃含量较低，污染主要来自支流。

平水期全流域干流多环芳烃平均浓度为 198.57ng/L，各支流贾鲁河多环芳烃平均浓度最高，为 208.10ng/L，澧河多环芳烃平均浓度最低，为 150.23ng/L，北汝河多环芳烃平均浓度为 202.61ng/L，沙河多环芳烃平均浓度为 162.00ng/L，双洎河多环芳烃平均浓度为 202.09ng/L。由此可见，沙颍河流域平水期贾鲁河多环芳烃含量比较高，澧河多环芳烃含量最低。

整体来说三个水期贾鲁河水体多环芳烃含量较高，受污染较严重，澧河受污染程度在全流域内相对较轻。

水环境中的多环芳烃来源主要有两个途径：一个是煤和石油开采、运输、使用过程中的排放和泄漏，主要为 2～3 环的多环芳烃污染物；另一个是煤、石油、木材等物质的不完全燃烧，主要为 4～6 环的多环芳烃污染物。多环芳烃在水环境中能够保持一定的稳定性，且不同来源产生的不同种类的多环芳烃具有结构和性质的差异。因此，可以通过各种组分的丰度对其来源进行判断。

沙颍河流域丰水期、枯水期各点低分子量、中分子量、高分子量多环芳烃所占浓度比例如图 4-3 所示。

丰水期 41 个采样点中低、中、高三类不同分子量的多环芳烃占总浓度比例分别为 35.07%、36.04%、28.89%；枯水期三类不同分子量的多环芳烃占总浓度比例分别为 82.76%、17.12%、0.12%；平水期三类不同分子量的多环芳烃占总浓度比例分别为 91.00%、8.80%、0.20%。整体来说，平水期低分子量的多环芳烃占比要远高于中、高分子量的多环芳烃所占比例，除丰水期外基本不含 5～6 环多环芳烃。这说明沙颍河流域枯水期水体中多环芳烃污染主要源于石油类污染，化石燃料的燃烧来源相对较少。而丰水期高分子量的多环芳烃占比

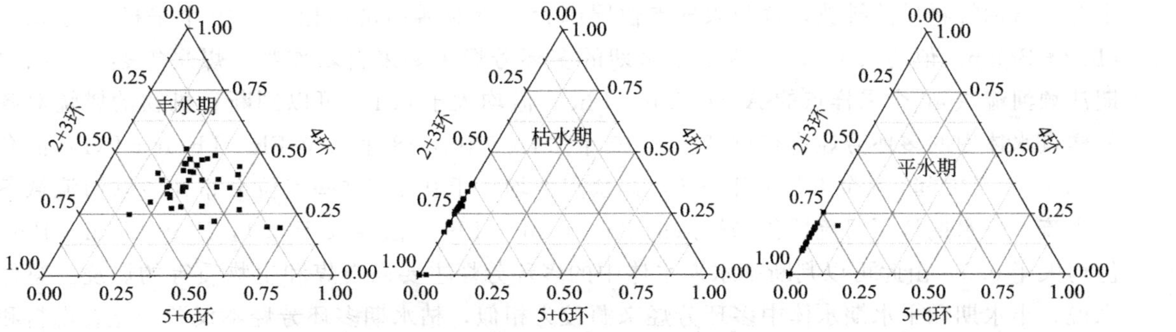

图 4-3　不同分子量多环芳烃浓度比例三角坐标图

要高于其余水期，这与沙颍河枯水期的季节特性有关，枯水期、平水期沙颍河流域雨水量和频次较少，流域汇水面积减小，化石燃料的燃烧产生的污染物经过雨水径流与干湿沉降到达水体较少。有研究表明，相同分子量的多环芳烃之间的浓度比可以作为推测多环芳烃来源的参数。沙颍河流域各点位水体中多环芳烃双比值如图 4-4 所示。

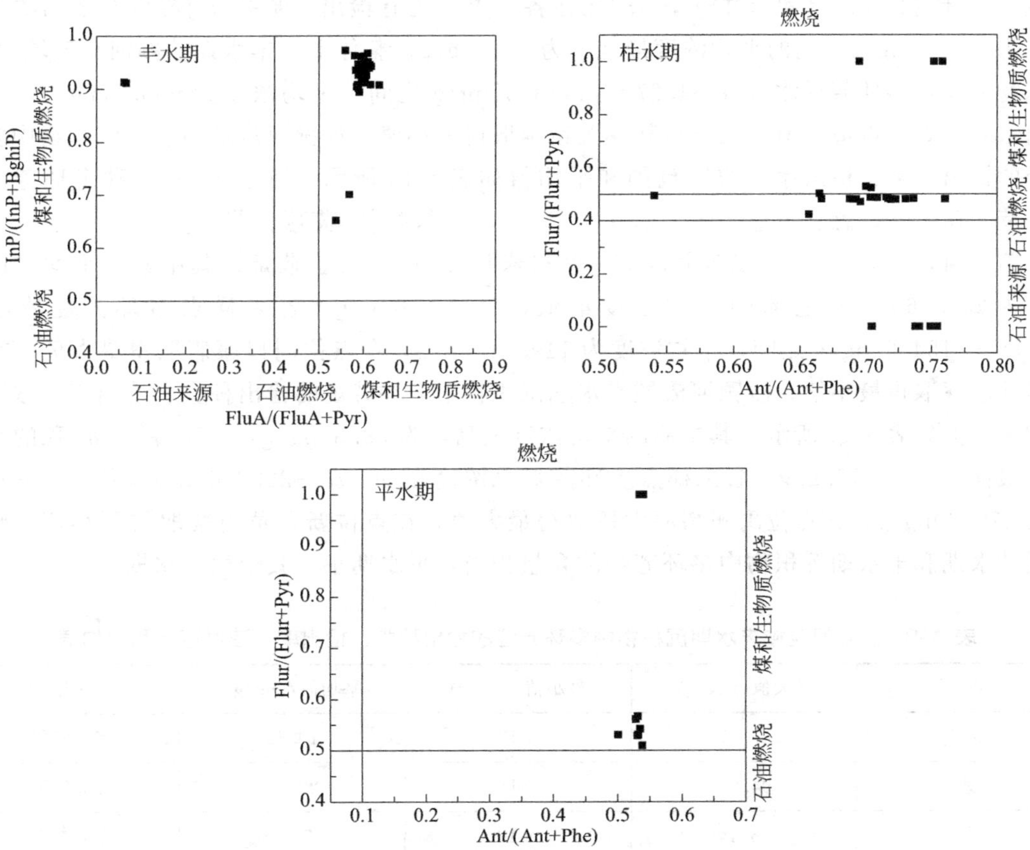

图 4-4　沙颍河流域各点位水体中多环芳烃双比值

由图 4-4 可见，丰水期沙颍河流域除扶沟摆渡口、西华大王庄两个点位外，其余 38 个点位水样的 FluA/(FluA＋Pyr) 值全部大于 0.5，由此可判断丰水期沙颍河流域绝大多数点位的多环芳烃污染来自煤和有机生物质的燃烧，而扶沟摆渡口、西华大王庄的多环芳烃主要来源于石油等物质的排放，这与采样点位周围存在货船活动密切相关。40 个采样点的 InP/(InP+Bghip) 值均大于 0.5，说明丰水期的多环芳烃主要来自农作物、煤炭等燃烧。枯水期沙颍河流域 40 个采样点的 Ant/(Ant+Phe) 值均大于 0.1，可以判断有机物的燃烧对各采样点水体中的多环芳烃均有贡献。而 40 个采样点中有 18 个点位 Flur/(Flur+Pyr) 值介于 0.4～0.5 之间，6 个点位大于 0.5，其余点位均小于 0.4，这些点位分布在沙颍河流域各个支流。平水期沙颍河流域各采样点的 Ant/(Ant+Phe) 值均大于 0.1，Flur/(Flur+Pyr) 值均大于 0.5，由此可以判断平水期水体中的多环芳烃主要来自煤和生物质等的燃烧。整体来说，丰水期和平水期水体中多环芳烃来源较为相似，枯水期多环芳烃不仅源于化石燃料和有机质的燃烧，石油类来源也是关键污染源。这个结果与多环芳烃不同分子量浓度占比的评价模型基本一致。

(2) 沉积物多环芳烃

a. 沉积物多环芳烃含量和组成　沙颍河流域丰水期沉积物中多环芳烃的检出种类、检出率、浓度范围和平均值如表 4-9 所示。所检出的 16 种多环芳烃中苊烯、萘、苊、芴、菲、蒽、荧蒽、芘、苯并[*a*]蒽、䓛、苯并[*b*]荧蒽、苯并[*k*]荧蒽、苯并[*a*]芘、茚并[1,2,3-*c*,*d*]芘、二苯并[*a*,*h*]蒽和苯并[*g*,*h*,*i*]苝在各个点位均有检出。苯并[*b*]荧蒽的平均浓度最高，为 161.90ng/g，苊的平均浓度最低，为 5.44ng/g。整体上，丰水期沙颍河全流域 29 个沉积物采样点多环芳烃浓度在 64.27～11433.62ng/g 之间，平均浓度为 956.77ng/g，在点位商水双桥处取得最大值，在点位新郑黄甫寨取得最小值。沙颍河流域枯水期沉积物中多环芳烃的检出种类、检出率、浓度范围和平均值如表 4-10 所示。所检出的 16 种多环芳烃为萘、苊、芴、菲、蒽、荧蒽、芘、苯并[*a*]蒽、䓛、苯并[*b*]荧蒽、苯并[*k*]荧蒽、苯并[*a*]芘、茚并[1,2,3-*c*,*d*]芘、二苯并[*a*,*h*]蒽和苯并[*g*,*h*,*i*]苝、苊烯。其中萘的平均浓度最高，为 220.46ng/g，苊烯的平均浓度最低，为 10.50ng/g。各采样点多环芳烃浓度在 217.86～7154.98ng/g 之间，平均浓度为 1199.46ng/g，在点位周口康店取得最大值，在点位白沙水库取得最小值。沙颍河流域平水期沉积物中多环芳烃的检出种类、检出率、浓度范围和平均值如表 4-11 所示。其中菲的平均浓度最高，为 59.85ng/g，二苯并[*a*,*h*]蒽的平均浓度最低，为 10.16ng/g。各采样点多环芳烃总浓度在 96.67～2228.68ng/g 之间，平均浓度为 479.60ng/g，在点位禹州褚河大桥取得最大值，在点位新郑黄甫寨取得最小值。整体来说枯水期和丰水期沉积物中多环芳烃的含量相当，平水期小于其余两个水期。

表 4-9　沙颍河流域丰水期沉积物中多环芳烃的检出种类、检出率、浓度范围和平均值

多环芳烃	最大值/(ng/g)	最小值/(ng/g)	平均值/(ng/g)	检出率
苊烯	45.07	ND	10.52	76.67%
萘	94.22	ND	22.44	93.33%
苊	26.44	0.19	5.44	100.00%
芴	86.34	1.60	14.09	100.00%
菲	154.39	1.60	19.60	100.00%
蒽	149.53	1.60	19.39	100.00%
荧蒽	1453.16	4.58	114.16	100.00%

续表

多环芳烃	最大值/(ng/g)	最小值/(ng/g)	平均值/(ng/g)	检出率
芘	1194.28	4.92	92.21	100.00%
苯并[*a*]蒽	1026.86	1.60	69.54	100.00%
䓛	841.90	2.45	80.27	100.00%
苯并[*b*]荧蒽	1697.16	6.25	161.90	100.00%
苯并[*k*]荧蒽	145.23	0.29	12.37	100.00%
苯并[*a*]芘	438.65	0.60	35.80	100.00%
茚并[1,2,3-*c*,*d*]芘	2097.92	5.97	151.93	100.00%
二苯并[*a*,*h*]蒽	118.34	0.19	14.29	100.00%
苯并[*g*,*h*,*i*]苝	2015.79	0.39	132.82	100.00%

表4-10 沙颍河流域枯水期沉积物中多环芳烃的检出种类、检出率、浓度范围和平均值

多环芳烃	最大值/(ng/g)	最小值/(ng/g)	平均值/(ng/g)	检出率
萘	1242.11	6.85	220.46	100.00%
菲	460.42	15.43	85.43	100.00%
蒽	218.76	9.91	48.76	100.00%
芘	1084.08	13.01	107.01	100.00%
苯并[*a*]蒽	921.81	19.73	83.64	100.00%
苯并[*b*]荧蒽	616.13	1.82	47.46	100.00%
荧蒽	1481.06	17.48	117.47	100.00%
苯并[*k*]荧蒽	629.96	ND	46.59	96.30%
苯并[*a*]芘	867.63	ND	67.59	96.30%
苊烯	37.28	ND	10.50	96.30%
苯并[*g*,*h*,*i*]苝	200.38	ND	28.58	92.59%
苊	70.53	ND	17.98	85.19%
芴	66.19	ND	13.22	85.19%
茚并[1,2,3-*c*,*d*]芘	204.12	ND	37.07	85.19%
二苯并[*a*,*h*]蒽	91.23	ND	24.16	77.78%
䓛	618.42	ND	59.31	70.37%

表4-11 沙颍河流域平水期沉积物中多环芳烃的检出种类、检出率、浓度范围和平均值

多环芳烃	最大值/(ng/g)	最小值/(ng/g)	平均值/(ng/g)	检出率
芴	91.79	9.43	21.91	100.00%
菲	374.92	7.96	59.85	100.00%
蒽	83.13	9.73	19.63	100.00%
芘	174.31	9.41	42.88	100.00%

续表

多环芳烃	最大值/(ng/g)	最小值/(ng/g)	平均值/(ng/g)	检出率
䓛	390.50	3.58	45.86	100.00%
苯并[b]荧蒽	201.73	6.42	41.04	100.00%
荧蒽	217.98	10.24	48.54	100.00%
萘	75.66	0.00	23.90	96.67%
苯并[a]蒽	90.85	0.00	26.83	96.67%
苯并[k]荧蒽	202.48	0.00	40.13	96.67%
苯并[a]芘	90.79	0.00	27.03	96.67%
苊	28.65	0.00	13.75	93.33%
苊烯	22.37	0.00	11.10	93.33%
苯并[g,h,i]苝	124.36	0.00	24.27	66.67%
茚并[1,2,3-c,d]芘	83.95	0.00	22.74	53.33%
二苯并[a,h]蒽	56.23	0.00	10.16	26.67%

b. 沉积物多环芳烃分布特征和溯源　沙颍河流域干流、支流、分流各采样点沉积物中多环芳烃浓度如图 4-5 所示。

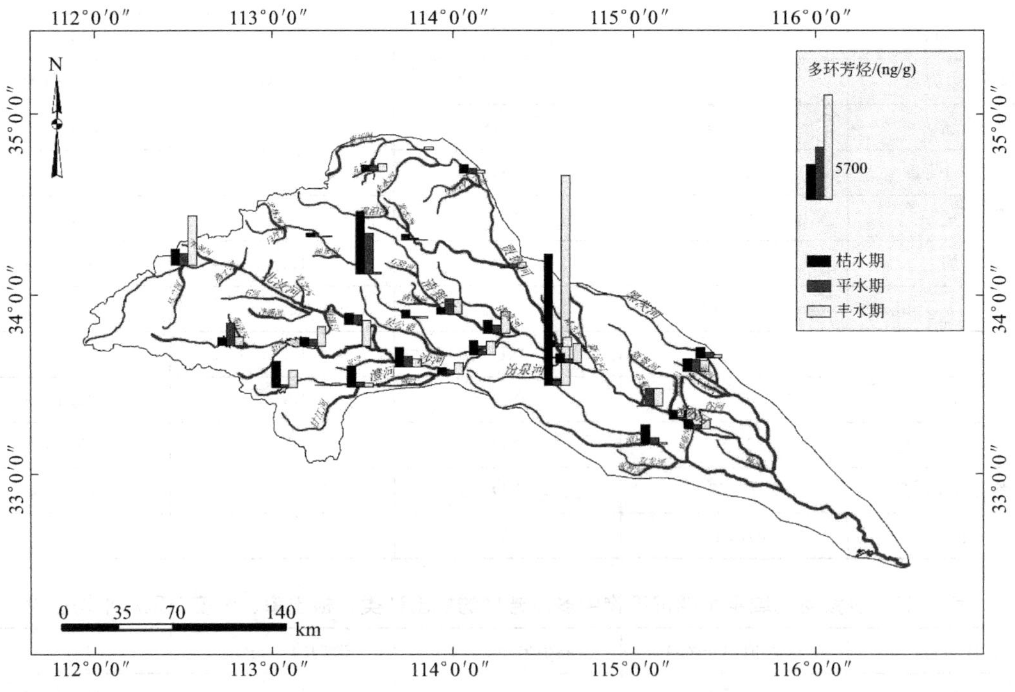

图 4-5　沙颍河流域各采样点沉积物中多环芳烃浓度分布图

丰水期全流域干流多环芳烃平均浓度为 429.51ng/g，各支流澧河多环芳烃平均浓度最高，为 469.58ng/g，双洎河多环芳烃平均浓度最低，为 286.11ng/g，北汝河多环芳烃平均浓度为 772.64ng/g，沙河多环芳烃平均浓度为 865.14ng/g，贾鲁河多环芳烃平均浓度为

309.08ng/g。由此可见，沙颍河流域丰水期干流多环芳烃含量较高，远远高于其他各支流、分流，支流中澧河多环芳烃含量比较高，整体来说其余支流与澧河相比多环芳烃含量要低。

枯水期全流域干流沉积物多环芳烃平均浓度为429.51ng/g，各支流沙河多环芳烃平均浓度最高，为865.14ng/g，贾鲁河多环芳烃平均浓度最低，为309.08ng/g，澧河多环芳烃平均浓度为469.59ng/g。由此可见，沙颍河流域枯水期沙河多环芳烃含量比较高，干流多环芳烃含量较低，污染主要来自支流。

平水期全流域干流沉积物多环芳烃平均浓度为714.28ng/g，各支流北汝河多环芳烃平均浓度最高，为727.14ng/g，澧河多环芳烃平均浓度最低，为212.39ng/g，贾鲁河多环芳烃平均浓度为240.88ng/g，沙河多环芳烃平均浓度为511.56ng/g。

由此可见，沙颍河流域平水期干流多环芳烃含量较高，各支流中北汝河多环芳烃含量较高。颍河多环芳烃含量比较高，一方面与流经周口、阜阳等城市有关，另一方面与上游各支流沉积物中污染物冲刷至下游干流积累密切相关。

沙颍河流域丰水期、枯水期、平水期各位点沉积物中低分子量、中分子量、高分子量多环芳烃所占浓度比例如图4-6所示。

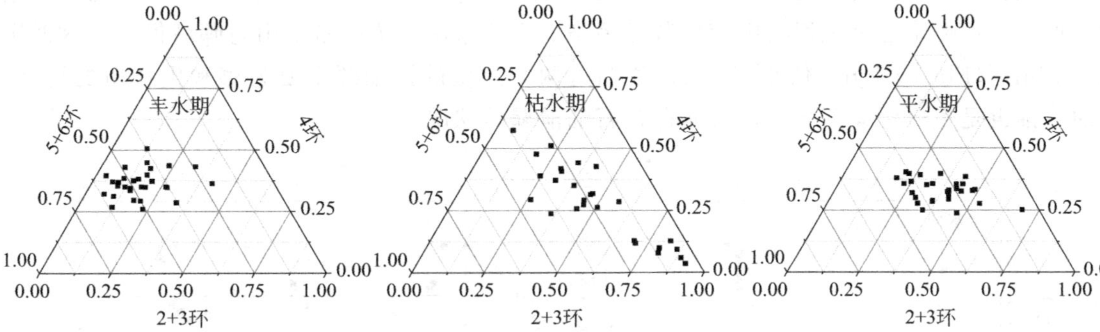

图4-6 不同分子量多环芳烃浓度比例三角坐标图

丰水期29个采样点中低、中、高三类不同分子量的多环芳烃占总浓度比例分别为17.27%、36.28%、46.45%，沉积物中高分子量的多环芳烃所占比例要高于低分子量的多环芳烃占比。结果说明，沙颍河流域丰水期沉积物中多环芳烃类污染主要源于化石燃料的燃烧，石油类污染相对较小，这与丰水期水体中的多环芳烃的来源相似。枯水期40个采样点中低、中、高三类不同分子量的多环芳烃占总浓度比例分别为49.07%、28.27%、22.66%，低分子量的多环芳烃占比要远高于中、高分子量的多环芳烃所占比例。说明沙颍河流域枯水期沉积物中多环芳烃污染主要源于石油类污染，化石燃料的燃烧来源相对较少。这与沙颍河枯水期水体中的多环芳烃来源相似，枯水期沙颍河流域雨水量和频次较少，流域汇水面积减小，化石燃料燃烧产生的多环芳烃经过雨水径流到达水体减少，致使中、高分子量的多环芳烃占比减少。

平水期29个采样点中低、中、高三类不同分子量的多环芳烃占总浓度比例分别为37.00%、33.00%、30.00%，沉积物低、中、高分子量的多环芳烃所占比例相当，说明沙颍河流域平水期沉积物种多环芳烃类污染源既有化石燃料的燃烧产生，又有石油类直接污染。

由图4-7可见，丰水期沙颍河流域临颍高村桥点位沉积物的FluA/(FluA+Pyr)值小于

0.4，杨寨中村、白龟山水库等点位沉积物的 FluA/(FluA+Pyr) 值介于 0.4～0.5 之间，其余 37 个点沉积物的 FluA/(FluA+Pyr) 值全部大于 0.5，由此可判断丰水期沙颍河流域绝大多数点位的多环芳烃污染来自石油、煤和有机生物质的燃烧，而临颍高村桥中的多环芳烃主要来源于石油等物质的排放。29 个采样点的 Ant/(Ant+Phe) 值均大于 0.1，可以判断有机物的燃烧对各采样点水体中的多环芳烃均有贡献，说明丰水期的多环芳烃主要来自农作物、煤炭等燃烧。枯水期沙颍河流域 29 个采样点的 Ant/(Ant+Phe) 值均大于 0.1，表明石油、煤和有机生物质的燃烧对各采样点水体中的多环芳烃均有贡献。而 29 个采样点中有 8 个点位 FluA/(FluA+Pyr) 值介于 0.4～0.5 之间，3 个点位小于 0.4，其余点位均大于 0.5。说明汝阳紫罗山、中牟陈桥、新郑黄甫寨等点位存在煤和石油的泄漏和排放，其余点位煤、石油、木材等物质的不完全燃烧成为沉积物中多环芳烃的来源。相较于丰水期，枯水期多环芳烃不仅源于化石燃料和有机质的燃烧，石油类来源也是关键污染源。这个结果与多环芳烃不同分子量浓度占比的评价模型基本一致，也与水体中多环芳烃的来源一致。平水期沙颍河流域所有点位 Ant/(Ant+Phe) 值均大于 0.1，绝大多数点沉积物的 FluA/(FluA+Pyr) 值都大于 0.5，说明沙颍河流域绝大多数点位沉积物中多环芳烃污染来自煤和有机质的燃烧，孤石滩水库与扶沟摆渡口两个点位 FluA/(FluA+Pyr) 值介于 0.4～0.5 之间，这两个点位石油燃烧也是沉积物中多环芳烃污染的主要来源。汝阳紫罗山与郸城侯楼闸这两个点位 FluA/(FluA+Pyr) 值小于 0.4，说明这两个点位的污染源主要为煤和生物质的燃烧，石油直排也是主要污染源之一，可能存在石油泄漏等状况。

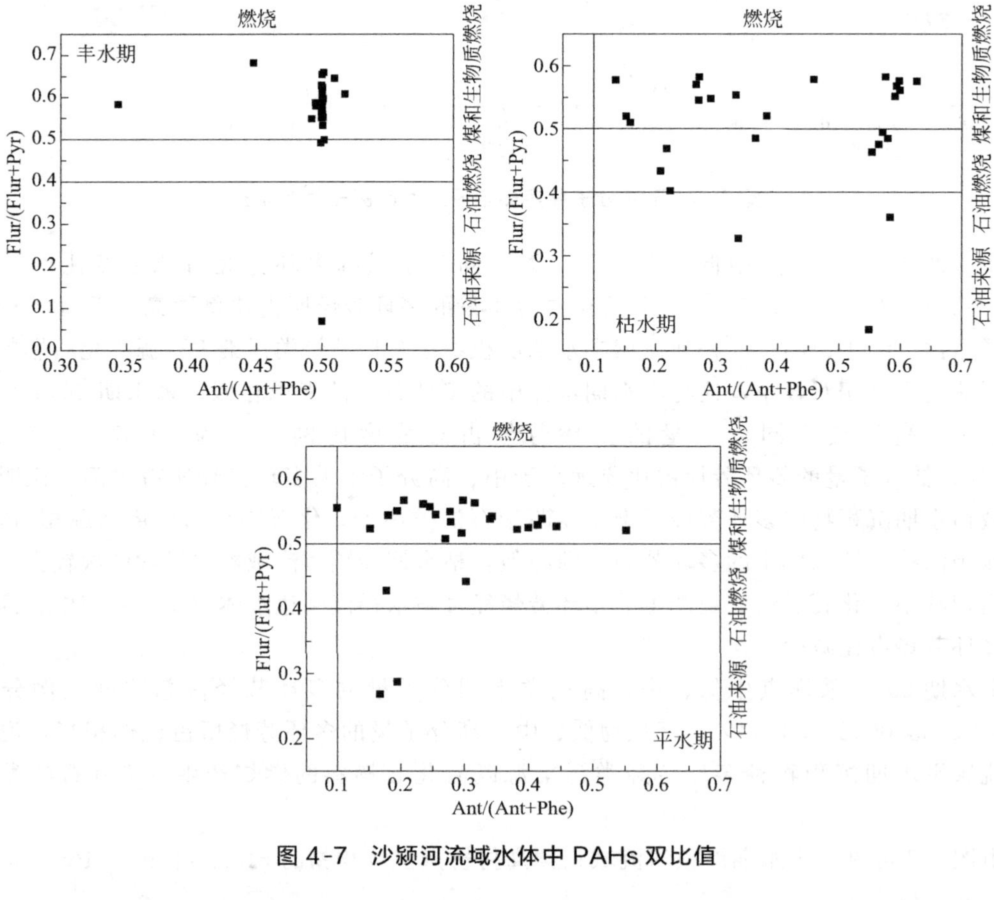

图 4-7 沙颍河流域水体中 PAHs 双比值

4.3.1.2 有机农药

沙颍河流域主要指河南、安徽两省，并且其绝大部分位于河南省境内，河南省作为我国的农业大省，承担着巨大的粮产问题，是最重要的农药使用和生产地。有机氯农药（OCPs）是持久性污染物，大多数机氯农药都具有持久性，且较容易在生物体内产生累积，因此大量的使用将导致水环境中的有机氯农药逐渐积累并且缓慢释放[107-109]。有机磷农药（OPPs）是指在人类生产生活活动中用以防治植物病虫的含有机磷农药的有机化合物。它具有化学性质稳定，不易被降解等特性，在水环境中可保存较长时间，且能够在环境中持久存在[110,111]。同时它还具有半挥发性，以至于它可以随着水流等转移至根本不存在有机磷农药污染的地区。同时有机磷农药具有“三致效应”，对人和动物的生殖、遗传、内分泌等系统具有强烈的损害[112-115]。有机农药类污染物在水环境中对水生生物危害极大，污染较为严重的情况下甚至导致水生生态系统恶化与崩溃，因此有机农药污染也成为沙颍河流域最严重的环境污染问题之一。

本书针对沙颍河流域各水样、沉积物样品进行了23种有机氯农药检测，包括α-BHC、β-BHC、γ-BHC、δ-BHC、六氯苯、七氯、艾氏剂、环氧七氯、顺式α-氯丹、α-硫丹、反式γ-氯丹、狄氏剂、p,p'-DDE、异狄氏剂、β-硫丹、p,p'-DDD、o,p'-DDT、异狄氏剂醛、硫丹硫酸酯、p,p'-DDT、异狄氏剂酮、甲氧滴滴涕、灭蚁灵。枯水期在水和底泥中分别检测出10种和15种，丰水期在水和底泥中23种有机氯农药均有检测出，平水期在水和底泥中分别检测出12种和17种。

本书对沙颍河流域各水样、沉积物样品进行了7种有机磷农药检测，包括甲胺磷、内吸磷-O、内吸磷-S、甲基对硫磷、马拉硫磷、对硫磷、敌敌畏。枯水期有机磷农药在水和底泥中均检测出了6种，平水期在水和底泥中分别检测出6种和7种。

（1）水体有机农药

① 水体有机农药含量和组成 沙颍河流域丰水期地表水中OCPs的检出种类、检出率、浓度范围和平均值如表4-12所示，所检出的23种OCPs中六氯苯、α-BHC、β-BHC、γ-BHC、δ-BHC、七氯、艾氏剂、顺式α-氯丹、α-硫丹、狄氏剂、p,p'-DDE、异狄氏剂、β-硫丹、p,p'-DDD、o,p'-DDT、异狄氏剂醛、硫丹硫酸酯、p,p'-DDT、甲氧滴滴涕、灭蚁灵等在各个点位均有检出，各类OCPs中δ-BHC的平均浓度最高，为1407.35ng/L，反式γ-氯丹的平均浓度最低，为0.13ng/L。整体上，丰水期沙颍河全流域40个采样点OCPs浓度在804.57～5829.96ng/L之间，平均浓度为2985.40ng/L，在点位西华程湾取得最大值，在点位汝阳紫罗山取得最小值。沙颍河流域枯水期地表水中OCPs的检出种类、检出率、浓度范围和平均值如表4-13所示。所检出的10种OCPs分别为硫丹硫酸酯、异狄氏剂醛、异狄氏剂酮、β-BHC、γ-BHC、δ-BHC、狄氏剂、α-BHC、艾氏剂、p,p'-DDD。硫丹硫酸酯的平均浓度最高，为532.98ng/L，p,p'-DDD的平均浓度最低，为1.70ng/L。整体上，沙颍河流域水体中各采样点OCPs浓度在195.79～4155.46ng/L之间，平均浓度为1321.22ng/L，在点位尖岗水库取得最大值，在点位大陈闸取得最小值。沙颍河流域平水期地表水中OCPs的检出种类、检出率、浓度范围和平均值如表4-14所示。所检出的12种OCPs分别为δ-BHC、狄氏剂、异狄氏剂醛、β-BHC、异狄氏剂酮、开乐散、α-硫丹、α-BHC、γ-BHC、p,p'-DDE、p,p'-DDD、p,p'-DDT。开乐散的平均浓度最高，为323.94ng/L，p,p'-DDE的平均浓度最低，为0.59ng/L。整体上，沙颍河流域水体中各采样点OCPs浓度在191.24～3258.84ng/L之间，平均浓度为838.47ng/L，在点位H12-5-10

取得最大值，在点位郸城杨楼闸取得最小值。

整体来说，枯水期、平水期与丰水期的浓度分别超过长江流域武汉段地表水中的 OCPs（10.55ng/L）130 倍、80 倍和 300 倍，分别超过淮河流域江苏段地表水 5 倍、3 倍和 11 倍。表明沙颍河流域水体中 OCPs 污染比较严重，污染物种类繁多。

表 4-12 沙颍河流域丰水期地表水中 OCPs 的检出种类、检出率、浓度范围和平均值

有机氯农药	最大值/(ng/L)	最小值/(ng/L)	平均值/(ng/L)	检出率
α-BHC	86.83	1.26	12.21	100.00%
六氯苯	3.40	0.02	0.45	100.00%
β-BHC	144.25	12.36	60.83	100.00%
γ-BHC	2275.71	102.68	1130.17	100.00%
δ-BHC	2850.43	71.79	1407.35	100.00%
七氯	231.72	3.19	48.02	100.00%
艾氏剂	107.32	0.47	28.39	100.00%
顺式 α-氯丹	52.49	28.86	36.67	100.00%
α-硫丹	76.43	1.77	11.90	100.00%
狄氏剂	32.80	0.78	7.80	100.00%
p,p′-DDE	43.69	0.16	7.87	100.00%
异狄氏剂	124.87	1.13	32.03	100.00%
β-硫丹	65.17	0.82	9.71	100.00%
p,p′-DDD	16.87	0.16	3.69	100.00%
o,p′-DDT	24.44	0.39	8.44	100.00%
异狄氏剂醛	53.66	0.05	14.58	100.00%
硫丹硫酸酯	374.36	41.34	83.16	100.00%
p,p′-DDT	583.49	3.17	66.72	100.00%
甲氧滴滴涕	19.12	1.17	5.46	100.00%
灭蚁灵	48.68	0.07	4.62	100.00%
环氧七氯	28.80	ND	2.35	97.44%
异狄氏剂酮	9.91	ND	2.86	97.44%
反式 γ-氯丹	1.79	ND	0.13	92.31%

表 4-13 沙颍河流域枯水期地表水中 OCPs 的检出种类、检出率、浓度范围和平均值

有机氯农药	最大值/(ng/L)	最小值/(ng/L)	平均值/(ng/L)	检出率
硫丹硫酸酯	1228.63	ND	532.98	82.50%
异狄氏剂醛	690.41	ND	85.69	70.00%
异狄氏剂酮	766.26	ND	155.88	67.50%
β-BHC	561.61	ND	56.60	57.50%
γ-BHC	666.15	ND	144.54	57.50%

续表

有机氯农药	最大值/(ng/L)	最小值/(ng/L)	平均值/(ng/L)	检出率
δ-BHC	1095.03	ND	147.37	55.00%
狄氏剂	630.66	ND	28.68	50.00%
α-BHC	356.63	ND	78.43	47.50%
艾氏剂	1096.57	ND	59.99	22.50%
p,*p*′-DDD	68.02	ND	1.70	2.50%

表 4-14　沙颍河流域平水期地表水中 OCPs 的检出种类、检出率、浓度范围和平均值

有机氯农药	最大值/(ng/L)	最小值/(ng/L)	平均值/(ng/L)	检出率
δ-BHC	673.50	115.78	273.26	100.00%
狄氏剂	611.54	ND	39.08	82.93%
异狄氏剂醛	61.84	ND	28.04	82.93%
β-BHC	214.24	ND	85.91	70.73%
异狄氏剂酮	236.81	ND	69.60	60.98%
开乐散	2306.24	ND	323.94	51.22%
α-硫丹	91.93	ND	8.78	9.76%
α-BHC	74.46	ND	3.07	4.88%
γ-BHC	80.43	ND	3.32	4.88%
p,*p*′-DDE	24.31	ND	0.59	2.44%
p,*p*′-DDD	51.71	ND	1.26	2.44%
p,*p*′-DDT	66.29	ND	1.62	2.44%

沙颍河流域枯水期地表水中 OPPs 的检出种类、检出率、浓度范围和平均值如表 4-15 所示。所检出的 6 种 OPPs 分别为甲胺磷、内吸磷-O、内吸磷-S、甲基对硫磷、马拉硫磷、敌敌畏。敌敌畏的检出率最高，为 97.50%，甲胺磷的检出率最低，为 5.00%。甲基对硫磷的平均浓度最高，为 348.18ng/L，内吸磷-S 的平均浓度最低，为 49.29ng/L。整体上，沙颍河流域水体中各采样点 OPPs 浓度在 52.60～9400.60ng/L 之间，平均浓度为 1199.05ng/L，在点位扶沟摆渡口取得最大值，在点位 S220 下澧何桥取得最小值。沙颍河流域平水期地表水中 OPPs 的检出种类、检出率、浓度范围和平均值如表 4-16 所示，所检出的 6 种 OPPs 分别为甲胺磷、内吸磷-O、内吸磷-S、甲基对硫磷、马拉硫磷、敌敌畏。甲胺磷的检出率最高，为 100.00%，内吸磷-S 的检出率最低，为 14.63%。甲胺磷的平均浓度最高，为 411.97ng/L，内吸磷-S 的平均浓度最低，为 3.38ng/L。整体上，沙颍河流域水体中各采样点 OPPs 浓度在 146.0～1600.83ng/L 之间，平均浓度为 541.44ng/L，在点位大陈闸取得最大值，在点位临颍吴刘闸取得最小值。

表 4-15　沙颍河流域枯水期地表水中 OPPs 的检出种类、检出率、浓度范围和平均值

有机磷农药	最大值/(ng/L)	最小值/(ng/L)	平均值/(ng/L)	检出率
敌敌畏	5029.61	ND	258.03	97.50%

续表

有机磷农药	最大值/(ng/L)	最小值/(ng/L)	平均值/(ng/L)	检出率
甲基对硫磷	2157.06	ND	348.18	87.50%
马拉硫磷	666.23	ND	171.04	65.00%
内吸磷-O	8427.69	ND	271.26	30.00%
内吸磷-S	360.23	ND	49.29	30.00%
甲胺磷	3860.56	ND	101.23	5.00%

表 4-16 沙颍河流域平水期地表水中 OPPs 的检出种类、检出率、浓度范围和平均值

有机磷农药	最大值/(ng/L)	最小值/(ng/L)	平均值/(ng/L)	检出率
甲胺磷	1467.49	142.80	411.97	100.00%
马拉硫磷	181.09	ND	41.50	95.12%
甲基对硫磷	64.13	ND	48.33	90.24%
敌敌畏	268.91	ND	25.87	58.54%
内吸磷-O	75.75	ND	10.39	19.51%
内吸磷-S	25.18	ND	3.38	14.63%

② 水体有机农药组成分布特征和溯源　沙颍河流域干流、支流、分流各采样点 OCPs 浓度如图 4-8 所示。

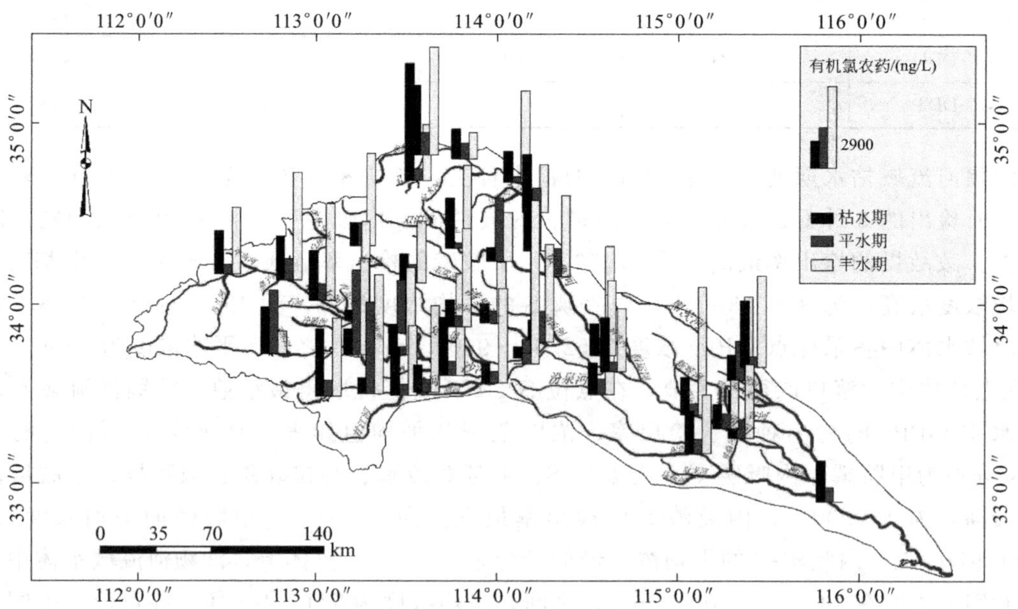

图 4-8 沙颍河流域各采样点水体中 OCPs 浓度分布图

丰水期全流域干流 OCPs 平均浓度为 3389.85ng/L，各支流澧河 OCPs 平均浓度最高，为 3190.17ng/L，双自河 OCPs 平均浓度最低，为 2352.03ng/L，北汝河 OCPs 平均浓度为 2944.34ng/L，沙河 OCPs 平均浓度为 3183.15ng/L，贾鲁河 OCPs 平均浓度为 2465.71ng/L。

由此可见，沙颍河流域丰水期支流中 OCPs 浓度均比较高，其中澧河污染含量最高，干流 OCPs 平均浓度要高于其余各个支流，此水期沙颍河流域 OCPs 污染以干流为主。

枯水期全流域干流 OCPs 平均浓度为 1057.53ng/L，各支流贾鲁河 OCPs 平均浓度最高，为 1726.32ng/L，北汝河 OCPs 平均浓度最低，为 1077.51ng/L，双洎河 OCPs 平均浓度为 1140.54ng/L，沙河 OCPs 平均浓度为 1540.27ng/L，澧河 OCPs 平均浓度为 1264.69ng/L。由此可见，沙颍河流域枯水期沙河、贾鲁河 OCPs 含量比较高，干流 OCPs 含量较小，污染主要来自支流。

平水期全流域干流 OCPs 平均浓度为 560.07ng/L，各支流澧河 OCPs 平均浓度最高，为 1019.90ng/L，颍河 OCPs 平均浓度最低，为 560.07ng/L，北汝河 OCPs 平均浓度为 845.68ng/L，沙河 OCPs 平均浓度为 113.14ng/L，贾鲁河 OCPs 平均浓度为 785.54ng/L。由此可见，沙颍河流域丰水期支流中 OCPs 浓度均比较高，其中澧河 OCPs 含量最高，干流 OCPs 平均浓度要低于其余各个支流。

三个水期整体来说颍河、澧河、沙河等 OCPs 平均浓度高与其周围的土地利用类型有关，这些河段周围的土地利用以耕地为主，占 80%以上，农药使用率高于其他河段。

水环境中 OCPs 类污染物的来源主要有两个途径：Ⅰ农业生产活动过程中产生的；Ⅱ河流沉积物的二次释放。虽然目前有些农药已经禁止使用，如 DDT、六六六等，但是我国过去几十年大量使用农药，水体沉积物对 OCPs 有着较多的吸附，并且在特定的情况下会朝着水体中释放。

沙颍河流域丰水期，在各类检出 OCPs 中，BHCs（α-BHC、β-BHC、γ-BHC、δ-BHC）浓度在 522.25～5239.183ng/L，平均浓度为 2610.55ng/L，平均占 OCPs 的 87%。沙颍河流域枯水期，在各类检出 OCPs 中，BHCs 浓度在 434.11～1716.42ng/L，平均浓度为 434.11ng/L，平均占 OCPs 的 32%。沙颍河流域平水期，在各类检出 OCPs 中，BHCs 浓度在 164.54～849.71ng/L，平均浓度为 365.55ng/L，平均占 OCPs 的 57%。

与国内外其他河流相比较，可见 BHCs 是沙颍河流域水体中最重要的 OCPs 类污染物。在我国，六六六等已经被明令禁止在农业生产活动中使用，但不排除个别地区，存在使用这些物质作为杀灭害虫的手段。此外，林丹目前被广泛应用于农业生产，而其主要原料就是 BHCs，加上河流沉积物向水体中的释放等，这些都有可能成为沙颍河流域水体中 BHCs 的来源。

BHCs 的来源可以用 BHCs 的四种同分异构体所占 BHCs 浓度的比例来指示。根据相关资料，典型的六六六的主要成分为 α-BHC，林丹则是 β-BHC。在所有同分异构体中，β-BHC 最为稳定且难以降解，并且 α-BHC、γ-BHC 会逐渐降解为稳定的 β-BHC。因此，如果水体中 BHCs 的四种同分异构体中以 β-BHC 为主，则表明水体中最近一段时间没有新的农药投放到水体当中；如果水体中 α-BHC、γ-BHC 所占比例较高时，说明当地仍然存在六六六和林丹等作为杀虫剂。

沙颍河流域丰水期、枯水期和平水期四种 BHCs 同分异构体占 BHCs 浓度比例如表 4-17～表 4-19 所示。

表 4-17 丰水期 BHCs 同分异构体浓度比例

项目	α-BHC	β-BHC	γ-BHC	δ-BHC
最大值	5.67%	11.37%	80.21%	86.06%

续表

项目	α-BHC	β-BHC	γ-BHC	δ-BHC
最小值	0.05%	0.42%	6.70%	13.75%
平均值	0.55%	2.65%	44.03%	52.77%

表 4-18 枯水期 BHCs 同分异构体浓度比例

项目	α-BHC	β-BHC	γ-BHC	δ-BHC
最大值	49.07%	100.00%	57.55%	68.09%
最小值	0.00%	0.00%	0.00%	0.00%
平均值	11.74%	26.22%	21.51%	20.01%

表 4-19 平水期 BHCs 同分异构体浓度比例

项目	α-BHC	β-BHC	γ-BHC	δ-BHC
最大值	20.59%	52.54%	17.21%	100.00%
最小值	0.00%	0.00%	0.00%	47.46%
平均值	0.77%	21.79%	0.71%	76.74%

丰水期 δ-BHC 所占比例在 13.75%～86.06%之间，平均占比为 52.77%。其次，γ-BHC 所占比例在 6.70%～80.21%之间，平均占比为 44.03%，β-BHC 所占比例在 0.42%～11.37%之间，平均占比为 2.65%，α-BHC 所占比例在 0.05%～5.67%之间，平均占比为 0.55%。表明，δ-BHC、γ-BHC 为 BHCs 同分异构体中的主要成分，β-BHC、α-BHC 含量极小。高含量的 γ-BHC 占比说明了近段时间研究区域可能仍然存在六六六、林丹等农药的使用，同时 α-BHC/γ-BHC 的值小于 0.1，说明采样附近的农药以林丹为主。对于枯水期，β-BHC 所占比例最高，在 0.00%～100.00%之间，平均占比为 26.22%。其次，γ-BHC 所占比例在 0.00%～57.55%之间，平均占比为 21.51%，δ-BHC 所占比例在 0.00%～68.09%之间，平均占比为 20.01%，α-BHC 所占比例在 0.00%～49.07%之间，平均占比为 11.74%。说明枯水期 β-BHC 为 BHCs 同分异构体中的主要成分，其次是 γ-BHC，也在 BHCs 同分异构体中占有相当比例。β-BHC 占比较高，一方面是由于 α-BHC、γ-BHC 逐渐降解产生的，另一方面是由于沉积物中残留的六六六类农药向水体中释放产生的。同时 γ-BHC 占比也较高，表明了近段时间研究区域可能仍然存在六六六、林丹等农药的使用，相较于丰水期要少得多，枯水期 BHCs 浓度要远小于丰水期 BHCs 浓度也验证了这一点。平水期 δ-BHC 所占比例在 47.46%～100.00%之间，平均占比为 76.74%。其次，β-BHC 所占比例在 0.00%～52.54%之间，平均占比为 21.79%，α-BHC 所占比例在，0.00%～20.59%之间，平均占比为 0.77%，γ-BHC 所占比例在 0.00%～17.21%之间，平均占比为 0.71%。说明枯水期 δ-BHC 为 BHCs 同分异构体中的主要成分，其次是 β-BHC，也在 BHCs 同分异构体中占有相当比例。γ-BHC 占比较高，说明了该水期研究区域可能仍然存在六六六、林丹等农药的使用，同时平水期 β-BHC 占比较高的可能原因是 α-BHC、γ-BHC 的逐渐降解。

沙颍河流域干流、支流、分流各采样点 OPPs 浓度如图 4-9 所示。枯水期全流域干流 OPPs 平均浓度为 745.26ng/L，各支流中沙河 OPPs 平均浓度最高，为 2652.99ng/L，澧河

OPPs 平均浓度最低，为 371.01ng/L，北汝河 OCPs 平均浓度为 434.2261ng/L，双洎河 OPPs 平均浓度为 554.52ng/L，贾鲁河 OPPs 平均浓度为 2564.91ng/L。由此可见，沙颍河流域丰水期支流中沙河、贾鲁河的 OPPs 浓度比较高，而贾鲁河上采样点扶沟摆渡口以及沙河上采样点西华程湾的 OPPs 浓度要远远高于该河段其他点位，分别达到 9400.60ng/L 和 8890.17ng/L，说明该水期在这两个采样点附近有较高的 OPPs 类污染物排放源，其中扶沟摆渡口点污染源很可能来自支流双洎河中的 OPPs 汇入。对于沙颍河流域干流颍河从其上游白沙水库点位（323.48ng/L）至点位临颍吴刘闸点位（195.73ng/L）总浓度上有明显的降低趋势，而到槐店闸点位则增至 1952.73ng/L，这可能与临颍吴刘闸至槐店闸之间有贾鲁河、沙河等众多支流汇入干流有关。平水期全流域干流 OPPs 平均浓度为 534.6ng/L，各支流中双洎河 OPPs 平均浓度最高，为 750.78ng/L，澧河 OPPs 平均浓度最低，为 452.20ng/L，北汝河 OCPs 平均浓度为 515.07ng/L，沙河 OPPs 平均浓度为 491.11ng/L，贾鲁河 OPPs 平均浓度为 683.66ng/L。由此可见该水期贾鲁河和双洎河 OCPs 含量比较高，而全流域有机磷农药浓度最高点出现在北汝河上的大陈闸点位（1600.83ng/L），此水期在该点位可能存在有机磷农药的点源污染。

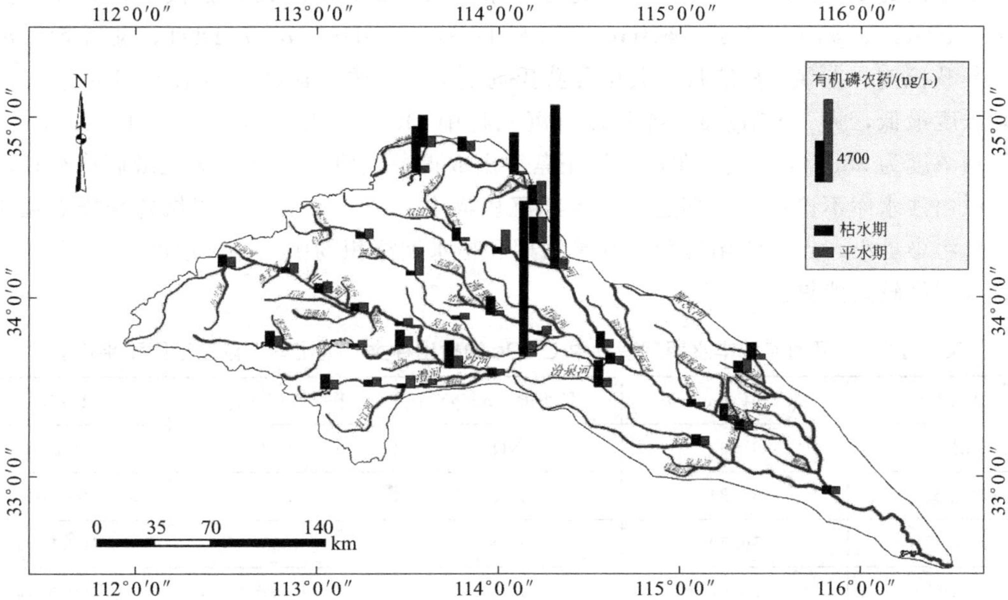

图 4-9 沙颍河流域各采样点水体中 OPPs 浓度分布图

枯水期沙颍河流域水体在各类检出 OPPs 中甲基对硫磷浓度占 OPPs 比例最高，平均占比为 37.36%。其次是马拉硫磷和敌敌畏，分别占比 24.95% 和 24.26%，甲胺磷、内吸磷-O、内吸磷-S 平均占比较小，分别为 1.52%、8.07%、3.83%。平水期沙颍河流域水体在各类检出 OPPs 中甲胺磷占 OPPs 比例最高，平均占比为 73.45%，其次为甲基对硫磷、马拉硫磷，分别占 10.28%、9.01%，内吸磷-S、甲基对硫磷、敌敌畏占比较少，分别为 1.83%、0.57% 和 4.86%。可见丰水期甲基对硫磷、马拉硫磷和敌敌畏是沙颍河流域地表水中有机磷农药的主要污染物，该水期有机磷农药的使用以甲基对硫磷、马拉硫磷和敌敌畏为主。平水期甲胺磷是沙颍河流域地表水中主要有机磷农药污染物，该水期有机磷农药的使用以甲胺磷为主。

（2）沉积物有机农药

① 沉积物有机农药含量和组成　沙颍河流域丰水期沉积物中OCPs的检出种类、检出率、浓度范围和平均值如表4-20所示。所检出的23种多环芳烃中六氯苯、β-BHC、γ-BHC、δ-BHC、p,p′-DDE、β-硫丹、p,p′-DDD、o,p′-DDT、p,p′-DDT、灭蚁灵等在各个点位均有检出。p,p′-DDT的平均浓度最高，为98.63ng/g，反式γ-氯丹的平均浓度最低，为0.35ng/g。整体上，丰水期沙颍河流域29个沉积物采样点OCPs浓度在132.78～1964.40ng/g之间，平均浓度为471.09ng/g，在点位临颍高村桥处取得最大值，在点位白沙水库取得最小值。沙颍河流域枯水期沉积物中OCPs的检出种类、检出率、浓度范围和平均值如表4-21所示。所检出的15种OCPs分别为α-BHC、β-BHC、γ-BHC、δ-BHC、七氯、艾氏剂、α-硫丹、狄氏剂、异狄氏剂、p,p′-DDD、o,p′-DDT、异狄氏剂醛、硫丹硫酸酯、p,p′-DDT、异狄氏剂酮。其中γ-BHC的平均浓度最高，为1462.61ng/g，α-硫丹的平均浓度最低，为0.05ng/g。各采样点沉积物中OCPs浓度在439.14～20085.95ng/g之间，平均浓度为3583.44ng/g，在点位汝阳紫罗山取得最大值，在点位白沙水库取得最小值。沙颍河流域平水期沉积物中OCPs的检出种类、检出率、浓度范围和平均值如表4-22所示。所检出的17种OCPs分别为α-硫丹、异狄氏剂酮、δ-BHC、狄氏剂、异狄氏剂醛、开乐散、α-BHC、p,p′-DDT、β-BHC、p,p′-DDD、γ-BHC、o,p′-DDT、艾氏剂、p,p′-DDE、异狄氏剂、七氯、β-硫丹。其中异狄氏剂酮的平均浓度最高，为137.31ng/g，β-硫丹的平均浓度最低，为3.55ng/g。各采样点沉积物中OCPs浓度在138.51～1087.01ng/g之间，平均浓度为388.41ng/g，在点位汝阳紫罗山取得最大值，在点位沈丘纸店取得最小值。整体来说白沙水库不论在丰水期还是枯水期沉积物中OCPs浓度均为流域各采样点最小值，受OCPs污染最小。点位汝阳紫罗山在平水期和枯水期沉积物中OCPs浓度均最高，该点位受OCPs污染较为严重。

表4-20　沙颍河流域丰水期沉积物中OCPs的检出种类、检出率、浓度范围和平均值

有机氯农药	最大值/(ng/g)	最小值/(ng/g)	平均值/(ng/g)	检出率
α-BHC	97.62	ND	12.40	96.67%
六氯苯	63.84	0.05	4.09	100.00%
γ-BHC	56.79	0.38	9.05	100.00%
δ-BHC	75.97	0.52	17.90	100.00%
p,p′-DDE	18.26	6.74	10.62	100.00%
β-硫丹	52.67	0.45	15.23	100.00%
p,p′-DDD	17.44	0.15	2.90	100.00%
o,p′-DDT	85.92	0.37	9.70	100.00%
p,p′-DDT	1213.70	1.85	98.63	100.00%
灭蚁灵	8.90	0.12	1.92	100.00%
七氯	159.24	ND	50.63	96.67%
环氧七氯	27.15	ND	2.43	96.67%
顺式α-氯丹	28.75	ND	12.22	96.67%

续表

有机氯农药	最大值/(ng/g)	最小值/(ng/g)	平均值/(ng/g)	检出率
α-硫丹	66.53	ND	12.91	96.67%
反式 γ-氯丹	5.63	ND	0.35	96.67%
狄氏剂	148.74	ND	43.01	96.67%
异狄氏剂	64.52	ND	24.79	96.67%
硫丹硫酸酯	153.81	ND	31.46	96.67%
甲氧滴滴涕	178.93	ND	18.96	96.67%
异狄氏剂酮	49.05	ND	7.91	93.33%
β-BHC	153.65	ND	27.82	90.00%
艾氏剂	106.43	ND	20.11	90.00%
异狄氏剂醛	156.55	ND	36.05	86.67%

表 4-21 沙颍河流域枯水期沉积物中 OCPs 的检出种类、检出率、浓度范围和平均值

有机氯农药	最大值/(ng/g)	最小值/(ng/g)	平均值/(ng/g)	检出率
狄氏剂	1287.21	1.21	114.51	100.00%
异狄氏剂醛	946.60	20.46	152.36	100.00%
异狄氏剂酮	1603.44	68.47	356.76	100.00%
α-BHC	5358.88	ND	366.21	96.30%
δ-BHC	2856.53	ND	508.94	96.30%
硫丹硫酸酯	1103.02	ND	353.45	96.30%
γ-BHC	8304.66	ND	1462.61	92.59%
β-BHC	210.07	ND	51.62	81.48%
p,p′-DDT	170.41	ND	34.64	62.96%
异狄氏剂	128.22	ND	49.42	48.15%
艾氏剂	476.34	ND	75.33	44.44%
p,p′-DDD	41.14	ND	11.43	44.44%
o,p′-DDT	50.06	ND	12.00	44.44%
七氯	179.50	ND	34.12	33.33%
α-硫丹	1.44	ND	0.05	3.70%

表 4-22 沙颍河流域平水期沉积物中 OCPs 的检出种类、检出率、浓度范围和平均值

有机氯农药	最大值/(ng/g)	最小值/(ng/g)	平均值/(ng/g)	检出率
α-硫丹	195.84	59.20	92.35	100.00%
异狄氏剂酮	436.91	25.17	137.31	100.00%
δ-BHC	185.56	ND	32.43	86.67%

续表

有机氯农药	最大值/(ng/g)	最小值/(ng/g)	平均值/(ng/g)	检出率
狄氏剂	19.33	ND	8.61	83.33%
异狄氏剂醛	32.75	ND	15.22	80.00%
开乐散	48.50	ND	15.05	73.33%
α-BHC	105.41	ND	13.12	66.67%
p,p'-DDT	49.93	ND	14.01	63.33%
β-BHC	69.80	ND	14.41	53.33%
p,p'-DDD	19.36	ND	5.46	43.33%
γ-BHC	24.84	ND	4.43	40.00%
o,p'-DDT	32.30	ND	6.20	36.67%
艾氏剂	57.84	ND	9.34	30.00%
p,p'-DDE	22.55	ND	3.45	26.67%
异狄氏剂	51.87	ND	6.60	23.33%
七氯	64.54	ND	6.87	16.67%
β-硫丹	39.67	ND	3.55	10.00%

沙颍河流域枯水期沉积物中OPPs的检出种类、检出率、浓度范围和平均值如表4-23所示。所检出的6种OPPs分别为对硫磷、内吸磷-O、内吸磷-S、甲基对硫磷、马拉硫磷、敌敌畏。敌敌畏、内吸磷-S、甲基对硫磷的检出率最高，均达到100%，对硫磷的检出率最低，为33.33%。甲基对硫磷的平均浓度最高，为673.06ng/g，对硫磷的平均浓度最低，为72.42ng/g。整体上，沙颍河流域水体中各采样点OPPs浓度在110.73～8556.51ng/g之间，平均浓度为1606.32ng/g，在点位汝阳紫罗山取得最大值，在点位漯河三里桥取得最小值。平水期沉积物中OPPs的检出种类、检出率、浓度范围和平均值如表4-24所示。所检出的7种OPPs分别为敌敌畏、马拉硫磷、甲基对硫磷、甲胺磷、内吸磷-S、内吸磷-O、对硫磷。敌敌畏的检出率最高，为93.33%，对硫磷的检出率最低，为6.67%。甲胺磷的平均浓度最高，为28.26ng/g，对硫磷的平均浓度最低，为2.96ng/g。整体上，沙颍河流域水体中各采样点OPPs浓度在29.97～336.50ng/g之间，平均浓度为95.26ng/g，在点位孤石滩水库取得最大值，在点位临颍吴刘闸取得最小值。

表4-23　沙颍河流域枯水期沉积物中OPPs的检出种类、检出率、浓度范围和平均值

有机磷农药	最大值/(ng/g)	最小值/(ng/g)	平均值/(ng/g)	检出率
内吸磷-S	324.29	44.37	100.94	100.00%
甲基对硫磷	5519.37	17.05	673.06	100.00%
敌敌畏	742.22	15.67	126.75	100.00%
内吸磷-O	875.09	ND	228.72	96.30%
马拉硫磷	4159.83	ND	404.44	88.89%
对硫磷	544.15	ND	72.42	33.33%

表 4-24 沙颍河流域平水期沉积物中 OPPs 的检出种类、检出率、浓度范围和平均值

有机磷农药	最大值/(ng/g)	最小值/(ng/g)	平均值/(ng/g)	检出率
敌敌畏	28.53	ND	14.90	93.33%
马拉硫磷	58.72	ND	19.27	86.67%
甲基对硫磷	66.49	ND	22.26	80.00%
甲胺磷	256.11	ND	28.26	30.00%
内吸磷-S	26.93	ND	3.81	16.67%
内吸磷-O	43.75	ND	3.81	13.33%
对硫磷	50.91	ND	2.96	6.67%

② 沉积物中有机氯农药组成分布特征和溯源 沙颍河流域干流、支流、分流各采样点沉积物中 OCPs 浓度如图 4-10 所示。丰水期全流域干流沉积物中 OCPs 平均浓度为 503.42ng/g，各支流沙河 OCPs 平均浓度最高，为 484.64ng/g，贾鲁河 OCPs 平均浓度最低，为 333.87ng/g，澧河 OCPs 平均浓度为 400.71ng/g。枯水期全流域干流 OCPs 平均浓度为 2381.24ng/g，各支流贾鲁河 OCPs 平均浓度最高，为 3851.343ng/g，澧河 OCPs 平均浓度，为 1027.70ng/g，沙河 OCPs 平均浓度为 3148.79ng/g。平水期全流域干流沉积物中 OCPs 平均浓度为 352.59ng/g，各支流北汝河 OCPs 平均浓度最高，为 668.15ng/g，贾鲁河 OCPs 平均浓度最低，为 270.65ng/g，沙河 OCPs 平均浓度为 497.42ng/g，澧河 OCPs 平均浓度为 333.52ng/g。由此可见，沙颍河流域丰水期和平水期沉积物中 OCPs 干流的浓度比较高，底泥污染相对严重，支流中沙河和北汝河污染最为严重。北汝河、沙河等 OCPs

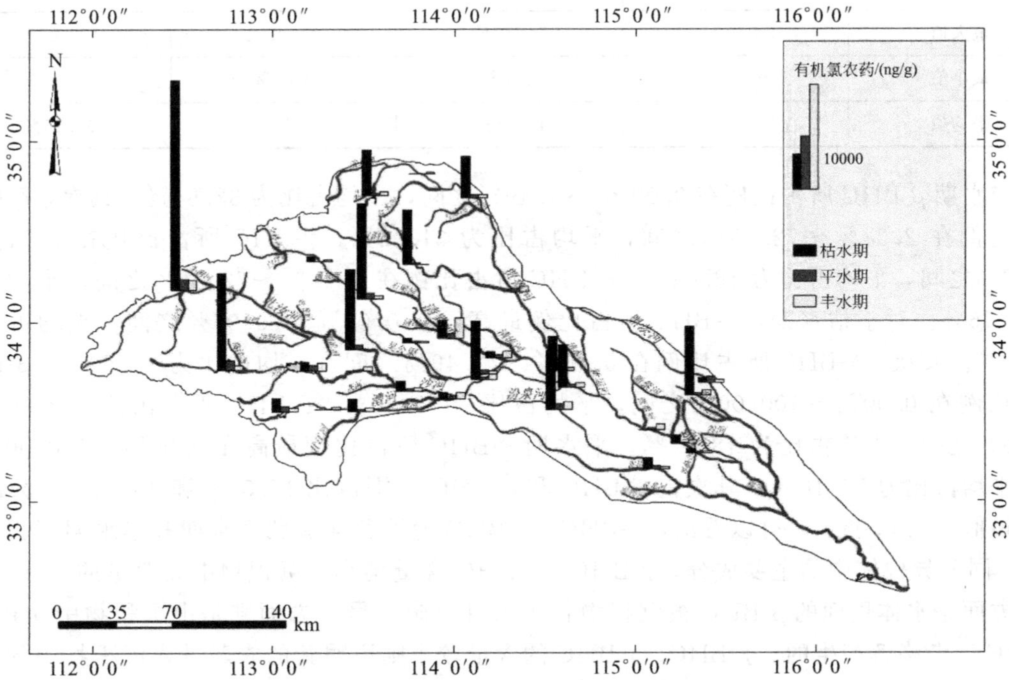

图 4-10 沙颍河流域各采样点沉积物中 OCPs 浓度分布图

平均浓度高，与其周围的土地利用类型有很大关系，这些河段周围的土地利用以耕地为主。干流颍河的OCPs平均浓度较高，一方面与其周围土地利用类型有关，另一方面与各个支流汇入有关。对于沙颍河流域枯水期沙河、贾鲁河污染比较严重，干流污染较轻，污染主要来自支流。整体来说，枯水期沉积物中OCPs浓度要高于平水期和枯水期，一方面的原因是相较于丰水期，枯水期水体流速较小，易于OCPs吸附在底泥之中，另一方面由于枯水期水体温度、流速等影响，沉积物中的OCPs向水体中释放较丰水期少。

沙颍河流域丰水期、枯水期和平水期四种BHCs同分异构体占BHCs浓度比例如表4-25～表4-27所示。

表4-25 沙颍河流域丰水期沉积物中BHCs同分异构体浓度比例

项目	α-BHC	β-BHC	γ-BHC	δ-BHC
最大值	72.51%	91.49%	46.93%	72.08%
最小值	0.00%	0.00%	0.71%	2.34%
平均值	21.76%	32.64%	13.68%	31.92%

表4-26 沙颍河流域枯水期沉积物中BHCs同分异构体浓度比例

项目	α-BHC	β-BHC	γ-BHC	δ-BHC
最大值	51.96%	100.00%	89.06%	72.49%
最小值	0.00%	0.00%	0.00%	0.00%
平均值	18.52%	12.70%	40.28%	28.50%

表4-27 沙颍河流域平水期沉积物中BHCs同分异构体浓度比例

项目	α-BHC	β-BHC	γ-BHC	δ-BHC
最大值	100.00%	54.12%	31.98%	100.00%
最小值	0.00%	0.00%	0.00%	0.00%
平均值	18.21%	15.55%	6.08%	50.16%

丰水期β-BHC所占比例在0.00%～91.49%之间，平均占比为32.64%。其次，δ-BHC所占比例在2.34%～72.08%之间，平均占比为31.92%，γ-BHC所占比例在0.71%～46.93%之间，平均占比为13.68%，α-BHC所占比例在0.00%～72.51%之间，平均占比为21.76%。对于枯水期，γ-BHC所占比例最高，在0.00%～89.06%之间，平均占比为40.28%。其次，δ-BHC所占比例在0.00%～72.49%之间，平均占比为28.50%，β-BHC所占比例在0.00%～100.00%之间，平均占比为12.70%，α-BHC所占比例在0.00%～51.96%之间，平均占比为18.52%。平水期δ-BHC所占比例最高在0.00%～100.00%之间，平均占比为50.16%，其次是β-BHC和α-BHC分别占比15.55%和18.21%，γ-BHC占比最低，为6.08%。可以看出，δ-BHC、β-BHC为沙颍河流域平水期和丰水期沉积物中BHCs同分异构体中的主要成分，γ-BHC、α-BHC含量稍小。沉积物中高含量的β-BHC占比一方面是水体里面的β-BHC被沉积物长年累月吸附，另一方面则是由沉积物中α-BHC、γ-BHC逐渐降解产生的。γ-BHC、α-BHC的含量较小则说明新的农药进入沉积物中的含量较少，这主要与丰水期沙颍河丰水期水量和流速均较大有关。对于枯水期，γ-BHC为BHCs同分异构体中的主要成分，其主要原因是枯水期水体中γ-BHC转移至沉积物中。而

γ-BHC 等的占比增加也是致使 β-BHC 占比减少的原因之一。

沙颍河流域干流、支流、分流各采样点 OPPs 浓度如图 4-11 所示。枯水期全流域干流沉积物中 OPPs 平均浓度为 1446.03ng/g，各支流贾鲁河 OPPs 平均浓度最高，为 1331.83ng/g，澧河 OPPs 平均浓度最低，为 858.12ng/g，沙河 OPPs 平均浓度为 1088.32ng/g。平水期全流域干流沉积物中 OPPs 平均浓度为 99.94ng/g，各支流澧河 OPPs 平均浓度最高，为 161.64ng/g，贾鲁河 OPPs 平均浓度最低，为 74.30ng/g，沙河 OPPs 平均浓度为 101.31ng/g，北汝河 OPPs 平均浓度为 79.77ng/g。由此可见，枯水期沙颍河流域支流中沙河、贾鲁河的 OPPs 浓度比较高；平水期澧河、沙河的 OPPs 浓度比较高。对比平水期，各支流 OPPs 浓度均小于枯水期，这与平水期水体对表层底泥的冲刷有关。

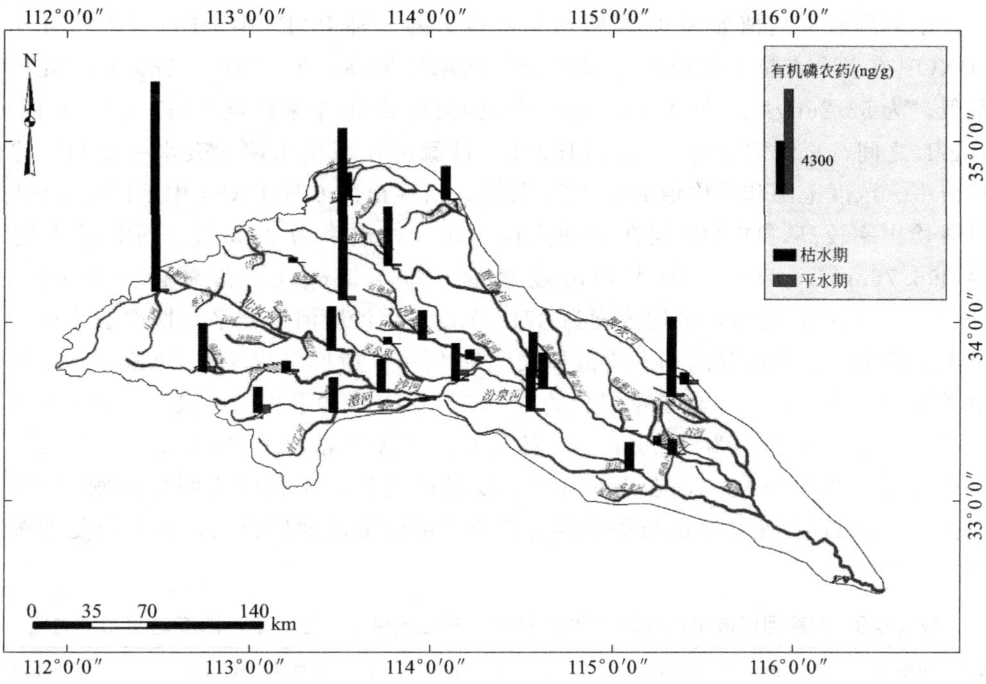

图 4-11 沙颍河流域各采样点沉积物中 OPPs 浓度分布图

沙颍河流域在枯水期沉积物检出的各类 OPPs 中甲基对硫磷浓度占 OPPs 比例最高，平均占比为 28.944%，马拉硫磷、内吸磷-O、敌敌畏、内吸磷-S 占比相当，分别占比 18.71%、19.99%、15.12%、13.94%，对硫磷平均占比最小为 3.29%。平水期沉积物检出的各类 OPPs 中甲基对硫磷浓度占 OPPs 比例最高，平均占比为 27.90%，甲胺磷、马拉硫磷、敌敌畏占比相当，分别为 16.35%、24.27%、20.80%，对硫磷平均占比 2.55%。无论枯水期还是平水期，甲基对硫磷在沙颍河流域沉积物中是最主要的有机磷农药类污染物，对硫磷的浓度占比均最低。

4.3.1.3 邻苯二甲酸酯

邻苯二甲酸酯（PAEs）是一种用途广泛的化工产品。它的主要功能是作为增塑剂，可以作为增加塑料塑性和强度的添加剂，也可以作为个人护理用品、化妆品、医疗器械等生产的原料[116,117]。塑料的大规模使用增加了邻苯二甲酸酯进入环境，使其成为世界上最常见的污染物。PAEs 作为环境激素中的一种化合物，对水生生物具有致畸、致癌和致突变作用，并可通过食物链威胁人类健康[118,119]。

河南省作为全国新兴的工业大省，化工业、食品行业近些年来发展迅速，加上密集的人口等导致塑料使用量大幅增加，致使沙颍河流域环境中邻苯二甲酸酯污染严重，因此对邻苯二甲酸酯类污染物的调研尤为重要。

本书针对沙颍河流域各水样、沉积物样品进行了 6 种邻苯二甲酸酯检测，包括邻苯二甲酸二甲酯（DMP）、邻苯二甲酸二乙酯（DEP）、邻苯二甲酸丁苄酯（BBP）、邻苯二甲酸二乙基己酯（DEHP）、邻苯二甲酸二正辛酯（DNOP）、邻苯二甲酸二丁酯（DBP）。枯水期、平水期和丰水期在水和底泥中这 6 种均有检出。

（1）水体邻苯二甲酸酯

① 水体邻苯二甲酸酯含量和组成　沙颍河流域丰水期地表水中 PAEs 的检出种类、检出率、浓度范围和平均值如表 4-28 所示。所检出的 6 种 PAEs 中 DEP、DBP、BBP、DEHP、DNOP 在各个点位均有检出。DBP 的平均浓度最高，为 15976.91ng/L，DEP 的平均浓度最低，为 52.26ng/L。整体上，丰水期沙颍河流域 40 个采样点 PAEs 浓度在 1750.52～62981ng/L 之间，平均浓度为 18023.14ng/L。沙颍河流域枯水期地表水中 PAEs 的检出种类、检出率、浓度范围和平均值如表 4-29 所示。所检出的 6 种 PAEs 中 DEP、DBP、BBP、DEHP 等检出率较高，DNOP 仅在个别点位检出，检出率为 2.50%。DBP 的平均浓度最高，为 396.76ng/L，DNOP 的平均浓度最低，为 1.38ng/L。各采样点 PAEs 浓度在 62.77～3639.34ng/L 之间，平均浓度为 871.97ng/L。沙颍河流域平水期地表水中 PAEs 的检出种类、检出率、浓度范围和平均值如表 4-30 所示。所检出的 6 种 PAEs 中 DEP、DBP、DEHP 等检出率较高，BBP 检出率最低为 34.15%。DBP 的平均浓度最高，为 359.84ng/L，DNOP 的平均浓度最低，为 9.26ng/L。各采样点 PAEs 浓度在 183.63～1271.23ng/L 之间，平均浓度为 611.11ng/L，在点位 H7-4 取得最大值，在点位临颍吴刘闸取得最小值。整体来说，点位 H7-4 在枯水期与平水期时邻苯二甲酸酯浓度均较高，该点位受邻苯二甲酸酯污染较为严重。

表 4-28　沙颍河流域丰水期地表水中 PAEs 的检出种类、检出率、浓度范围和平均值

邻苯二甲酸酯	最大值/(ng/L)	最小值/(ng/L)	平均值/(ng/L)	检出率
DEP	381.12	2.37	52.26	100.00%
DBP	59140.25	252.54	15976.91	100.00%
BBP	1189.11	5.67	203.41	100.00%
DEHP	4201.79	264.33	1275.72	100.00%
DNOP	413.38	80.12	177.78	100.00%
DMP	2974.40	0.00	337.06	84.62%

表 4-29　沙颍河流域枯水期地表水中 PAEs 的检出种类、检出率、浓度范围和平均值

邻苯二甲酸酯	最大值/(ng/L)	最小值/(ng/L)	平均值/(ng/L)	检出率
DMP	188.41	ND	60.07	97.50%
DEP	1739.90	ND	99.27	97.50%
DBP	1052.33	ND	396.76	95.00%

续表

邻苯二甲酸酯	最大值/(ng/L)	最小值/(ng/L)	平均值/(ng/L)	检出率
BBP	80.07	ND	42.88	72.50%
DEHP	2220.79	ND	271.60	95.00%
DNOP	55.37	ND	1.38	2.50%

表 4-30 沙颍河流域平水期地表水中 PAEs 的检出种类、检出率、浓度范围和平均值

邻苯二甲酸酯	最大值/(ng/L)	最小值/(ng/L)	平均值/(ng/L)	检出率
DMP	95.16	28.46	50.19	100.00%
DEP	112.57	31.74	53.90	100.00%
DBP	939.19	86.54	359.84	100.00%
DEHP	374.86	33.22	125.46	100.00%
DNOP	15.54	ND	9.26	63.41%
BBP	55.67	ND	12.46	34.15%

② 水体邻苯二甲酸酯分布特征和溯源　沙颍河流域干流、支流、分流各采样点水体中 PAEs 浓度如图 4-12 所示。丰水期全流域干流 PAEs 平均浓度为 13775.71ng/L，各支流贾鲁河 PAEs 平均浓度最高，为 23415.55ng/L，澧河 PAEs 平均浓度最低，为 14285.93ng/L，北汝河 PAEs 平均浓度为 17431.31ng/L，沙河 PAEs 平均浓度为 16405.73ng/L，双洎河 PAEs 平均浓度为 20875.74ng/L。枯水期全流域 PAEs 相对丰水期要小很多，干流 PAEs 平均浓度为 673.05ng/L，各支流贾鲁河 PAEs 平均浓度最高，为 1242.887ng/L，北汝河 PAEs 平均浓度最低，为 763.89ng/L，双洎河 OCPs 平均浓度为 967.49ng/L，沙河 PAEs

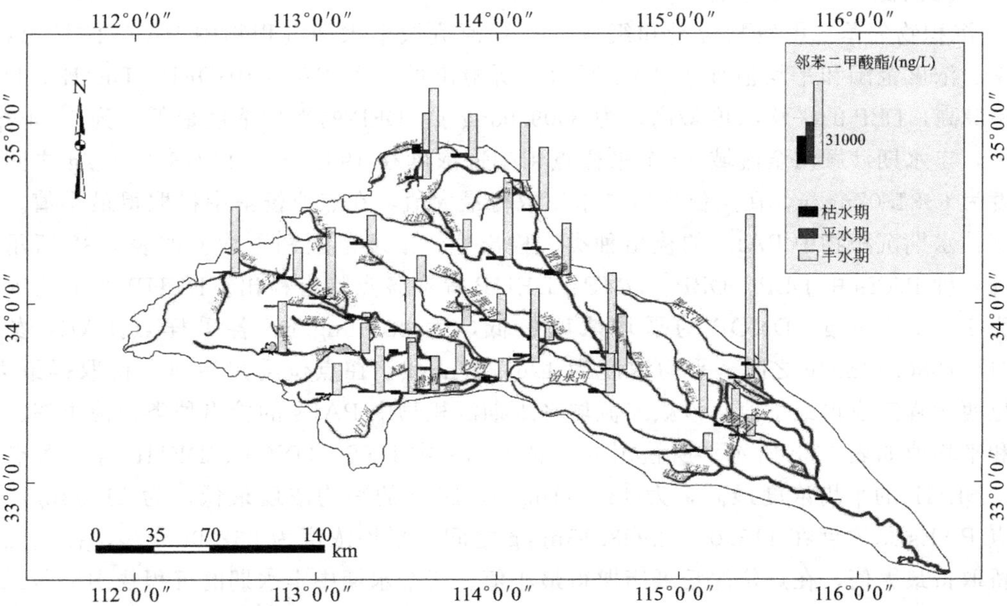

图 4-12 沙颍河流域各采样点水体中 PAEs 浓度分布图

平均浓度为 739.01ng/L，澧河 PAEs 平均浓度为 871.10ng/L。平水期全流域 PAEs 相对丰水期要小很多，干流 PAEs 平均浓度为 548.25ng/L，各支流贾鲁河 PAEs 平均浓度最高，为 852.75ng/L，澧河 PAEs 平均浓度最低，为 439.55ng/L，双洎河 OCPs 平均浓度为 690.93ng/L，沙河 PAEs 平均浓度为 509.88ng/L，北汝河 PAEs 平均浓度为 704.37ng/L。

由此可见，沙颍河流域三个水期支流中 PAEs 浓度均比较高，其中贾鲁河在三个水期 PAEs 浓度最高，这主要与贾鲁河流经郑州、周口等工业集中区有关，大量的食品、化工等企业致使 PAEs 的使用量较高。颍河、澧河、沙河等 PAEs 平均浓度相对较低，与其周围的土地利用类型有关，这些河段周围的土地利用以耕地为主，PAEs 的使用量相对较低。

在沙颍河流域丰水期水体各类 PAEs 中，各点位 DBP 的浓度占 PAEs 的 14.42%～95.18%，平均浓度占比 85.71%。枯水期 DBP 的浓度占 PAEs 的 0.00%～67.36%，平均浓度占比 47.04%。平水期 DBP 的浓度占 PAEs 的 40.65%～73.88%，平均浓度占比 57.39%。DBP 三个水期中均占有较大比例，可见 DBP 是沙颍河流域水体中 PAEs 最重要的组成部分。

DBP 是一种人工合成的邻苯二甲酸酯类物质，无色油状液体，主要用作胶乳结合剂的助剂、纤维塑料的增塑剂、燃料的溶剂，应用于黏合剂的制作以及燃料、涂料、化妆品等领域。同时 DBP 与塑料为物理性连接，使得 DBP 极易从塑料中转移到环境中去。DBP 具有较强的内分泌干扰性，对人和动物能够产生致癌、致畸和致突变的危害，中国环境监测总站已经将其列为环境优先控制污染物。

无论丰水期、平水期还是枯水期，DBP 在沙颍河流域的空间分布比较一致。贾鲁河、双洎河为沙颍河流域水体中 DBP 浓度最高的河段。而这两河段均流经郑州附近，郑州具有众多产业，工业点源分布密集，典型的有汽车装备制造业、铝工业、食品业、纺织和电子信息等。这些类型的工业均能产生大量的 DBP 污染物，这可能是贾鲁河、双洎河水体中 PAEs 类污染物总浓度较高的重要原因。相反，颍河、澧河、沙河等临近平顶山、漯河、许昌等市，这些地区工业分布相对没有那么密集，产业也以农业为主，DBP 污染相对较轻。

（2）沉积物邻苯二甲酸酯

① 沉积物邻苯二甲酸酯含量和组成　沙颍河流域丰水期沉积物中 PAEs 的检出种类、检出率、浓度范围和平均值如表 4-31 所示。所检出的 6 种 PAEs 中 DEP、DEHP、DNOP 检出率最高，DBP 的平均浓度最高，为 3909.93ng/g，DEP 的平均浓度最低，为 14.49ng/g。整体上，丰水期沙颍河全流域 40 个采样点 PAEs 浓度在 1931.03～16218.22ng/g 之间，平均浓度为 6384.07ng/g，在点位周口二水厂取得最大值，在点位杨寨中村取得最小值。沙颍河流域枯水期沉积物中 PAEs 的检出种类、检出率、浓度范围和平均值如表 4-32 所示。所检出的 6 种 PAEs 中 DEP、DBP、DMP、DEHP 等在各点均有检出。DEHP 的平均浓度最高，为 1329.42ng/g，DNOP 的平均浓度最低，为 22.46ng/g。各采样点 PAEs 浓度在 801.21～7080.60ng/g 之间，平均浓度为 1967.27ng/g，在点位禹州褚河大桥取得最大值，在点位西华程湾取得最小值。沙颍河流域平水期沉积物中 PAEs 的检出种类、检出率、浓度范围和平均值如表 4-33 所示。所检出的 6 种 PAEs 中 DEP、DNOP、DEHP 等在各点均有检出。DEHP 的平均浓度最高，为 489.41ng/g，BBP 的平均浓度最低，为 11.93ng/g。各采样点 PAEs 总浓度在 115.06～2988.15ng/g 之间，平均浓度为 662.09ng/g，在点位临颍高村桥取得最大值，在点位沈丘纸店取得最小值。三个水期中丰水期的沉积物中邻苯二甲酸酯浓度最大，平水期最小。这可能与丰水期雨水量比较大，雨水对土壤的冲刷使大量 PAEs 进入底泥中有关。

表4-31 沙颍河流域丰水期沉积物中PAEs的检出种类、检出率、浓度范围和平均值

邻苯二甲酸酯	最大值/(ng/g)	最小值/(ng/g)	平均值/(ng/g)	检出率
DMP	356.42	ND	89.36	96.67%
DEHP	4139.76	ND	1850.77	96.67%
DNOP	677.53	ND	228.41	96.67%
DBP	11679.45	ND	3909.93	93.33%
BBP	883.70	ND	78.30	93.33%
DEP	137.64	ND	14.49	86.67%

表4-32 沙颍河流域枯水期沉积物中PAEs的检出种类、检出率、浓度范围和平均值

邻苯二甲酸酯	最大值/(ng/g)	最小值/(ng/g)	平均值/(ng/g)	检出率
DMP	238.97	9.64	97.04	100.00%
DEP	120.09	9.47	30.44	100.00%
DBP	829.94	102.68	469.98	100.00%
BBP	48.29	ND	17.93	70.37%
DEHP	6738.87	231.75	1329.42	100.00%
DNOP	218.86	ND	22.46	40.74%

表4-33 沙颍河流域平水期沉积物中PAEs的检出种类、检出率、浓度范围和平均值

邻苯二甲酸酯	最大值/(ng/g)	最小值/(ng/g)	平均值/(ng/g)	检出率
DEP	22.65	9.15	13.77	100.00%
DEHP	2819.13	41.74	489.41	100.00%
DNOP	67.28	13.77	32.10	100.00%
DMP	29.92	ND	17.10	96.67%
DBP	224.62	ND	97.78	96.67%
BBP	29.40	ND	11.93	76.67%

② 沉积物邻苯二甲酸酯分布特征和溯源 沙颍河流域干流、支流、分流各采样点沉积物中PAEs浓度如图4-13所示。丰水期全流域干流PAEs平均浓度为5576.35ng/g，各支流沙河PAEs平均浓度最高，为6520.81ng/g，贾鲁河PAEs平均浓度最低，为4954.72ng/g，澧河PAEs平均浓度为6444.60ng/g。枯水期沙颍河流域PAEs干流PAEs平均浓度为2335.74ng/g，各支流澧河PAEs平均浓度最高，为1630.64ng/g，沙河PAEs平均浓度最低，为1421.83ng/g，贾鲁河PAEs平均浓度为1573.69ng/g。平水期全流域干流PAEs平均浓度为594.98ng/g，各支流沙河PAEs平均浓度最高，为772.57ng/g，贾鲁河PAEs平均浓度最低，为340.11ng/g，澧河PAEs平均浓度为610.09ng/g。由此可见，沙颍河流域各水期除贾鲁河外各支流沉积物中PAEs浓度均比较高，其中以沙河底泥PAEs浓度最高，贾鲁河PAEs平均浓度相对较低，这与贾鲁河水力坡度较大，水流速度较快，使底泥转移至干流颍河，致使其沉积物中PAEs含量较低有关，而颍河沉积物中PAEs含量相对较高也证明了这一观点。

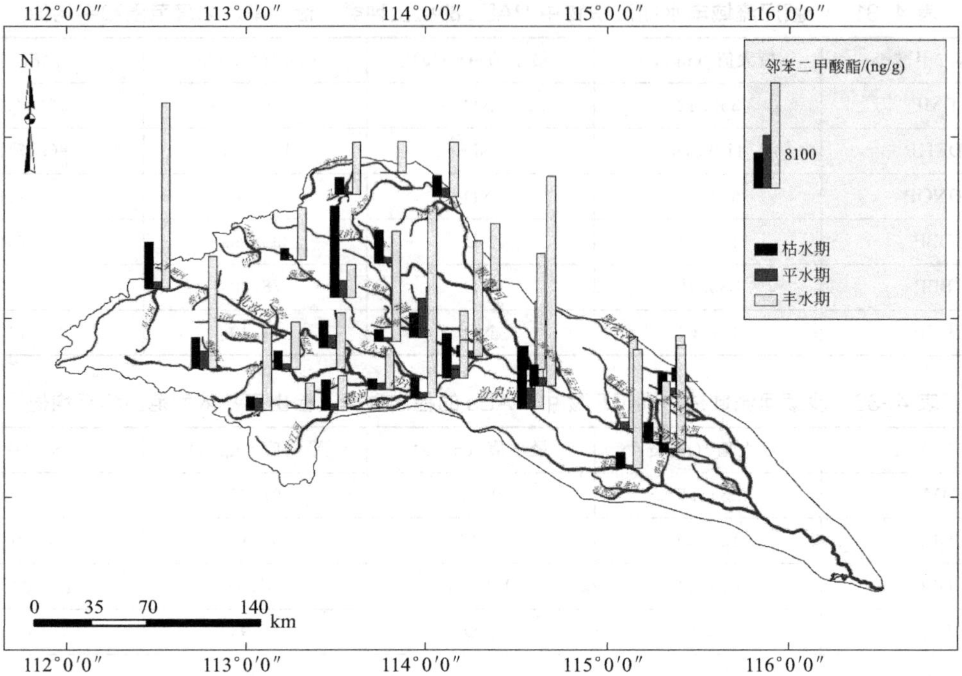

图 4-13 沙颍河流域各采样点沉积物中 PAEs 浓度分布图

在沙颍河流域丰水期沉积物各类 PAEs 中，DBP 的浓度占 PAEs 的 0.00%～86.08%，平均浓度占比 57.11%。枯水期 DEHP 的浓度占 PAEs 的 21.29%～95.53%，平均浓度占比 59.10%。平水期 DEHP 的浓度占 PAEs 的 36.28%～94.34%，平均浓度占比 65.54%。可见，DBP、DEHP 是沙颍河流域沉积物中 PAEs 最重要的组成部分。

DEHP 是制作 PVC 时最重要的聚氯乙烯增塑剂，作为一种环境内分泌干扰物，它会导致环境中生物繁殖能力下降和生殖器官畸形。环境中的 DEHP 来自生产过程、贩卖、添加至 PVC 树脂时释放至环境中，工业或城市废弃物的掩埋、焚化也是流入环境中的一个途径。大量的 DEHP 的释放可以通过干湿沉降进入水体，进而进入底泥之中。

4.3.1.4 取代苯类

本书监测的取代苯主要包括氯苯类、硝基苯类和偶氮苯，取代苯类化合物主要应用于医药、农药、染料、炸药等各个领域[120,121]。如三氯苯是偶氮染料、盐基性染料、*N*-甲基邻甲苯胺等的主要原料；四氯苯酮广泛应用在医药印染行业；硝基苯可作为染料中间体温和氧化剂、防染盐等广泛应用于染料、医药、农药等行业；2,6-二硝基甲苯、2,4-二硝基甲苯等是制造三硝基甲苯的中间体，也是有机合成除草剂、染料、泡沫塑料的原料[122]。

对枯水期沙颍河流域各水样、沉积物样品共进行了 8 种取代苯检测，包括硝基苯、2,6-二硝基甲苯、2,4-二硝基甲苯、1,3-二氯苯/1,4-二氯苯、1,2,4-三氯苯、1,2,3,5-氯苯、偶氮苯、四氯间二甲苯。枯水期取代苯类污染物在水和底泥中均检测出了 6 种，平水期在水和底泥中均检测出了 7 种。

(1) 水体取代苯

① 水体取代苯含量和组成　沙颍河流域枯水期地表水中取代苯的检出种类、检出率、浓度范围和平均值如表 4-34 所示。所检出的 6 种取代苯为硝基苯、2,6-二硝基甲苯、2,4-二

硝基甲苯、1,3-二氯苯/1,4-二氯苯、偶氮苯、1,2,4-三氯苯，硝基苯的检出率最高，为95.00%。2,6-二硝基甲苯的平均浓度最高，为330.36ng/L，1,2,4-三氯苯的平均浓度最低，为1.33ng/L。整体上，沙颍河流域水体中各采样点总取代苯浓度在74.33～5488.30ng/L之间，平均浓度为1071.12ng/L。平水期取代苯的检出种类、检出率、浓度范围和平均值如表4-35所示。所检出的7种取代苯为2,6-二硝基甲苯、1,3-二氯苯/1,4-二氯苯、偶氮苯、硝基苯、四氯间二甲苯、2,4-二硝基甲苯、1,2,4-三氯苯。2,6-二硝基甲苯检出率最高，各点均有检出，四氯间二甲苯的平均浓度最高，为109.02ng/L，1,2,4-三氯苯的平均浓度最低，为1.66ng/L。整体上，沙颍河流域水体中各采样点总取代苯浓度在100.51～886.18ng/L之间，平均浓度为430.07ng/L。整体来说，沙颍河流域取代苯含量枯水期要高于平水期，检出种类平水期要多于枯水期，主要原因是平水期流域汇水面积相对来说要多于枯水期，所以更多的污染物被带入水体中，因为水体的稀释效果，导致平水期取代苯的浓度低于枯水期。

表 4-34 沙颍河流域枯水期地表水中取代苯的检出种类、检出率、浓度范围和平均值

取代苯	最大值/(ng/L)	最小值/(ng/L)	平均值/(ng/L)	检出率
硝基苯	387.63	ND	159.93	95.00%
2,6-二硝基甲苯	4042.36	ND	330.36	90.00%
2,4-二硝基甲苯	605.15	ND	120.31	90.00%
1,3-二氯苯/1,4-二氯苯	40.51	ND	13.40	80.00%
偶氮苯	244.86	ND	87.05	67.50%
1,2,4-三氯苯	53.22	ND	1.33	2.50%

表 4-35 沙颍河流域平水期地表水中取代苯的检出种类、检出率、浓度范围和平均值

取代苯	最大值/(ng/L)	最小值/(ng/L)	平均值/(ng/L)	检出率
2,6-二硝基甲苯	198.04	41.05	85.92	100.00%
1,3-二氯苯/1,4-二氯苯	335.94	ND	90.68	97.56%
偶氮苯	102.51	ND	45.49	90.24%
硝基苯	394.92	ND	61.10	80.49%
四氯间二甲苯	402.35	ND	109.02	68.29%
2,4-二硝基甲苯	84.29	ND	36.19	58.54%
1,2,4-三氯苯	36.47	ND	1.66	4.88%

② 水体中取代苯组成分布特征和溯源 沙颍河流域干流、支流、分流各采样点水体中总取代苯浓度如图4-14所示。枯水期全流域干流总取代苯平均浓度为459.45ng/L，各支流中贾鲁河总取代苯平均浓度最高，为1308.49ng/L，北汝河总取代苯平均浓度最低，为433.86ng/L，澧河总取代苯平均浓度为547.50ng/L，双洎河总取代苯平均浓度为602.73ng/L，沙河总取代苯平均浓度为734.07ng/L。平水期全流域干流总取代苯平均浓度为384.10ng/L，各支流中贾鲁河总取代苯平均浓度最高，为517.98ng/L，沙河总取代苯平均浓度最低，为59.59ng/L，澧河总取代苯平均浓度为382.15ng/L，双洎河总取代苯平均浓度为508.35ng/L，北汝河总取代苯平均浓度为452.28ng/L。由此可见，贾鲁河为沙颍河

流域取代苯含量较高的河段，要远远高于其他各支流和干流，这可能与贾鲁河周围的医药、纺织等行业有关。对于沙颍河流域干流颍河来说取代苯浓度相较于其他各支流而言较小，其水体受取代苯类化合物污染相对较少。

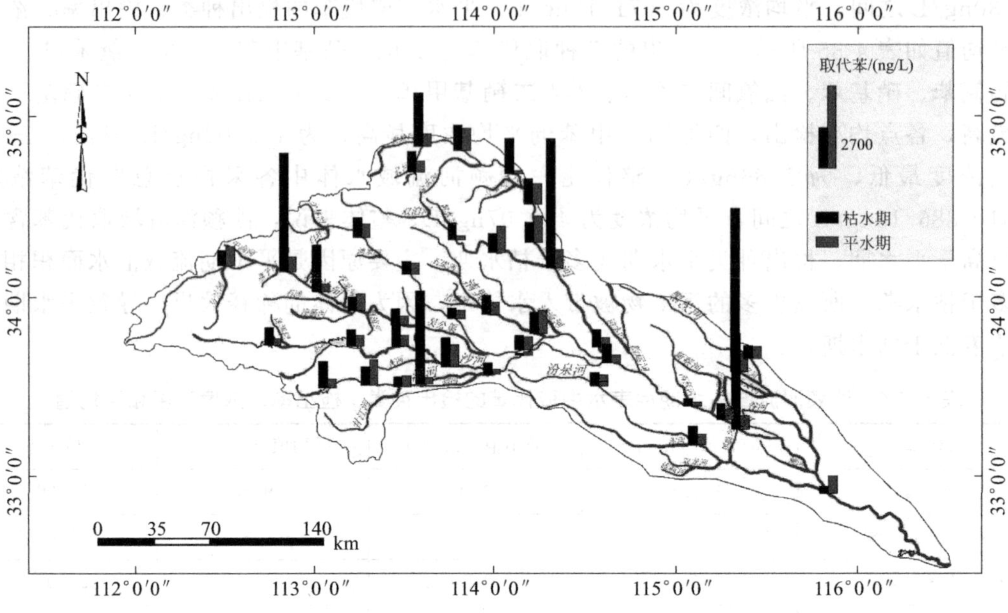

图 4-14 沙颍河流域各采样点水体中总取代苯浓度分布图

丰水期沙颍河流域水体中各类检出取代苯中 2,6-二硝基甲苯浓度占总取代苯比例最高，平均占比为 35.59 %。其次是硝基苯和 2,4-二硝基甲苯，分别占比 27.26 %和 19.86 %，偶氮苯占比较少，为 14.55%，1,3-二氯苯/1,4-二氯苯和 1,2,4-三氯苯几乎没有，分别占比 2.30%和 1.16%。平水期各类检出取代苯中 2,6-二硝基甲苯、1,3-二氯苯/1,4-二氯苯、四氯间二甲苯在总取代苯中占比比较高，分别占 24.07%、23.65%、20.46%，1,2,4-三氯苯占比最少，为 0.33%。可见 2,6-二硝基甲苯、硝基苯和 2,4-二硝基甲苯是沙颍河流域地表水中取代苯类化合物的主要污染物，该流域水体中取代苯类化合物大多来自医药、印染、农药等行业。

(2) 沉积物取代苯

① 沉积物取代苯含量和组成　沙颍河流域枯水期沉积物中取代苯的检出种类、检出率、浓度范围和平均值如表 4-36 所示。所检出的 6 种取代苯为硝基苯、2,6-二硝基甲苯、2,4-二硝基甲苯、1,3-二氯苯/1,4-二氯苯、偶氮苯、1,2,4-三氯苯。硝基苯、2,4-二硝基甲苯、偶氮苯的检出率最高，均达到 100%，1,2,4-三氯苯的检出率最低，为 22.22%。硝基苯的平均浓度最高，为 6869.56ng/g，1,2,4-三氯苯的平均浓度最低，为 2.25ng/g。整体上，沙颍河流域水体中各采样点总取代苯浓度在 310.71～38033.24ng/g 之间，平均浓度为 7190.07ng/g，在点位孤石滩水库取得最大值，在点位沈丘纸店取得最小值。沙颍河流域平水期沉积物中取代苯的检出种类、检出率、浓度范围和平均值如表 4-37 所示。所检出的 7 种取代苯为 2,6-二硝基甲苯、偶氮苯、硝基苯、1,3-二氯苯/1,4-二氯苯、四氯间二甲苯、2,4-二硝基甲苯、六氯苯。偶氮苯和 2,6-二硝基甲苯的检出率最高，均达到 100%，六氯苯的检出率最低，为 10.00%。硝基苯的平均浓度最高，为 241.21ng/g，六氯苯的平均浓度最低，为 0.91ng/g。整体上，沙颍河流域水体中各采样点总取代苯浓度在 144.54～

2266.56ng/g之间，平均浓度为510.80ng/g，在点位孤石滩水库取得最大值，在点位沈丘纸店取得最小值。整体来说，沙颍河流域沉积物中枯水期取代苯含量要高于平水期含量，两个水期均为孤石滩水库含量最高、沈丘纸店最低。

表4-36 沙颍河流域枯水期沉积物中取代苯的检出种类、检出率、浓度范围和平均值

取代苯	最大值/(ng/g)	最小值/(ng/g)	平均值/(ng/g)	检出率
硝基苯	37858.46	95.48	6869.56	100.00%
2,4-二硝基甲苯	1072.43	32.35	118.01	100.00%
偶氮苯	656.91	28.98	109.13	100.00%
2,6-二硝基甲苯	256.68	ND	86.24	92.59%
1,3-二氯苯/1,4-二氯苯	69.82	ND	4.88	81.48%
1,2,4-三氯苯	42.76	ND	2.25	22.22%

表4-37 沙颍河流域平水期沉积物中取代苯的检出种类、检出率、浓度范围和平均值

取代苯	最大值/(ng/g)	最小值/(ng/g)	平均值/(ng/g)	检出率
2,6-二硝基甲苯	72.17	19.28	36.04	100.00%
偶氮苯	127.09	12.35	43.46	100.00%
硝基苯	1633.47	ND	241.21	96.67%
1,3-二氯苯/1,4-二氯苯	29.27	ND	11.49	93.33%
四氯间二甲苯	825.98	ND	155.06	90.00%
2,4-二硝基甲苯	73.09	ND	22.64	80.00%
六氯苯	9.37	ND	0.91	10.00%

② 沉积物中取代苯组成分布特征和溯源 沙颍河流域干流、支流、分流各采样点沉积物中总取代苯浓度如图4-15所示。枯水期全流域干流沉积物中总取代苯平均浓度为5932.66ng/g，各支流中澧河总取代苯平均浓度最高，为13866.74ng/g，贾鲁河总取代苯平均浓度最低，为1432.53ng/g，沙河总取代苯平均浓度为12207.79ng/g。平水期全流域干流沉积物中总取代苯平均浓度为319.36ng/g，各支流中澧河总取代苯平均浓度最高，为1322.07ng/g，贾鲁河总取代苯平均浓度最低，为404.08ng/g，沙河总取代苯平均浓度为497.63ng/g。由此可见，无论是枯水期还是平水期，沙颍河流域沉积物中取代苯干流受污染相对较轻，远远低于澧河、沙河两条支流。各支流中贾鲁河在各河段中受取代苯污染最轻，这也与其他污染物有相似的分布规律。

枯水期沙颍河流域沉积物各类检出取代苯中硝基苯浓度占总取代苯比例最高，平均占比为82%。其次是偶氮苯、2,6-二硝基甲苯和2,4-二硝基甲苯，均占比6%，1,3-二氯苯/1,4-二氯苯和1,2,4-三氯苯几乎没有占比。平水期硝基苯浓度占总取代苯比例最高，平均占比为42%。其次是四氯间二甲苯和偶氮苯，分别占比29%和11%，其余取代苯占比较低。可见，无论丰水期还是枯水期，硝基苯都是沙颍河流域沉积物中取代苯类化合物的主要污染物，其次，偶氮苯也是取代苯类主要污染物之一。

4.3.1.5 酚类

酚类化合物是一类应用极为广泛的有机污染物，它是一种化学毒物，能与细胞浆中的蛋

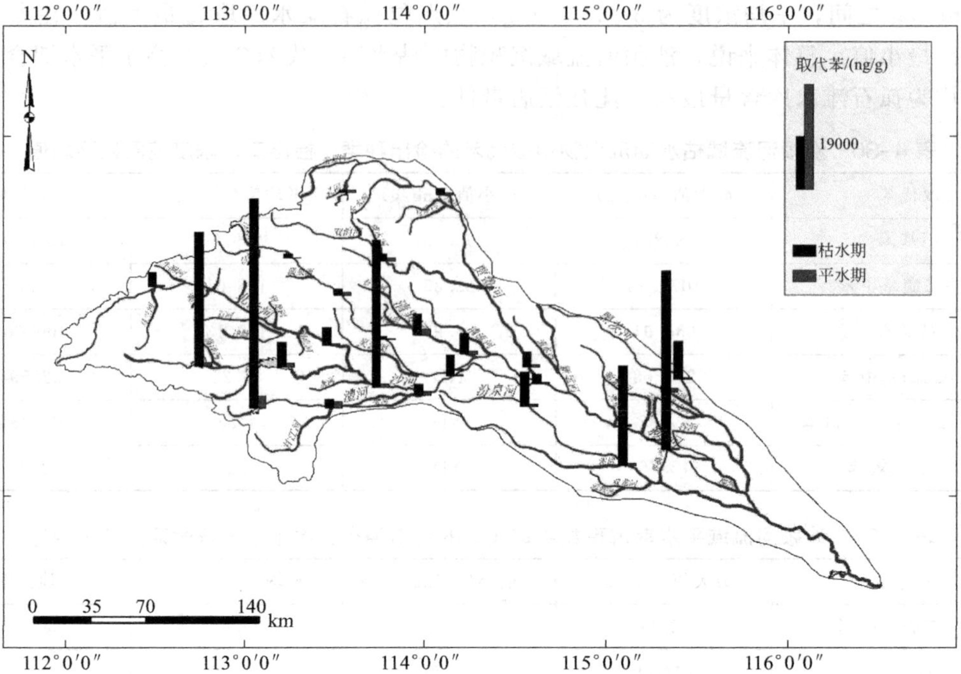

图 4-15 沙颍河流域各采样点沉积物中总取代苯浓度分布图

白质发生反应。低浓度的苯酚可以使细胞变形，高浓度的苯酚可以使蛋白质凝固。一般来说，酚类化合物进入人体后通过其解毒功能转化为无毒物质，但当摄入超过人体的解毒功能时，就会导致慢性中毒，引起头晕、食欲不振、呕吐、腹泻等症状[123,124]。酚类废水是世界上危害最大、分布最广的工业废水之一，也是水污染的重要来源。如煤气、焦化、炼油、塑料、医药、农药、涂料等工业废水中含有酚类化合物。这些废水如果不经处理直接排放，将对水环境造成极大的危害[125,126]。

本书对沙颍河流域各水样、沉积物样品进行了 11 种酚类化合物检测，包括 2-硝基苯酚、苯酚、2-甲基苯酚、2,4-二甲基苯酚、2,4,6-三氯酚、3-甲基-4-氯酚、2-氯酚、2,4-二氯苯酚、2,4,5-三氯酚、2-甲基-3,5-二硝基苯酚、五氯酚。枯水期酚类污染物在水和底泥中均检测出了 9 种，平水期酚类污染物在水和底泥中检测出了 9 种和 8 种。

(1) 水体酚类化合物

① 水体酚类化合物含量和组成　沙颍河流域枯水期地表水中酚类化合物的检出种类、检出率、浓度范围和平均值如表 4-38 所示。所检出的 9 种酚类化合物为 2-硝基苯酚、苯酚、2-甲基苯酚、2,4-二甲基苯酚、2,4,6-三氯酚、3-甲基-4-氯酚、2-氯酚、2,4-二氯苯酚、2,4,5-三氯酚。2-甲基苯酚的检出率最高，在各个点位均有检出，2,4,5-三氯酚的检出率最低，为 20.00%。苯酚的平均浓度最高，为 1298.99ng/L，2-甲基苯酚的平均浓度最低，为 15.42ng/L。整体上，沙颍河流域枯水期水体中各采样点总酚类化合物浓度在 377.42～6848.25ng/L 之间，平均浓度为 2369.55ng/L，在点位 H8-1 取得最大值，在点位 K80 取得最小值。沙颍河流域平水期地表水中酚类化合物的检出种类、检出率、浓度范围和平均值如表 4-39 所示。平水期所检出的 9 种酚类化合物为苯酚、2-甲基苯酚、2-硝基苯酚、2,4-二甲基苯酚、3-甲基-4-氯酚、2-氯酚、2,4,6-三氯酚、2,4,5-三氯酚、2,4-二氯苯酚。其中苯酚、2-甲基苯酚的检出率最高，为 95.12%，2,4-二氯苯酚的检出率最低，为 9.76%。2-甲基苯

酚的平均浓度最高，为167.41ng/L，2,4-二氯苯酚的平均浓度最低，为3.99ng/L。整体上，沙颍河流域平水期水体中各采样点总酚类化合物浓度在49.54～1492.34ng/L之间，平均浓度为524.25ng/L，在点位叶县沙河张集村桥取得最大值，在点位西华程湾取得最小值。整体来说，酚类污染物在水体中枯水期的含量要高于平水期，这点与其他污染物类似。

表4-38 沙颍河流域枯水期地表水中酚类化合物的检出种类、检出率、浓度范围和平均值

酚类	最大值/(ng/L)	最小值/(ng/L)	平均值/(ng/L)	检出率
2-硝基苯酚	2276.19	180.40	678.01	100.00%
苯酚	5081.06	ND	1298.99	97.50%
2-甲基苯酚	45.35	ND	15.42	82.50%
2,4-二甲基苯酚	162.33	ND	47.29	75.00%
2,4,6-三氯酚	209.60	ND	96.38	70.00%
3-甲基-4-氯酚	1860.89	ND	126.20	65.00%
2-氯酚	82.72	ND	27.19	62.50%
2,4-二氯苯酚	766.07	ND	44.29	25.00%
2,4,5-三氯酚	210.92	ND	35.77	20.00%

表4-39 沙颍河流域平水期地表水中酚类化合物的检出种类、检出率、浓度范围和平均值

酚类	最大值/(ng/L)	最小值/(ng/L)	平均值/(ng/L)	检出率
苯酚	495.61	ND	142.04	95.12%
2-甲基苯酚	679.21	ND	167.41	95.12%
2-硝基苯酚	352.13	ND	119.50	90.24%
2,4-二甲基苯酚	50.03	ND	25.96	70.73%
3-甲基-4-氯酚	1088.36	ND	44.02	29.27%
2-氯酚	28.15	ND	5.79	21.95%
2,4,6-三氯酚	57.06	ND	8.87	19.51%
2,4,5-三氯酚	52.00	ND	6.67	14.63%
2,4-二氯苯酚	46.45	ND	3.99	9.76%

② 水体中酚类化合物组成分布特征和溯源　沙颍河流域枯水期干流、支流、分流各采样点水体中总酚类化合物浓度如图4-16所示。沙颍河全流域干流总酚类化合物平均浓度为2099.66ng/L，各支流中贾鲁河总酚类化合物平均浓度最高，为3689.72ng/L，澧河总酚类化合物平均浓度最低，为1225.99ng/L，北汝河总酚类化合物平均浓度为1587.23ng/L，双洎河总酚类化合物平均浓度为3386.63ng/L，沙河总酚类化合物平均浓度为1550.91ng/L。平水期沙颍河全流域干流总酚类化合物平均浓度为504.28ng/L，各支流中双洎河总酚类化合物平均浓度最高，为758.26ng/L，澧河总酚类化合物平均浓度最低，为309.17ng/L，北汝河总酚类化合物平均浓度为414.48ng/L，贾鲁河总酚类化合物平均浓度为608.11ng/L，沙河总酚类化合物平均浓度为582.89ng/L。由此可见，沙颍河流域水体中贾鲁河和双洎河

的酚类化合物浓度比较高，要远远高于其他各支流和干流，这可能与这两条河流周围存在众多工业有关。对于沙颍河流域干流颍河来说，酚类化合物浓度小于贾鲁河、双洎河，相较于其他几条支流而言，酚类化合物总浓度却要高出许多，说明干流也遭受到一定程度的污染。

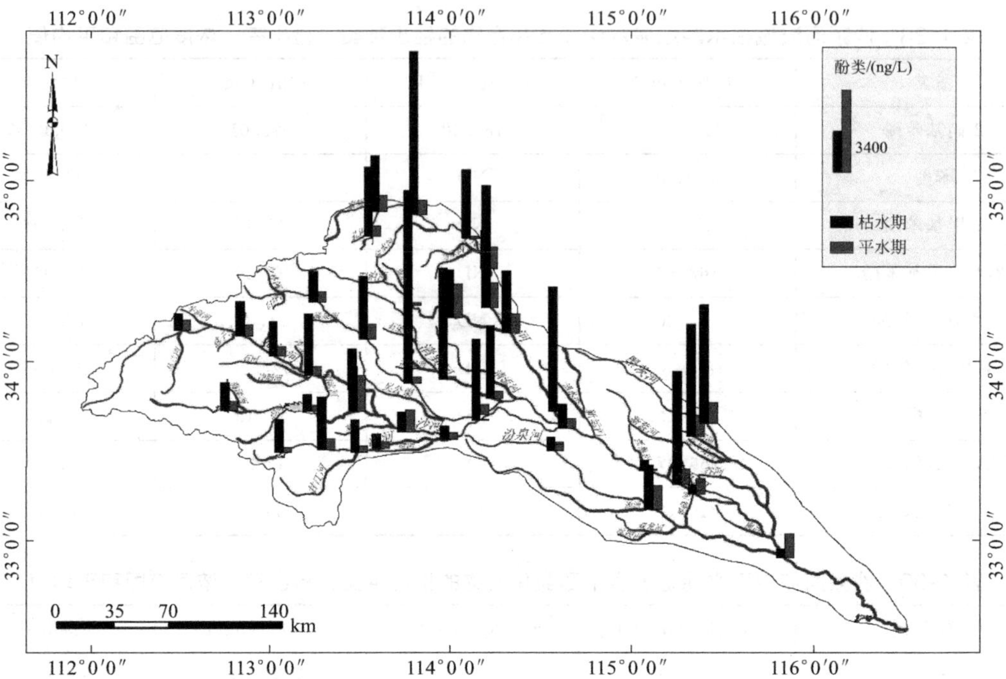

图 4-16 沙颍河流域各采样点水体中总酚类化合物浓度分布图

枯水期沙颍河流域水体在各类检出酚类化合物中苯酚浓度占总酚类化合物比例最高，平均占比为44%。其次是2-硝基苯酚，占比为35%，其余各酚类化合物占比很少，在1%～8%之间。平水期沙颍河流域水体在各类检出酚类化合物中2-甲基苯酚浓度占总酚类化合物比例最高，平均占比为37%，其次是苯酚和2-硝基苯酚，占比为26%和24%，其余各酚类化合物占比很少，在1%～5%之间。可见苯酚、2-硝基苯酚、2-甲基苯酚是沙颍河流域地表水中酚类化合物的主要污染物，这三种物质的来源较为广泛，制作炸药、肥料、焦炭、橡胶、纺织物、药品、香水和塑料等过程均有可能产生这几种物质。

（2）沉积物酚类化合物

① 沉积物酚类化合物含量和组成　沙颍河流域枯水期沉积物中酚类化合物的检出种类、检出率、浓度范围和平均值如表4-40所示。所检出的9种酚类化合物为苯酚、2-氯酚、2-硝基苯酚、3-甲基-4-氯酚、2,4-二甲基苯酚、2-甲基苯酚、2,4-二氯苯酚、2,4,6-三氯酚、2,4,5-三氯酚。苯酚、2-氯酚、2-硝基苯酚、3-甲基-4-氯酚的检出率最高，在各个点位均有检出，2,4,5-三氯酚的检出率最低，为40.74%。2-硝基苯酚的平均浓度最高，为423.76ng/g，2-甲基苯酚的平均浓度最低，为8.50ng/g。整体上，沙颍河流域水体中各采样点总酚类化合物浓度在282.07～3144.46ng/g之间，平均浓度为1005.56ng/g，在点位临颍吴刘闸取得最大值，在点位中牟陈桥取得最小值。沙颍河流域平水期沉积物中酚类化合物的检出种类、检出率、浓度范围和平均值如表4-41所示。所检出的8种酚类化合物为苯酚、2,4-二甲基苯酚、2-氯酚、2-硝基苯酚、2,4,5-三氯酚、五氯酚、3-甲基-4-氯酚、2-甲基-3,

5-二硝基苯酚。苯酚的检出率最高，为73.33%，3-甲基-4-氯酚、2-甲基-3,5-二硝基苯酚的检出率最低，为13.33 %。五氯酚的平均浓度最高，为14.70ng/g，3-甲基-4-氯酚的平均浓度最低，为4.66ng/g。平水期在点位周口二水厂、尖岗水库并未检出酚类物质，在点位孤石滩水库总酚类化合物浓度最高，为348.73ng/g。整体来说平水期沉积物中酚类物质含量要小于枯水期。

表4-40　沙颍河流域枯水期沉积物中酚类化合物的检出种类、检出率、浓度范围和平均值

酚类	最大值/(ng/g)	最小值/(ng/g)	平均值/(ng/g)	检出率
苯酚	1815.70	13.20	307.20	100.00%
2-氯酚	291.09	10.45	48.97	100.00%
2-硝基苯酚	2513.43	64.22	423.76	100.00%
3-甲基-4-氯酚	620.75	14.19	78.91	100.00%
2,4-二甲基苯酚	138.86	ND	53.96	96.30%
2-甲基苯酚	75.62	ND	8.50	85.19%
2,4-二氯苯酚	117.84	ND	34.42	77.78%
2,4,6-三氯酚	68.72	ND	23.02	51.85%
2,4,5-三氯酚	95.62	ND	26.80	40.74%

表4-41　沙颍河流域平水期沉积物中酚类化合物的检出种类、检出率、浓度范围和平均值

酚类	最大值/(ng/g)	最小值/(ng/g)	平均值/(ng/g)	检出率
苯酚	35.76	ND	14.44	73.33%
2,4-二甲基苯酚	77.78	ND	10.81	53.33%
2-氯酚	17.72	ND	3.94	33.33%
2-硝基苯酚	50.56	ND	8.97	30.00%
2,4,5-三氯酚	29.38	ND	4.67	23.33%
五氯酚	160.33	ND	14.70	16.67%
3-甲基-4-氯酚	94.21	ND	4.66	13.33%
2-甲基-3,5-二硝基苯酚	83.15	ND	10.74	13.33%

② 沉积物中酚类化合物组成分布特征和溯源　枯水期沙颍河流域干流、支流、分流各采样点沉积物中总酚类化合物浓度如图4-17所示。沙颍河全流域干流总酚类化合物平均浓度为1148.51ng/g，各支流中澧河总酚类化合物平均浓度最高，为1490.99ng/g，贾鲁河总酚类化合物平均浓度最低，为492.83ng/g，沙河总酚类化合物平均浓度为1178.91ng/g。平水期沙颍河全流域干流总酚类化合物平均浓度为56ng/g，各支流中澧河总酚类化合物平均浓度最高，为169.37ng/g，沙河总酚类化合物平均浓度最低，为54.52ng/g，贾鲁河总酚类化合物平均浓度为55.77ng/g。由此可见，沙颍河流域沉积物中澧河的酚类化合物浓度比较高，高于其他各支流和干流，贾鲁河沉积物中的酚类化合物浓度比较低，澧河沉积物的酚类化合物浓度较高，这和其他污染物在底泥中的分布具有相似的规律。

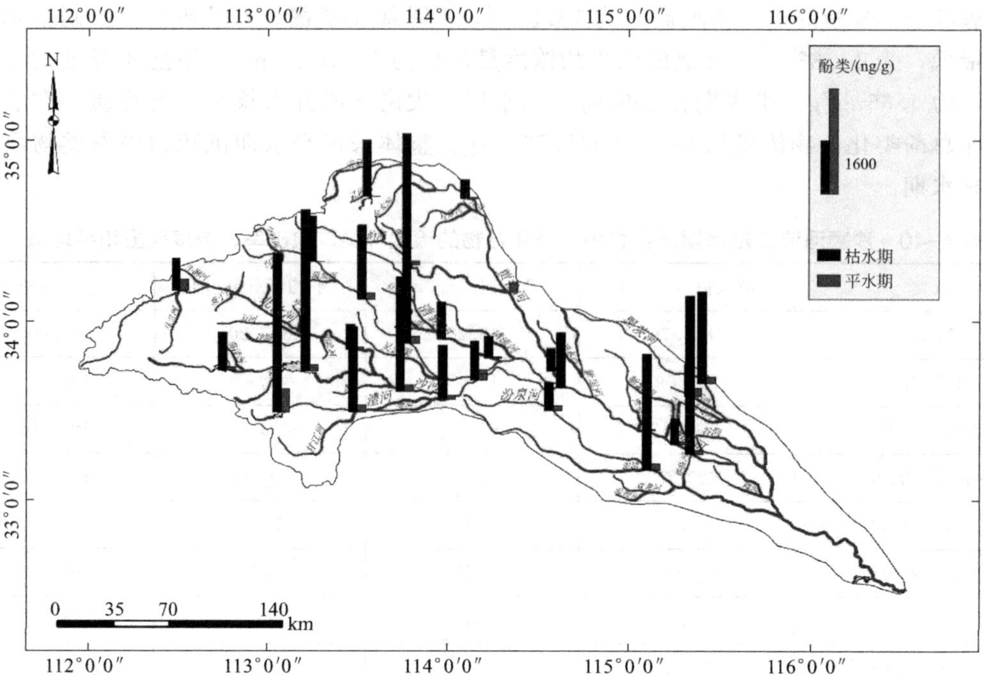

图 4-17 沙颍河流域各采样点沉积物中总酚类化合物浓度分布图

枯水期沙颍河流域沉积物在各类检出酚类化合物中 2-硝基苯酚浓度占总酚类化合物比例最高，平均占比为 41%。其次是苯酚、3-甲基-4-氯酚，分别占比 20%和 11%，其余各类酚类化合物几乎没有占比，在 1%～9%之间。平水期在各类检出酚类化合物中苯酚浓度占总酚类化合物比例最高，平均占比为 35%，其次是 2-硝基苯酚、2,4-二甲基苯酚、五氯酚，分别占比 11%、16%和 12%，其余各类酚类化合物几乎没有占比，在 5%～9%之间。可见，2-硝基苯酚、苯酚、3-甲基-4-氯酚、五氯酚是沙颍河流域沉积物中酚类化合物的主要污染物。

4.3.1.6 苯胺类化合物

苯胺及其衍生物是合成药物、杀虫剂、染料和高分子材料的重要原料之一。广泛应用于化工、制药、印染等行业，是工业废水的重要组成部分[127,128]。苯胺及其衍生物可通过吸入、摄入或皮肤吸收等途径导致人体中毒，大量苯胺在短时间内被皮肤吸入会导致高铁血红蛋白病，长期低浓度接触可引起中毒性肝病[129]。这些化合物进入人体后，可通过血脑屏障与大量类脂神经系统相互作用，对神经系统造成损害。美国、日本等国已将苯胺及其衍生物列为优先污染物黑名单。

本书对沙颍河流域各水样、沉积物样品共进行了 4 种苯胺类化合物检测，包括 4-氯苯胺、2-硝基苯胺、3-硝基苯胺、4-硝基苯胺。平水期和枯水期这 4 种苯胺类污染物在水和底泥中均有检测。

(1) 水体苯胺类化合物

① 水体苯胺类化合物含量和组成　沙颍河流域枯水期地表水中苯胺类化合物的检出种类、检出率、浓度范围和平均值如表 4-42 所示。所检出的 4 种苯胺类化合物为 4-氯苯胺、2-硝基苯胺、3-硝基苯胺、4-硝基苯胺。其中 4-氯苯胺的检出率最高，为 97.50%，2-硝基

苯胺的检出率最低，为 67.50%。4-氯苯胺的平均浓度最高，为 251.27ng/L，3-硝基苯胺的平均浓度最低，为 194.24ng/L。整体上，沙颍河流域水体中各采样点总苯胺类化合物浓度在 66.00～8004.97ng/L 之间，平均浓度为 865.56ng/L，在点位郸城杨楼闸取得最大值，在点位 S236 汝河大桥取得最小值。平水期沙颍河流域水体中苯胺类化合物的检出种类、检出率、浓度范围和平均值如表 4-43 所示。其中 4-氯苯胺的检出率最高，在各点位均有检出，2-硝基苯胺的检出率最低，为 39.02%。4-氯苯胺的平均浓度最高，为 46.14ng/L，2-硝基苯胺的平均浓度最低，为 18.71ng/L。整体上，沙颍河流域水体中各采样点总苯胺类化合物浓度在 18.82～373.10ng/L 之间，平均浓度为 110.85ng/L，在点位郸城杨楼闸取得最大值，在点位中牟陈桥取得最小值。

表 4-42 沙颍河流域枯水期地表水中苯胺类化合物的检出种类、检出率、浓度范围和平均值

苯胺类	最大值/(ng/L)	最小值/(ng/L)	平均值/(ng/L)	检出率
4-氯苯胺	3867.05	ND	251.27	97.50%
3-硝基苯胺	2001.75	ND	194.24	75.00%
4-硝基苯胺	612.83	ND	214.32	75.00%
2-硝基苯胺	2608.09	ND	205.73	67.50%

表 4-43 沙颍河流域平水期地表水中苯胺类化合物的检出种类、检出率、浓度范围和平均值

苯胺类	最大值/(ng/L)	最小值/(ng/L)	平均值/(ng/L)	检出率
4-氯苯胺	102.64	18.82	46.14	100.00%
3-硝基苯胺	60.23	ND	19.06	46.34%
4-硝基苯胺	171.37	ND	26.94	41.46%
2-硝基苯胺	58.81	ND	18.71	39.02%

② 水体中苯胺类化合物组成分布特征和溯源　沙颍河流域干流、支流、分流各采样点水体中总苯胺类化合物浓度如图 4-18 所示。枯水期沙颍河全流域干流总苯胺类化合物平均浓度为 600.89ng/L，各支流中沙河总苯胺类化合物平均浓度最高，为 1440.85ng/L，澧河总苯胺类化合物平均浓度最低，为 354.88ng/L，北汝河总苯胺类化合物平均浓度为 431.50ng/L，双洎河总苯胺类化合物平均浓度为 567.99ng/L，贾鲁河总苯胺类化合物平均浓度为 870.20ng/L。平水期沙颍河全流域干流总苯胺类化合物平均浓度为 104.10ng/L，各支流中贾鲁河总苯胺类化合物平均浓度最高，为 145.45ng/L，北汝总河苯胺类化合物平均浓度最低，为 59.17ng/L，澧河总苯胺类化合物平均浓度为 64.05ng/L，双洎河总苯胺类化合物平均浓度为 116.95ng/L，沙河总苯胺类化合物平均浓度为 94.80ng/L。由此可见，枯水期沙颍河流域水体中胺类化合物含量要高于平水期，两个水期干流苯胺类污染物含量相对较小，受污染程度最轻，支流中，贾鲁河和沙河分别为两个水期苯胺类化合物含量最高的河流，受胺类污染物影响比较严重，这与其他污染物的分布有所不同，说明沙河附近可能存在以苯胺类化合物为原料的工业企业。

枯水期沙颍河流域水体在各类检出苯胺类化合物中 4-硝基苯胺浓度占总苯胺类化合物比例最高，平均占比为 34%，其次是 3-硝基苯胺和 4-氯苯胺，分别占比为 26%和 25%，2-硝基苯胺占比最少，为 15%。平水期沙颍河流域水体在各类检出苯胺类化合物中 4-硝基

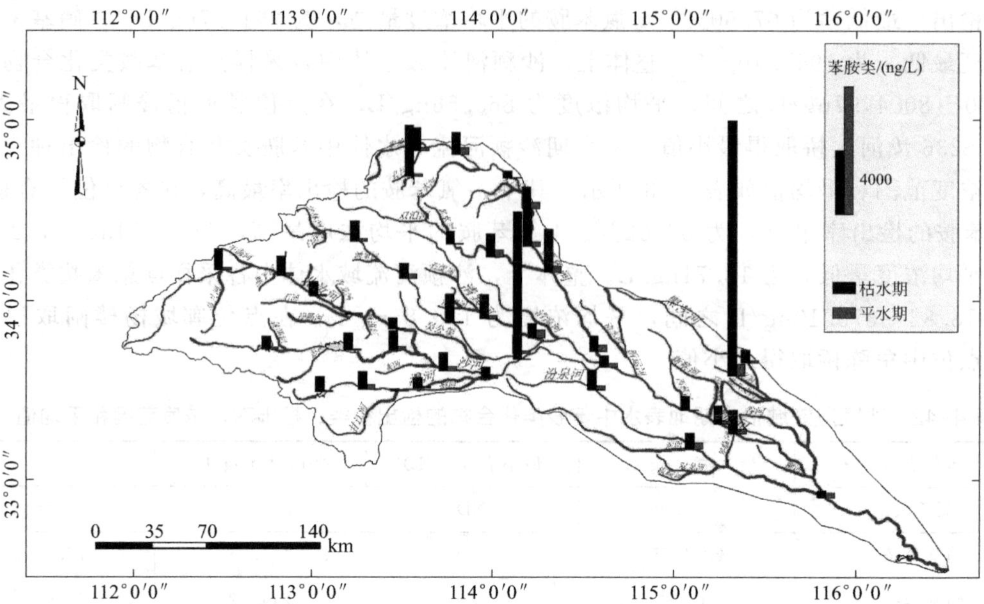

图 4-18 沙颍河流域各采样点水体中总苯胺类化合物浓度分布图

苯胺浓度占总苯胺类化合物比例最高，平均占比为 58%，其次是 3-硝基苯胺和 4-氯苯胺，分别占比为 14%和 16%，2-硝基苯胺占比最少，为 11%。可见 4 种污染物在沙颍河流域地表水中均占有一定比例，这 4 种物质的来源比较广泛，在生产炸药、染料、药品、杀虫剂等过程均有可能产生这些物质。

（2）沉积物中苯胺类化合物

① 沉积物中苯胺类化合物含量和组成　沙颍河流域枯水期沉积物中苯胺类化合物的检出种类、检出率、浓度范围和平均值如表 4-44 所示。所检出的 4 种苯胺类化合物为 4-氯苯胺、2-硝基苯胺、3-硝基苯胺、4-硝基苯胺。其中 4-氯苯胺的检出率最高，在各点均有检出，2-硝基苯胺和 3-硝基苯胺的检出率最低，为 81.48%。3-硝基苯胺的平均浓度最高，为 165.08ng/g，2-硝基苯胺的平均浓度最低，为 55.05ng/g。整体上，枯水期沙颍河流域沉积物中各采样点总苯胺类化合物浓度在 119.80～1071.79ng/g 之间，平均浓度为 425.63ng/g，在点位大陈闸取得最大值，在点位漯河三里桥取得最小值。沙颍河流域平水期沉积物中苯胺类化合物的检出种类、检出率、浓度范围和平均值如表 4-45 所示。其中 4-氯苯胺的检出率依然最高，在各点均有检出，2-硝基苯胺检出率最低，为 33.33%。4-硝基苯胺的平均浓度最高，为 21.85ng/g，2-硝基苯胺的平均浓度最低，为 5.55ng/g。其中，平水期在点位漯河三里桥处没有检出苯胺类物质，在点位昭平台水库处含量最高，为 135.42ng/g，全流域总苯胺类物质浓度平均值为 56.02ng/g。整体上说平水期沉积物中苯胺类物质含量要低于枯水期，点位漯河三里桥受苯胺类污染程度最轻。

表 4-44 沙颍河流域枯水期沉积物中苯胺类化合物的检出种类、检出率、浓度范围和平均值

苯胺类	最大值/(ng/g)	最小值/(ng/g)	平均值/(ng/g)	检出率
4-氯苯胺	689.07	26.36	75.17	100.00%
4-硝基苯胺	479.75	ND	130.33	88.89%

续表

苯胺类	最大值/(ng/g)	最小值/(ng/g)	平均值/(ng/g)	检出率
3-硝基苯胺	791.29	ND	165.08	81.48%
2-硝基苯胺	181.45	ND	55.05	81.48%

表 4-45 沙颍河流域平水期沉积物中苯胺类化合物的检出种类、检出率、浓度范围和平均值

苯胺类	最大值/(ng/g)	最小值/(ng/g)	平均值/(ng/g)	检出率
4-氯苯胺	65.91	ND	18.35	90.00%
4-硝基苯胺	68.91	ND	21.85	66.67%
3-硝基苯胺	41.16	ND	10.27	46.67%
2-硝基苯胺	23.93	ND	5.55	33.33%

② 沉积物中苯胺类化合物组成分布特征和溯源 枯水期沙颍河流域干流、支流、分流各采样点沉积物中总苯胺类化合物浓度如图 4-19 所示。沙颍河全流域干流总苯胺类化合物平均浓度为 249.78ng/g，各支流中贾鲁河总苯胺类化合物平均浓度最高，为 524.96ng/g，沙河总苯胺类化合物平均浓度最低，为 416.34ng/g，澧河总苯胺类化合物平均浓度为 427.49ng/g。平水期沙颍河全流域干流总苯胺类化合物平均浓度为 60.83ng/g，各支流中平均浓度为 71.16ng/g，贾鲁河总苯胺类化合物平均浓度最低，为 34.04ng/g，澧河平均浓度为 48.84ng/g。由此可见，枯水期沙颍河流域沉积物中贾鲁河的苯胺类化合物浓度比较高，和其他污染物在底泥中的分布有所不同。而对于平水期来说，贾鲁河沉积物中胺类物质含量较小，沙河的较高，这与枯水期的胺类分布特征有较大差异，不过整体来说干流颍河的胺类物质含量在两个水期都处于比较低的水平，受污染程度相对较低。

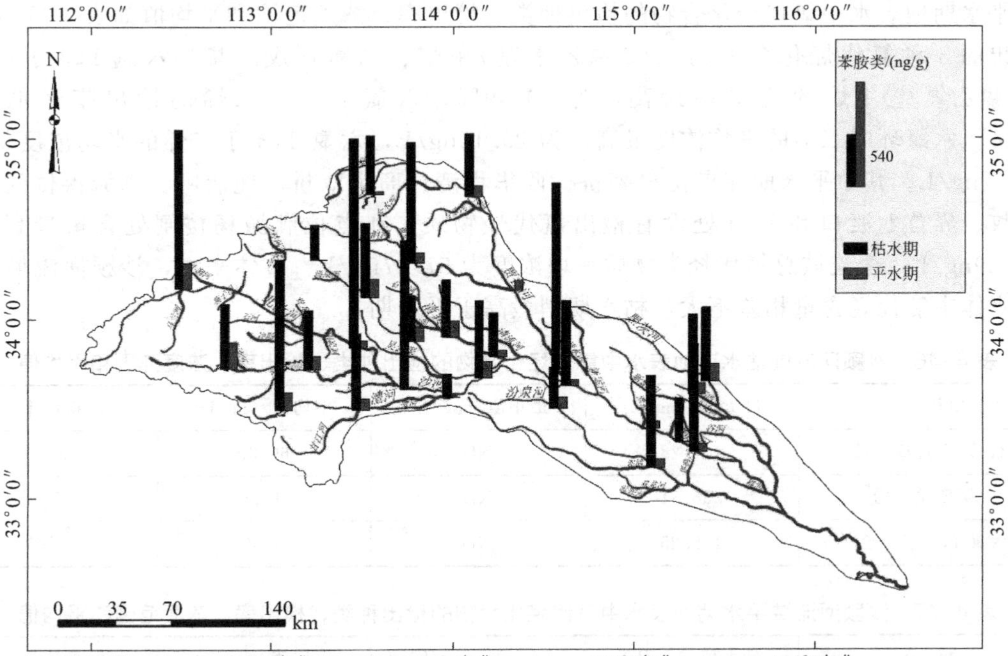

图 4-19 沙颍河流域各采样点沉积物中总苯胺类化合物浓度分布图

沙颍河流域沉积物在各类检出苯胺类化合物中4-硝基苯胺浓度占总苯胺类化合物比例最高，平均占比为34%，其次是3-硝基苯胺和4-氯苯胺，分别占比为33%和18%，2-硝基苯胺占比最少，为15%。在平水期沉积物中4-硝基苯胺浓度占总苯胺类化合物比例最高，平均占比为43%，其次是3-硝基苯胺和4-氯苯胺，分别占比为16%和33%，2-硝基苯胺占比最少，为9%。可见4种污染物在沙颍河流域沉积物中均占有一定比例，与水体类似，这4种物质主要来自炸药、染料、药品、杀虫剂等物质的生产。

4.3.1.7 氯代烃类

氯化烃是一种用途广泛的卤代烃，也是对环境造成污染较为严重的一种。氯代烃作为干洗剂、金属清洗剂、萃取剂和化工原料，广泛应用于树脂、农药、电镀、化工洗衣等行业。在有机氯代烃的生产、使用和储存的过程中，它们经过工厂尾水排放、干湿沉降等途径进入土壤和水体，成为环境中常见的有机污染物。由于有机氯代烃在环境中的迁移性，难以自然衰减，且具有自身的毒性和致癌性，对人类健康和生态环境造成了严重危害[128,130]。

本书对沙颍河流域各水样、沉积物样品共进行了4种氯代烃化合物检测，包括二(2-氯乙氧基)甲烷、六氯环戊二烯、六氯-1,3-丁二烯、六氯乙烷。枯水期这4种氯代烃化合物在水和底泥中均检测出有3种，平水期在水和底泥中分别检测出有3种和1种。

(1) 水体氯代烃化合物

① 水体氯代烃含量和组成　沙颍河流域枯水期地表水中氯代烃化合物的检出种类、检出率、浓度范围和平均值如表4-46所示。枯水期所检出的3种氯代烃化合物为二(2-氯乙氧基)甲烷、六氯环戊二烯、六氯-1,3-丁二烯。其中二(2-氯乙氧基)甲烷的检出率最高，为95.00%，六氯环戊二烯的检出率最低，为2.50%。二(2-氯乙氧基)甲烷的平均浓度最高，为60.09ng/L，六氯环戊二烯的平均浓度最低，为6.41ng/L。枯水期沙颍河流域水体中各采样点总氯代烃化合物浓度在24.10～781.84ng/L之间，平均浓度为75.06ng/L。沙颍河流域平水期地表水中氯代烃化合物的检出种类、检出率、浓度范围和平均值如表4-47所示。所检出的3种氯代烃化合物为二(2-氯乙氧基)甲烷、六氯环戊二烯、六氯-1,3-丁二烯。二(2-氯乙氧基)甲烷的检出率最高，为80.49%，六氯-1,3-丁二烯的检出率最低，为2.44%。六氯环戊二烯的平均浓度最高，为29.13ng/L，六氯-1,3-丁二烯的平均浓度最低，为0.67ng/L。其中平水期在点位牟陈桥、西华程湾、商水双桥、槐店闸、郸城侯楼闸、沈丘李坟、界首七渡口和K80处没有检出氯代烃物质，在点位郸城杨楼闸处含量最高，为1243.29ng/L，全流域总氯代烃类物质平均浓度为57.27ng/L。整体来说，沙颍河流域两个水期水体中氯代烃含量相差不大，枯水期稍微高于平水期。

表4-46　沙颍河流域枯水期地表水中氯代烃化合物的检出种类、检出率、浓度范围和平均值

氯代烃	最大值/(ng/L)	最小值/(ng/L)	平均值/(ng/L)	检出率
二(2-氯乙氧基)甲烷	407.28	ND	60.09	95.00%
六氯环戊二烯	256.31	ND	6.41	2.50%
六氯-1,3-丁二烯	118.25	ND	6.69	15.00%

表4-47　沙颍河流域平水期地表水中氯代烃化合物的检出种类、检出率、浓度范围和平均值

氯代烃	最大值/(ng/L)	最小值/(ng/L)	平均值/(ng/L)	检出率
二(2-氯乙氧基)甲烷	146.55	0.00	27.46	80.49%

续表

氯代烃	最大值/(ng/L)	最小值/(ng/L)	平均值/(ng/L)	检出率
六氯环戊二烯	1069.17	0.00	29.13	7.32%
六氯-1,3-丁二烯	27.58	0.00	0.67	2.44%

② 水体中氯代烃组成分布特征和溯源　枯水期沙颍河流域干流、支流、分流各采样点水体中总氯代烃化合物浓度如图4-20所示。沙颍河全流域干流总氯代烃化合物平均浓度为40.58ng/L，各支流中贾鲁河总氯代烃化合物平均浓度最高，为75.43ng/L，澧河总氯代烃化合物平均浓度最低，为34.21ng/L，北汝河总氯代烃化合物平均浓度为69.73ng/L，双洎河总氯代烃化合物平均浓度为44.09ng/L，沙河总氯代烃化合物平均浓度为71.62ng/L。平水期沙颍河全流域干流总氯代烃化合物平均浓度为19.29ng/L，各支流中北汝河总氯代烃化合物平均浓度最高，为36.60ng/L，贾鲁河总氯代烃化合物平均浓度最低，为26.59ng/L，澧河总氯代烃化合物平均浓度为27.92ng/L，双洎河总氯代烃化合物平均浓度为30.96ng/L，沙河总氯代烃化合物平均浓度为26.60ng/L。由此可见，枯水期沙颍河流域水体中贾鲁河的氯代烃化合物浓度比较高，高于其他各支流和干流。而平水期北汝河受氯代烃的污染程度相对较高。

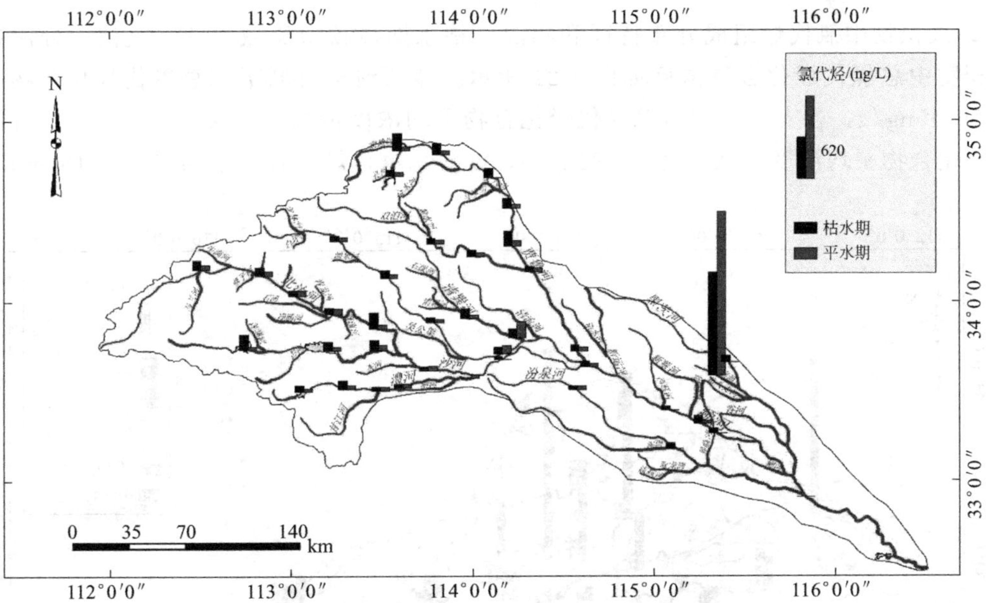

图4-20　沙颍河流域各采样点水体中总氯代烃化合物浓度分布图

枯水期沙颍河流域水体在各类检出氯代烃化合物中二(2-氯乙氧基)甲烷浓度占总氯代烃化合物比例最高，平均占比为92%。六氯-1,3-丁二烯、六氯环戊二烯占比极低，分别占比6%和2%。

在平水期二(2-氯乙氧基)甲烷浓度占总氯代烃化合物比例最高，平均占比为93%。六氯-1,3-丁二烯、六氯环戊二烯占比极低，分别占比1%和6%。可见二(2-氯乙氧基)甲烷为沙颍河流域水环境中氯代烃化合物的主要成分。

(2) 沉积物氯代烃化合物

① 沉积物氯代烃含量和组成　沙颍河流域枯水期沉积物中氯代烃化合物的检出种类、

检出率、浓度范围和平均值如表 4-48 所示。所检出的 3 种氯代烃化合物为二(2-氯乙氧基)甲烷、六氯环戊二烯、六氯-1,3-丁二烯。其中二(2-氯乙氧基)甲烷的检出率最高，为 100.00%，六氯-1,3-丁二烯的检出率最低，为 3.70%。二(2-氯乙氧基)甲烷的平均浓度最高，为 24.97ng/g，六氯-1,3-丁二烯的平均浓度最低，为 0.33ng/g。整体上，沙颍河流域沉积物中各采样点氯代烃化合物总浓度在 11.61～147.45ng/g 之间，平均浓度为 35.06ng/g，在点位舞阳马湾取得最大值，在点位西华程湾取得最小值。平水期在沙颍河流域中只检测到二(2-氯乙氧基)甲烷一种氯代烃物质，检出率为 90.00%，平均浓度为 13.81ng/g。在点位尖岗水库、汝阳紫罗湾和沈丘李坟等没有检出，在点位孤石滩水库取得最大值 34.72ng/g，全流域平均浓度为 13.81ng/g。整体来说，氯代烃类污染物在沉积物中枯水期的含量要高于平水期，这也与其他类污染物相同。

表 4-48 沙颍河流域枯水期沉积物中氯代烃化合物的检出种类、检出率、浓度范围和平均值

氯代烃	最大值/(ng/g)	最小值/(ng/g)	平均值/(ng/g)	检出率
二(2-氯乙氧基)甲烷	64.46	11.61	24.97	100.00%
六氯环戊二烯	96.97	ND	9.76	11.11%
六氯-1,3-丁二烯	8.82	ND	0.33	3.70%

② 沉积物中氯代烃组成分布特征和溯源　枯水期沙颍河流域干流、支流、分流各采样点沉积物中总氯代烃化合物浓度如图 4-21 所示。沙颍河全流域干流总氯代烃化合物平均浓度为 50.45ng/g，各支流中澧河总氯代烃化合物平均浓度最高，为 28.53ng/g，贾鲁河总氯代烃总化合物平均浓度最低，为 15.86ng/g，沙河总氯代烃化合物平均浓度为 18.60ng/g。

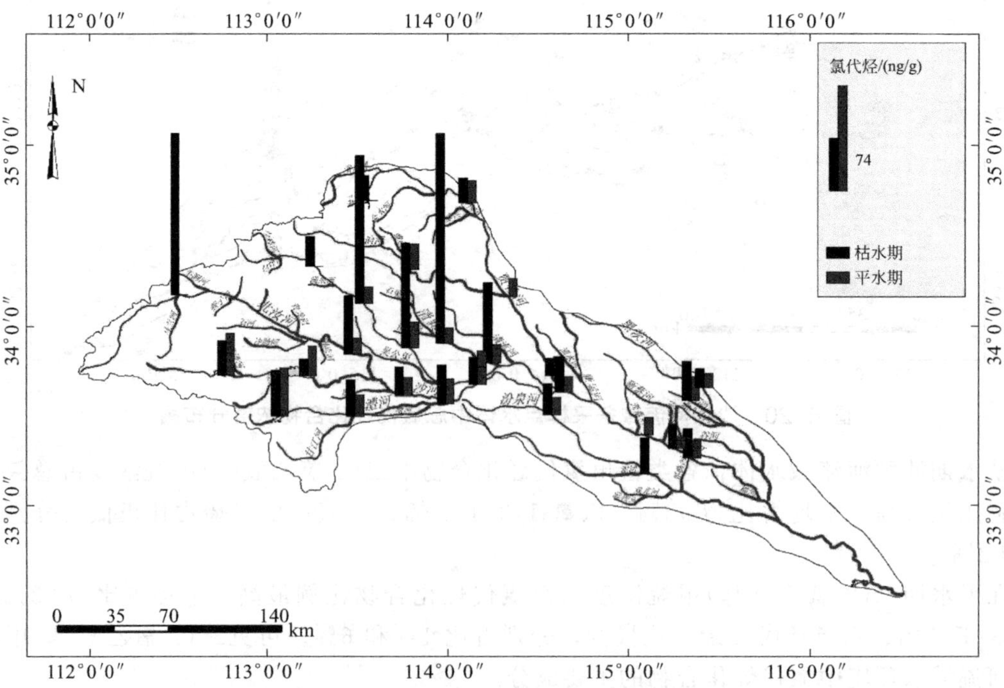

图 4-21 沙颍河流域各采样点沉积物中总氯代烃化合物浓度分布图

平水期沙颍河全流域干流总氯代烃化合物平均浓度为15.17ng/g，各支流中澧河总氯代烃化合物平均浓度最高，为22.53ng/g，贾鲁河总氯代烃化合物平均浓度最低，为10.52ng/g，沙河总氯代烃化合物平均浓度为18.39ng/g。

由此可见，沙颍河流域各支流沉积物中澧河的氯代烃化合物浓度较高，贾鲁河沉积物中的氯代烃化合物浓度比较低，和其他污染物在底泥中的分布具有相似的规律。干流颍河沉积物中的氯代烃化合物浓度在枯水期高于其余各个支流，此水期干流沉积物受氯代烃污染较严重，相对而言平水期干流污染较轻。

枯水期沙颍河流域水体在各类检出氯代烃化合物中二(2-氯乙氧基)甲烷浓度占总氯代烃化合物比例最高，平均占比为92%。六氯-1,3-丁二烯、六氯环戊二烯占比极低，分别占比1%和7%。平水期沙颍河流域氯代烃类污染物只检测出二(2-氯乙氧基)甲烷。可见二(2-氯乙氧基)甲烷为沙颍河流域沉积物中氯代烃化合物的主要成分。

4.3.1.8 醚类

多溴二苯醚（polybrominated diphenyl esters，PBDEs）作为阻燃剂广泛应用于纺织、建材、家具、汽车和电子产品中[131,132]。多溴二苯醚的结构和用途与多氯联苯类似。这些化合物具有很强的亲脂性和化学稳定性。可作为液压油、电子绝缘体、阻燃剂和增塑剂[131]。由于多溴二苯醚具有长期和潜在的危害，长期接触多溴二苯醚可能导致甲状腺功能减退，影响胎儿的智商和发育，此外，还可能损害女性卵巢，降低男性生殖能力，甚至致癌。因此，多溴二苯醚在环境领域也备受关注[133]。

本书对沙颍河流域各水样、沉积物样品共进行了4种醚类，包括二(2-氯异丙基)醚、二(2-氯乙基)醚、4-氯苯基苯基醚、4-溴苯基苯基醚。枯水期这4种醚类在水和底泥中均有检出，平水期分别在水和底泥中检测出3种和4种。

(1) 水体醚类化合物

① 水体醚类含量和组成　沙颍河流域枯水期地表水中醚类化合物的检出种类、检出率、浓度范围和平均值如表4-49所示。枯水期所检出的4种醚类化合物为二(2-氯异丙基)醚、二(2-氯乙基)醚、4-氯苯基苯基醚、4-溴苯基苯基醚。其中二(2-氯异丙基)醚的检出率最高，在各点均有检出，4-溴苯基苯基醚的检出率最低，为20.00%。二(2-氯异丙基)醚的平均浓度最高，为187.84ng/L，4-氯苯基苯基醚的平均浓度最低，为3.22ng/L。枯水期沙颍河流域水体中各采样点总醚类化合物浓度在32.16～1799.12ng/L之间，平均浓度为335.22ng/L，在点位H7-4取得最大值，在点位K80取得最小值。沙颍河流域平水期地表水中醚类化合物的检出种类、检出率、浓度范围和平均值如表4-50所示。所检出的3种醚类化合物为二(2-氯异丙基)醚、二(2-氯乙基)醚、4-氯苯基苯基醚。其中二(2-氯乙基)醚检出率最高，为82.93%，4-氯苯基苯基醚检出率最低，为2.44%，二(2-氯异丙基)醚的平均浓度最高，为51.14ng/L，4-氯苯基苯基醚的平均浓度最低，为0.70ng/L。平水期在点位临颍高村桥并没有检测出醚类化合物，在点位杨寨中村取得最大值361.22ng/L，全流域平均浓度为98.45ng/L。整体来说，沙颍河流域水体中醚类污染物的含量枯水期要高于平水期。

表4-49　沙颍河流域枯水期地表水中醚类化合物的检出种类、检出率、浓度范围和平均值

醚类	最大值/(ng/L)	最小值/(ng/L)	平均值/(ng/L)	检出率
二(2-氯异丙基)醚	658.59	10.96	187.84	100.00%

续表

醚类	最大值/(ng/L)	最小值/(ng/L)	平均值/(ng/L)	检出率
二(2-氯乙基)醚	337.37	ND	95.95	92.50%
4-氯苯基苯基醚	58.35	ND	3.22	22.50%
4-溴苯基苯基醚	1160.10	ND	48.21	20.00%

表 4-50　沙颍河流域平水期地表水中醚类化合物的检出种类、检出率、浓度范围和平均值

醚类	最大值/(ng/L)	最小值/(ng/L)	平均值/(ng/L)	检出率
二(2-氯乙基)醚	90.77	ND	46.61	82.93%
二(2-氯异丙基)醚	315.86	ND	51.14	56.10%
4-氯苯基苯基醚	28.54	ND	0.70	2.44%

② 水体中醚类组成分布特征和溯源　沙颍河流域干流、支流、分流各采样点水体中总醚类化合物浓度如图 4-22 所示。枯水期沙颍河全流域干流总醚类化合物平均浓度为 170.08ng/L，各支流中贾鲁河总醚类化合物平均浓度最高，为 507.77ng/L，双洎河总醚类化合物平均浓度最低，为 218.36ng/L，北汝河总醚类化合物平均浓度为 341.82ng/L，澧河总醚类化合物平均浓度为 249.15ng/L，沙河总醚类化合物平均浓度为 500.58ng/L。平水期沙颍河全流域干流总醚类化合物平均浓度为 81.51ng/L，各支流中贾鲁河总醚类化合物平均浓度最高，为 156.75ng/L，澧河总醚类化合物平均浓度最低，为 61.74ng/L，北汝河总醚类化合物平均浓度为 133.01ng/L，双洎河总醚类化合物平均浓度为 112.86ng/L，沙河总醚类化合物平均浓度为 79.48ng/L。由此可见，沙颍河流域水体中贾鲁河的醚类化合物浓度最高，要远远高于其他各支流和干流，其余大部分支流的浓度也高于干流，说明醚类化合物支流污染比较严重。

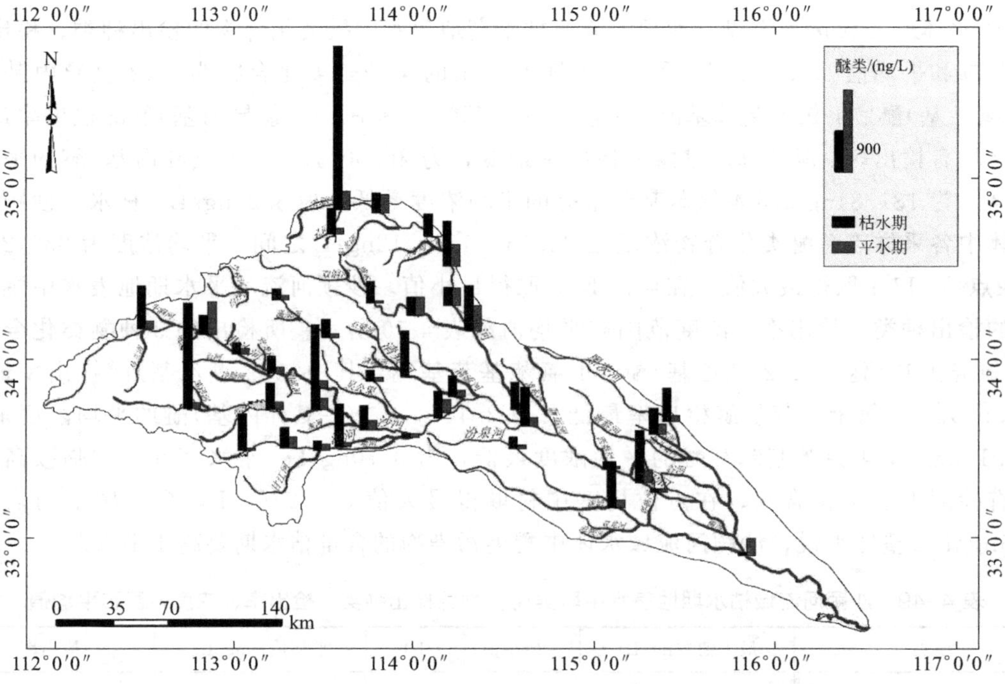

图 4-22　沙颍河流域各采样点水体中总醚类化合物浓度分布图

枯水期沙颍河流域水体在各类检出醚类化合物中二(2-氯异丙基)醚浓度占总醚类化合物比例最高，平均占比为63%，其次是二(2-氯乙基)醚，占比为30%，4-氯苯基苯基醚和4-溴苯基苯基醚占比最少，分别为1%和6%。

平水期沙颍河流域检出的醚类化合物中二(2-氯乙基)醚浓度占总醚类化合物比例最高，平均占比为60%，其次是二(2-氯异丙基)醚，占比为39%，4-氯苯基苯基醚占比最少，为1%。可见二(2-氯乙基)醚和二(2-氯异丙基)醚在沙颍河流域地表水醚类污染物中占有绝对优势，其主要来自脂、蜡、润滑脂的溶剂和去漆剂、去垢剂、萃取剂等物质的生产过程中。

(2) 沉积物醚类化合物

① 沉积物醚类含量和组成　沙颍河流域枯水期沉积物中醚类化合物的检出种类、检出率、浓度范围和平均值如表4-51所示。枯水期所检出的4种醚类化合物为二(2-氯异丙基)醚、二(2-氯乙基)醚、4-氯苯基苯基醚、4-溴苯基苯基醚。其中二(2-氯异丙基)醚和二(2-氯乙基)醚的检出率最高，在各点均有检出，4-溴苯基苯基醚和4-氯苯基苯基醚的检出率相当，为51.85%。4-溴苯基苯基醚的平均浓度最高，为194.48ng/g，4-氯苯基苯基醚的平均浓度最低，为10.56ng/g。整体上，沙颍河流域水体中各采样点总醚类化合物浓度在72.01～1822.36ng/g之间，平均浓度为470.48ng/g，在点位汝阳紫罗山取得最大值，在点位白沙水库取得最小值。沙颍河流域平水期沉积物中醚类化合物的检出种类、检出率、浓度范围和平均值如表4-52所示。所检出的4种醚类化合物为二(2-氯异丙基)醚、二(2-氯乙基)醚、4-氯苯基苯基醚、4-溴苯基苯基醚。其中二(2-氯乙基)醚的检出率最高，为66.67%，4-溴苯基苯基醚的检出率最低，为13.33%。二(2-氯乙基)醚的平均浓度最高，为20.87ng/g，4-溴苯基苯基醚的平均浓度最低，为1.90ng/g。平水期在点位白龟山水库、周口二水厂、槐店闸、沈丘李坟和K80等并没有检测出醚类化合物，在点位孤石滩水库取得最大值148.59ng/g，全流域平均浓度为35.22ng/g。整体来说沙颍河流域水体中醚类污染物的含量枯水期要高于平水期。

表4-51　沙颍河流域枯水期沉积物中醚类化合物的检出种类、检出率、浓度范围和平均值

醚类	最大值/(ng/g)	最小值/(ng/g)	平均值/(ng/g)	检出率
二(2-氯乙基)醚	1280.49	9.35	152.39	100.00%
二(2-氯异丙基)醚	267.68	18.41	113.05	100.00%
4-氯苯基苯基醚	51.31	ND	10.56	51.85%
4-溴苯基苯基醚	1735.33	ND	194.48	51.85%

表4-52　沙颍河流域平水期沉积物中醚类化合物的检出种类、检出率、浓度范围和平均值

醚类	最大值/(ng/g)	最小值/(ng/g)	平均值/(ng/g)	检出率
二(2-氯乙基)醚	81.91	ND	20.87	66.67%
二(2-氯异丙基)醚	46.56	ND	10.00	33.33%
4-氯苯基苯基醚	20.47	ND	2.46	20.00%
4-溴苯基苯基醚	23.47	ND	1.90	13.33%

② 沉积物中醚类组成分布特征和溯源　沙颍河流域干流、支流、分流各采样点沉积物中总醚类化合物浓度如图4-23所示。枯水期沙颍河全流域干流总醚类化合物平均浓度为

282.77ng/g，各支流中沙河总醚类化合物平均浓度最高，为516.29ng/g，贾鲁河总醚类化合物平均浓度最低，为266.74ng/g，澧河总醚类化合物平均浓度为268.50ng/g。平水期沙颍河全流域干流总醚类化合物平均浓度为41.35ng/g，各支流中澧河总醚类化合物平均浓度最高，为75.73ng/g，贾鲁河总醚类化合物平均浓度最低，为12.24ng/g，沙河总醚类化合物平均浓度为20.42ng/g。由此可见，沙颍河流域沉积物中醚类化合物沙河和贾鲁河的含量相对较高，两个水期颍河沉积物中的醚类化合物含量要高于大部分支流，干流受污染比较严重。

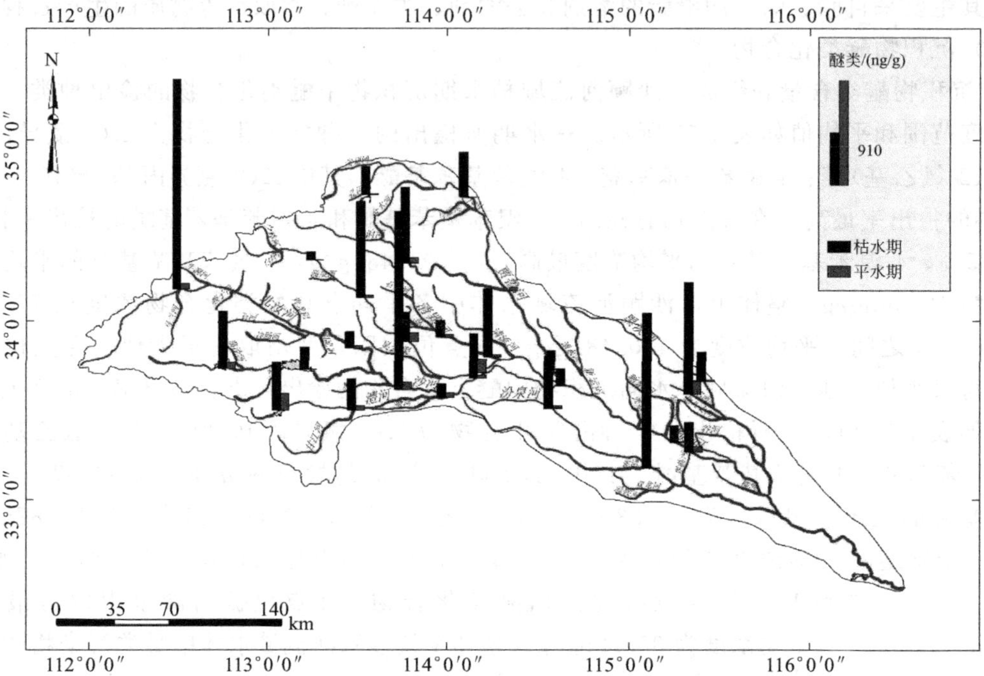

图4-23 沙颍河流域各采样点沉积物中总醚类化合物浓度分布图

枯水期沙颍河流域水体在各类检出醚类化合物中二(2-氯异丙基)醚浓度占总醚类化合物比例最高，平均占比为41%，其次是二(2-氯乙基)醚和4-溴苯基苯基醚，占比均为28%，4-氯苯基苯基醚占比最少，为3%。平水期沙颍河流域水体在各类检出醚类化合物中二(2-氯乙基)醚浓度占总醚类化合物比例最高，平均占比为62%，其次是二(2-氯异丙基)醚，占比均为21%，4-氯苯基苯基醚和4-溴苯基苯基醚占比较少，分别为9%和8%。可见二(2-氯异丙基)醚、二(2-氯乙基)醚在沙颍河流域地表水醚类污染物中占有绝对优势。

4.3.2 挥发性有机物时空分布特征

挥发性有机化合物（VOCs）是一类化合物的总称，其种类繁多，主要包括脂肪族和芳香族烷烃、烯烃、含氧烃类和卤代烃等。世界卫生组织（WHO）将VOCs定义为熔点低于室温、沸点在50～260℃之间的有机物[134-136]。VOCs大致可分为两种来源，一种为自生来源（如火山爆发、细菌和海洋生物的代谢），另一种为人为来源。它是重要的化工原料、中间体和有机溶剂，广泛应用于化工、医药、农药等行业[137]。同时，它还具有很强的生物毒性，特别是卤化VOCs，即使在很低的浓度下也会产生“三致效应”，还可能导致肝肾损伤，以及免疫系统、神经系统、生殖系统等一系列潜在的慢性病[138-140]。

本书对沙颍河流域各水样、沉积物样品共进行了54种VOCs检测，为氯乙烯、1,1-二氯乙烯、二氯甲烷、反-1,1-二氯乙烯、1,1-二氯乙烷、2-氯-1,3-丁二烯、顺-1,2-二氯乙烯、1,1-二氯丙烷、溴氯甲烷、氯仿、1,1,1-三氯乙烷、四氯化碳、1,1-二氯丙烯、苯、1,2-二氯丙烷、1,2-二氯乙烷、三氯乙烯、二溴甲烷、一溴二氯甲烷、顺-1,3-二氯丙烯、反-1,3-二氯丙烯、甲苯、1,1,2-三氯乙烷、四氯乙烯、1,3-二氯丙烷、二溴氯甲烷、1,2-二溴乙烷、氯苯、1,1,1,2-四氯乙烷、乙苯、间二甲苯/对二甲苯、邻二甲苯、苯乙烯、异丙苯、溴苯、1,1,2,2-四氯乙烷、1,2,3-三氯丙烷、正丙苯、2-氯甲苯、4-氯甲苯、1,3,5-三甲基苯、叔丁基苯、1,2,4-三甲基苯、1,3-二氯苯、仲丁基苯、1,4-二氯苯、4-异丙基甲苯、1,2-二氯苯、正丁基苯、1,2-二溴-3-氯丙烷、1,2,4-三氯苯、1,2,3-三氯苯、萘、六氯丁二烯，丰水期水体中检测出了54种，枯水期水体和沉积物中分别检测出了41种和21种，平水期水体和沉积物中分别检测出了46种和47种。

4.3.2.1 水体挥发性有机物

沙颍河流域丰水期地表水中VOCs的检出种类、检出率、浓度范围和平均值如表4-53所示。所检出的54种VOCs为氯甲烷、1,1-二氯乙烷、溴氯甲烷、三氯甲烷、苯、1,2-二氯乙烷、三氯乙烯、1,2-二氯丙烷、二溴甲烷、顺-1,3-二氯丙烯、甲苯、一氯二溴甲烷、四氯乙烯、1,2-二溴乙烷、氯苯、乙苯、间二甲苯/对二甲苯、邻二甲苯、三溴甲烷、异丙苯、1,2,4-三甲基苯、间二氯苯、4-异丙基甲苯、邻二氯苯、仲丁基苯、正丁基苯、1,2,4-三氯苯、萘、六氯丁二烯、1,2,3-三氯苯、对二氯苯、苯乙烯、反-1,3-二氯丙烯、溴苯、1,1-二氯乙烯、1,2,3-三氯丙烷、2-氯甲苯、对氯甲苯、1,1,2-三氯乙烷、反-1,2-二氯乙烯、正丙苯、1,1,1,2-四氯乙烷、1,1,2,2-四氯乙烷、1,3,5-三甲基苯、氯乙烯、1,3-二氯丙烷、顺-1,2-二氯乙烯、叔丁基苯、1,1-二氯丙烯、二溴氯丙烷、四氯化碳、一溴二氯甲烷、氯乙烷、1,1,1-三氯乙烷。多种物质在各点位中均有检出，检出率最低的为氯乙烷和1,1,1-三氯乙烷，为2.50%，三氯甲烷的平均浓度最高，为17.14ng/L，氯乙烷的平均浓度最低，为0.09ng/L。整体上，沙颍河流域丰水期水体中各采样点VOCs浓度在156.64～2033.83ng/L之间，平均浓度为229.74ng/L，在点位H12-5-6取得最大值，在点位扶沟摆渡口取得最小值。

枯水期和平水期沙颍河流域水体中VOCs的检出种类、检出率、浓度范围和平均值如表4-54和表4-55所示。枯水期所检出的41种VOCs为乙苯、正丙苯、2-氯甲苯、1,2,3-三氯丙烷、苯、甲苯、对二氯苯、氯苯、氯甲烷、氯乙烯、顺-1,3-二氯丙烯、1,2,4-三甲基苯、仲丁基苯、萘、间二氯苯、4-异丙基甲苯、对二甲苯/间二甲苯、溴苯、正丁基苯、一溴二氯甲烷、反-1,3-二氯丙烯、1,2,4-三氯苯、四氯化碳、六氯丁二烯、溴氯甲烷、1,2-二氯丙烷、苯乙烯、对氯甲苯、一氯二溴甲烷、三溴甲烷、1,2,3-三氯苯、反-1,2-二氯乙烯、1,1-二氯乙烷、三氯乙烯、二溴甲烷、1,1,2-三氯乙烷、四氯乙烯、邻二甲苯、异丙苯、1,3,5-三甲基苯、邻二氯苯。乙苯的检出率最高，在各点位中均有检出，检出率最低的有多种，见表4-54，均为2.50%。苯的平均浓度最高，为25.81ng/L，邻二甲苯和邻二氯苯的平均浓度最低，为0.04ng/L。整体上，沙颍河流域枯水期水体中各采样点VOCs浓度在4.50～1484.44ng/L之间，平均浓度为93.44ng/L，在点位禹州褚河大桥取得最大值，在点位H8-5取得最小值。平水期所检出的46种VOCs为1,1-二氯丙烯、1,2-二氯乙烷、溴氯甲烷、三氯甲烷、甲苯、4-异丙基甲苯、对二氯苯、异丙苯、乙苯、间二氯苯、萘、对二甲苯/间二甲苯、一溴二氯甲烷、对氯甲苯、1,2,4-三甲基苯、仲丁基苯、顺-1,3-二氯丙烯、反-1,3-二氯丙烯、1,3-二氯丙烷、邻二氯苯、正丁基苯、顺-1,2-二氯乙烯、反-1,2-二氯乙烯、1,1,2-三氯乙烷、一氯二溴甲烷、氯苯、邻二甲苯、三溴甲烷、溴苯、1,2,3-三氯丙烷、2-氯甲苯、氯甲烷、氯乙烯、1,1-二氯乙烷、1,1,1-三氯乙烷、四氯化碳、苯、苯乙烯、1,1,2,2-四氯乙烷、正丙苯、1,3,5-三甲基苯、叔丁基苯、二溴氯丙烷、1,2,4-三氯苯、六氯丁二烯、1,2,3-三氯苯。1,1-二氯丙烯的检出率最高，在各点位中均有检出，检出率最低的有多种，见表4-55，检出率为2.44%。1,2,3-三氯丙烷的平均浓度最高，为23.24ng/L，二溴氯丙烷的平均浓度最低，为0.09ng/L。整体上，沙颍河流域枯水期水体中各采样点VOCs浓度在17.30～804.5ng/L之间，平均浓度为199.35ng/L，在点位三苏汝河大桥取得最大值，在点位槐店闸取得最小值。

表4-53 沙颍河流域丰水期地表水中VOCs的检出种类、检出率、浓度范围和平均值

种类	最大值/(ng/L)	最小值/(ng/L)	中位数/(ng/L)	平均值/(ng/L)	标准差/(ng/L)	变异系数	检出率
氯甲烷	7.32	4.05	4.83	5.06	0.66	0.13	100.00%
1,1-二氯乙烷	51.11	2.33	2.39	3.62	7.60	2.10	100.00%
溴氯甲烷	12.19	8.65	8.74	8.94	0.61	0.07	100.00%
三氯甲烷	113.23	3.21	3.34	6.34	17.14	2.70	100.00%
苯	36.49	2.84	2.86	3.74	5.25	1.40	100.00%
1,2-二氯乙烷	107.10	0.77	0.82	3.53	16.58	4.69	100.00%
三氯乙烯	6.41	2.96	2.97	3.07	0.54	0.18	100.00%
1,2-二氯丙烷	7.53	1.76	1.77	1.94	0.92	0.47	100.00%
二溴甲烷	10.76	2.43	2.44	2.66	1.30	0.49	100.00%
顺-1,3-二氯丙烯	4.54	3.37	3.38	3.41	0.18	0.05	100.00%
甲苯	81.46	4.10	4.12	6.08	12.07	1.98	100.00%
一氯二溴甲烷	5.33	3.76	3.76	3.83	0.25	0.07	100.00%
四氯乙烯	11.80	7.46	7.47	7.59	0.68	0.09	100.00%
1,2-二溴乙烷	7.80	2.51	2.52	2.66	0.82	0.31	100.00%
氯苯	19.68	4.01	4.01	4.41	2.45	0.55	100.00%
乙苯	13.98	5.10	5.11	5.33	1.38	0.26	100.00%
间二甲苯/对二甲苯	19.84	3.44	3.45	3.86	2.56	0.66	100.00%
邻二甲苯	6.81	3.76	3.76	3.84	0.48	0.13	100.00%
三溴甲烷	52.18	4.06	4.07	5.28	7.51	1.42	100.00%
异丙苯	7.84	5.98	5.98	6.03	0.29	0.05	100.00%
1,2,4-三甲基苯	9.67	4.48	4.49	4.62	0.81	0.17	100.00%
间二氯苯	24.38	3.69	3.70	4.22	3.23	0.76	100.00%
4-异丙基甲苯	7.13	4.51	4.52	4.58	0.41	0.09	100.00%

续表

种类	最大值/(ng/L)	最小值/(ng/L)	中位数/(ng/L)	平均值/(ng/L)	标准差/(ng/L)	变异系数	检出率
邻二氯苯	8.71	2.60	2.60	2.76	0.95	0.35	100.00%
仲丁基苯	10.15	ND	5.80	5.77	1.15	0.20	97.50%
正丁基苯	4.84	ND	4.77	4.66	0.75	0.16	97.50%
1,2,4-三氯苯	9.16	ND	6.37	6.29	1.10	0.17	97.50%
萘	16.32	ND	4.51	4.69	1.99	0.42	97.50%
六氯丁二烯	9.80	ND	9.40	9.08	1.60	0.18	97.50%
1,2,3-三氯苯	6.49	ND	6.35	6.18	1.00	0.16	97.50%
对二氯苯	92.64	ND	3.08	5.25	14.00	2.67	97.50%
苯乙烯	25.94	ND	3.10	3.60	3.61	1.00	97.50%
反-1,3-二氯丙烯	4.54	ND	3.35	3.30	0.56	0.17	97.50%
溴苯	13.05	ND	2.09	2.32	1.77	0.77	95.00%
1,1-二氯乙烯	2.88	ND	ND	0.21	0.72	3.51	92.50%
1,2,3-三氯丙烷	15.57	ND	1.22	1.48	2.32	1.57	87.50%
2-氯甲苯	4.36	ND	4.33	3.74	1.45	0.39	87.50%
对氯甲苯	3.71	ND	3.67	3.30	1.12	0.34	87.50%
1,1,2-三氯乙烷	41.67	ND	1.46	2.31	6.40	2.77	85.00%
反-1,2-二氯乙烯	4.74	ND	4.54	3.65	1.82	0.50	80.00%
正丙苯	4.94	ND	4.91	3.81	2.05	0.54	77.50%
1,1,1,2-四氯乙烷	5.33	ND	4.35	3.40	1.84	0.54	75.00%
1,1,2,2-四氯乙烷	16.88	ND	ND	0.81	2.67	3.31	75.00%
1,3,5-三甲基苯	4.84	ND	4.81	3.33	2.22	0.67	67.50%
氯乙烯	5.03	ND	4.52	3.00	2.21	0.74	65.00%
1,3-二氯丙烷	2.08	ND	1.96	1.03	0.98	0.95	52.50%
顺-1,2-二氯乙烯	1.83	ND	ND	0.51	0.78	1.53	30.00%
叔丁基苯	5.97	ND	ND	1.49	2.58	1.73	25.00%
1,1-二氯丙烯	4.43	ND	ND	0.73	1.58	2.18	17.50%
二溴氯丙烷	4.92	ND	ND	0.61	1.61	2.65	12.50%
四氯化碳	4.40	ND	ND	0.33	1.14	3.51	7.50%
一溴二氯甲烷	26.96	ND	ND	0.86	4.33	5.06	7.50%
氯乙烷	3.52	ND	ND	0.09	0.55	6.24	2.50%
1,1,1-三氯乙烷	4.56	ND	ND	0.11	0.71	6.24	2.50%

表 4-54 沙颍河流域枯水期地表水中 VOCs 的检出种类、检出率、浓度范围和平均值

种类	最大值/(ng/L)	最小值/(ng/L)	中位数/(ng/L)	平均值/(ng/L)	标准差/(ng/L)	变异系数	检出率
乙苯	3.06	2.94	3.02	3.00	0.04	0.01	100.00%
正丙苯	3.34	ND	ND	0.25	0.87	3.51	92.50%
2-氯甲苯	2.22	ND	ND	0.17	0.58	3.51	92.50%
1,2,3-三氯丙烷	18.17	ND	1.12	4.87	6.65	1.37	85.00%
苯	504.13	ND	2.93	25.81	90.17	3.49	82.50%
甲苯	3.40	ND	2.67	2.10	1.14	0.54	77.50%
对二氯苯	2.01	ND	0.88	0.91	0.91	1.00	50.00%
氯苯	2.10	ND	ND	0.93	1.02	1.11	45.00%
氯甲烷	6.42	ND	ND	2.42	2.69	1.11	40.00%
氯乙烯	15.13	ND	ND	4.05	5.14	1.27	40.00%
顺-1,3-二氯丙烯	2.88	ND	ND	1.09	1.33	1.23	40.00%
1,2,4-三甲基苯	1.31	ND	ND	0.50	0.61	1.23	40.00%
仲丁基苯	4.26	ND	ND	1.69	2.07	1.22	40.00%
萘	3.31	ND	ND	1.27	1.55	1.22	40.00%
间二氯苯	1.39	ND	ND	0.43	0.63	1.44	32.50%
4-异丙基甲苯	3.25	ND	ND	1.05	1.52	1.44	32.50%
间二甲苯/对二甲苯	2.51	ND	ND	0.66	1.06	1.60	27.50%
溴苯	1.26	ND	ND	0.31	0.54	1.73	25.00%
正丁基苯	3.58	ND	ND	0.61	1.32	2.17	17.50%
一溴二氯甲烷	4.81	ND	ND	0.56	1.34	2.41	15.00%
反-1,3-二氯丙烯	2.86	ND	ND	0.42	1.00	2.38	15.00%
1,2,4-三氯苯	3.69	ND	ND	0.53	1.26	2.38	15.00%
四氯化碳	4.69	ND	ND	0.58	1.54	2.65	12.50%
六氯丁二烯	6.81	ND	ND	0.77	2.05	2.65	12.50%
溴氯甲烷	1812.47	ND	ND	45.46	282.95	6.22	7.50%
1,2-二氯丙烷	2.49	ND	ND	0.18	0.65	3.51	7.50%
苯乙烯	1.47	ND	ND	0.10	0.34	3.53	7.50%
对氯甲苯	1.97	ND	ND	0.15	0.51	3.51	7.50%
一氯二溴甲烷	4.77	ND	ND	0.21	0.92	4.40	5.00%
三溴甲烷	3.87	ND	ND	0.19	0.81	4.36	5.00%
1,2,3-三氯苯	3.75	ND	ND	0.18	0.80	4.36	5.00%
反-1,2-二氯乙烯	536.09	ND	ND	13.40	83.70	6.24	2.50%

续表

种类	最大值/(ng/L)	最小值/(ng/L)	中位数/(ng/L)	平均值/(ng/L)	标准差/(ng/L)	变异系数	检出率
1,1-二氯乙烷	3.60	ND	ND	0.09	0.56	6.24	2.50%
三氯乙烯	3.02	ND	ND	0.08	0.47	6.24	2.50%
二溴甲烷	2.24	ND	ND	0.06	0.35	6.24	2.50%
1,1,2-三氯乙烷	1.87	ND	ND	0.05	0.29	6.24	2.50%
四氯乙烯	5.23	ND	ND	0.13	0.82	6.24	2.50%
邻二甲苯	1.49	ND	ND	0.04	0.23	6.24	2.50%
异丙苯	3.25	ND	ND	0.08	0.51	6.24	2.50%
1,3,5-三甲基苯	1.99	ND	ND	0.05	0.31	6.24	2.50%
邻二氯苯	1.67	ND	ND	0.04	0.26	6.24	2.50%

表 4-55 沙颍河流域平水期地表水中 VOCs 的检出种类、检出率、浓度范围和平均值

种类	最大值/(ng/L)	最小值/(ng/L)	平均值/(ng/L)	标准差/(ng/L)	变异系数	检出率
1,1-二氯丙烯	44.47	ND	16.98	11.04	0.65	90.24%
1,2-二氯乙烷	7.53	ND	3.54	2.68	0.76	65.85%
溴氯甲烷	61.07	ND	13.04	16.54	1.27	51.22%
三氯甲烷	59.48	ND	12.53	16.10	1.28	51.22%
甲苯	5.77	ND	1.97	2.47	1.25	39.02%
4-异丙基甲苯	7.13	ND	2.60	3.42	1.32	36.59%
对二氯苯	5.30	ND	1.77	2.46	1.39	34.15%
异丙苯	5.77	ND	1.68	2.61	1.55	29.27%
乙苯	7.50	ND	1.94	3.21	1.65	26.83%
间二氯苯	5.28	ND	1.27	2.23	1.76	24.39%
萘	7.08	ND	1.55	2.92	1.89	21.95%
间二甲苯/对二甲苯	6.05	ND	1.03	2.27	2.20	17.07%
一溴二氯甲烷	6.44	ND	0.65	1.75	2.70	12.20%
对氯甲苯	6.67	ND	0.81	2.18	2.68	12.20%
1,2,4-三甲基苯	7.90	ND	0.95	2.54	2.68	12.20%
仲丁基苯	6.22	ND	0.76	2.03	2.68	12.20%
顺-1,3-二氯丙烯	7.82	ND	0.76	2.32	3.04	9.76%
反-1,3-二氯丙烯	7.71	ND	0.75	2.29	3.04	9.76%
1,3-二氯丙烷	6.32	ND	0.62	1.87	3.04	9.76%
邻二氯苯	5.55	ND	0.54	1.64	3.04	9.76%

续表

种类	最大值/(ng/L)	最小值/(ng/L)	平均值/(ng/L)	标准差/(ng/L)	变异系数	检出率
正丁基苯	7.68	ND	0.75	2.28	3.04	9.76%
顺-1,2-二氯乙烯	5.00	ND	0.36	1.30	3.56	7.32%
反-1,2-二氯乙烯	2.96	ND	0.14	0.64	4.42	4.88%
1,1,2-三氯乙烷	6.00	ND	0.29	1.29	4.42	4.88%
一氯二溴甲烷	8.24	ND	0.37	1.65	4.43	4.88%
氯苯	3.93	ND	0.19	0.84	4.42	4.88%
邻二甲苯	5.89	ND	0.28	1.24	4.42	4.88%
三溴甲烷	9.51	ND	0.45	2.00	4.42	4.88%
溴苯	2.90	ND	0.13	0.56	4.45	4.88%
1,2,3-三氯丙烷	476.74	ND	23.24	102.62	4.42	4.88%
2-氯甲苯	6.69	ND	0.33	1.44	4.42	4.88%
氯甲烷	6.17	ND	0.15	0.95	6.32	2.44%
氯乙烯	8.88	ND	0.22	1.37	6.32	2.44%
1,1-二氯乙烷	6.19	ND	0.15	0.95	6.32	2.44%
1,1,1-三氯乙烷	5.85	ND	0.14	0.90	6.32	2.44%
四氯化碳	6.20	ND	0.15	0.96	6.32	2.44%
苯	7.17	ND	0.17	1.11	6.32	2.44%
苯乙烯	5.37	ND	0.13	0.83	6.32	2.44%
1,1,2,2-四氯乙烷	4.55	ND	0.11	0.70	6.32	2.44%
正丙苯	5.47	ND	0.13	0.84	6.32	2.44%
1,3,5-三甲基苯	8.10	ND	0.20	1.25	6.32	2.44%
叔丁基苯	7.10	ND	0.17	1.10	6.32	2.44%
二溴氯丙烷	3.57	ND	0.09	0.55	6.32	2.44%
1,2,4-三氯苯	7.72	ND	0.19	1.19	6.32	2.44%
六氯丁二烯	6.21	ND	0.15	0.96	6.32	2.44%
1,2,3-三氯苯	6.13	ND	0.15	0.94	6.32	2.44%

4.3.2.2 沉积物挥发性有机物

沙颍河流域枯水期沉积物中 VOCs 的检出种类、检出率、浓度范围和平均值如表 4-56 所示。所检出的 21 种 VOCs 为乙苯、邻二甲苯、甲苯、1,1-二氯丙烯、间二甲苯/对二甲苯、1,2,4-三甲基苯、仲丁基苯、1,3,5-三甲基苯、对二氯苯、萘、1,2-二氯乙烷、4-异丙基甲苯、1,2,3-三氯丙烷、正丙苯、2-氯甲苯、间二氯苯、三氯甲烷、对氯甲苯、氯甲烷、氯苯、叔丁基苯。乙苯和邻二甲苯的检出率最高，为 87.50%，检出率最低的为氯甲烷、氯苯和叔丁基苯，均为 3.13%。1,1-二氯丙烯的平均浓度最高，为 205.32ng/g，氯苯的平均浓度最低，为 0.01ng/g。整体上，沙颍河流域枯水期底泥中各采样点 VOCs 浓度在 9.74～

3161.26ng/g 之间，平均浓度为 290.88ng/g，在点位槐店闸取得最大值，在点位叶舞公路桥取得最小值。

沙颍河流域平水期沉积物中 VOCs 的检出种类、检出率、浓度范围和平均值如表 4-57 所示。所检出的 47 种 VOCs 为二氯甲烷、2,2-二氯丙烷、氯仿、甲苯、4-溴氟苯、萘、1,2-二氯乙烷、乙苯、间二甲苯/对二甲苯、邻二甲苯、苯乙烯、1,3-二氯苯、1,4-二氯苯、苯、2-氯甲苯、1,1,2-三氯丙烷、1,2,4-三甲基苯、氯乙烷、正丙苯、氯甲烷、1,1-二氯丙烯、氯苯、1,2,3-三氯丙烷、异丙苯、1,1-二氯乙烯、4-异丙基甲苯、4-氯甲苯、仲丁基苯、反-1,2-二氯乙烯、1,3,5-三甲基苯、正丁基苯、1,2-二氯丙烷、1,2-二溴-3-氯丙烷、顺-1,2-二氯乙烯、溴氯甲烷、1,2,4-三氯苯、氯乙烯、叔丁基苯、1,2,3-三氯苯、三氯乙烯、1,2-二氯苯、1,1,1-三氯乙烷、四氯化碳、二溴甲烷、1,1,1,2-四氯乙烷、1,1,2,2-四氯乙烷、六氯丁二烯。检出率最高的物质有多种，见表 4-57，六氯丁二烯的检出率最低，为 6.67%。二氯甲烷的平均浓度最高，为 62.61ng/g。整体上，沙颍河流域枯水期底泥中各采样点 VOCs 浓度在 50.14～1080.78ng/g 之间，平均浓度为 189.67ng/g，在点位沈丘李坟取得最大值，在点位新郑黄甫寨取得最小值。

表 4-56 沙颍河流域枯水期沉积物中 VOCs 的检出种类、检出率、浓度范围和平均值

种类	最大值/(ng/g)	最小值/(ng/g)	中位数/(ng/g)	平均值/(ng/g)	标准差/(ng/g)	变异系数	检出率
乙苯	28.25	ND	1.60	4.33	7.46	1.72	87.50%
邻二甲苯	3.58	ND	ND	0.20	0.66	3.30	87.50%
甲苯	29.53	ND	3.39	6.90	8.03	1.16	78.13%
1,1-二氯丙烯	3090.60	ND	4.33	205.32	597.01	2.91	75.00%
间二甲苯/对二甲苯	16.91	ND	1.87	3.74	4.85	1.30	75.00%
1,2,4-三甲基苯	11.51	ND	0.44	1.92	2.94	1.53	56.25%
仲丁基苯	6.47	ND	0.96	1.35	1.73	1.27	53.13%
1,3,5-三甲基苯	10.08	ND	ND	1.52	2.66	1.75	46.88%
对二氯苯	2.90	ND	ND	0.24	0.64	2.71	18.75%
萘	2.44	ND	ND	0.21	0.51	2.48	18.75%
1,2-二氯乙烷	0.92	ND	ND	0.12	0.29	2.36	15.63%
4-异丙基甲苯	5.55	ND	ND	0.36	1.09	3.01	15.63%
1,2,3-三氯丙烷	5.78	ND	ND	0.22	1.01	4.68	9.38%
正丙苯	1.13	ND	ND	0.09	0.29	3.17	9.38%
2-氯甲苯	2.86	ND	ND	0.14	0.53	3.84	9.38%
间二氯苯	2.84	ND	ND	0.15	0.56	3.74	9.38%
三氯甲烷	7.35	ND	ND	0.25	1.28	5.22	6.25%
对氯甲苯	0.45	ND	ND	0.03	0.11	3.87	6.25%
氯甲烷	3.15	ND	ND	0.10	0.55	5.57	3.13%
氯苯	0.47	ND	ND	0.01	0.08	5.57	3.13%
叔丁基苯	1.60	ND	ND	0.05	0.28	5.57	3.13%

表 4-57 沙颍河流域平水期沉积物中 VOCs 的检出种类、检出率、浓度范围和平均值

种类	最大值/(ng/g)	最小值/(ng/g)	中位数/(ng/g)	平均值/(ng/g)	标准差/(ng/g)	变异系数	检出率
二氯甲烷	212.77	19.09	46.16	62.61	0.68	42.72	100.00%
2,2-二氯丙烷	0.95	0.01	0.13	0.23	1.07	0.25	100.00%
氯仿	249.97	23.19	52.26	74.16	0.70	51.74	100.00%
甲苯	1019.37	0.16	0.47	34.72	5.27	182.85	100.00%
4-溴氟苯	49.66	4.94	11.50	15.42	0.68	10.48	100.00%
萘	0.26	0.01	0.06	0.08	0.77	0.06	100.00%
1,2-二氯乙烷	0.20	ND	0.05	0.06	0.78	0.05	96.67%
乙苯	1.71	ND	0.32	0.44	0.75	0.33	96.67%
间二甲苯/对二甲苯	1.84	ND	0.24	0.30	1.18	0.35	96.67%
邻二甲苯	1.30	ND	0.12	0.21	1.30	0.27	96.67%
苯乙烯	2.39	ND	0.32	0.45	1.00	0.45	96.67%
1,3-二氯苯	0.10	ND	0.03	0.03	0.70	0.02	96.67%
1,4-二氯苯	0.10	ND	0.03	0.04	0.67	0.02	96.67%
苯	0.29	ND	0.04	0.07	1.02	0.07	93.33%
2-氯甲苯	0.12	ND	0.01	0.02	1.38	0.03	93.33%
1,1,2-三氯丙烷	0.49	ND	0.03	0.07	1.52	0.10	90.00%
1,2,4-三甲基苯	0.11	ND	0.02	0.03	1.11	0.03	90.00%
氯乙烷	1.47	ND	0.05	0.19	1.79	0.33	86.67%
正丙苯	0.08	ND	0.01	0.01	1.44	0.02	86.67%
氯甲烷	2.29	ND	0.08	0.23	1.80	0.42	83.33%
1,1-二氯丙烯	0.62	ND	0.05	0.09	1.51	0.13	83.33%
氯苯	0.06	ND	0.01	0.02	1.01	0.02	76.67%
1,2,3-三氯丙烷	0.32	ND	0.02	0.04	1.47	0.06	76.67%
异丙苯	0.05	ND	0.00	0.01	1.51	0.01	66.67%
1,1-二氯乙烯	0.19	ND	0.01	0.02	1.80	0.04	63.33%
4-异丙基甲苯	0.18	ND	ND	0.02	2.28	0.03	63.33%
4-氯甲苯	0.07	ND	ND	0.01	1.82	0.01	60.00%
仲丁基苯	0.11	ND	ND	0.01	2.52	0.02	60.00%
反-1,2-二氯乙烯	0.10	ND	ND	0.01	1.71	0.02	50.00%
1,3,5-三甲基苯	0.04	ND	ND	0.01	1.73	0.01	50.00%
正丁基苯	0.05	ND	ND	0.00	2.20	0.01	40.00%
1,2-二氯丙烷	0.08	ND	ND	0.01	2.29	0.01	36.67%
1,2-二溴-3-氯丙烷	0.08	ND	ND	0.01	1.62	0.02	36.67%
顺-1,2-二氯乙烯	0.05	ND	ND	0.01	2.01	0.01	33.33%

续表

种类	最大值/(ng/g)	最小值/(ng/g)	中位数/(ng/g)	平均值/(ng/g)	标准差/(ng/g)	变异系数	检出率
溴氯甲烷	0.08	ND	ND	0.01	1.88	0.02	33.33%
1,2,4-三氯苯	0.03	ND	ND	0.01	1.89	0.01	26.67%
氯乙烯	0.04	ND	ND	0.01	2.15	0.01	20.00%
叔丁基苯	0.02	ND	ND	0.01	2.89	0.00	16.67%
1,2,3-三氯苯	0.03	ND	ND	0.01	2.85	0.01	16.67%
三氯乙烯	0.02	ND	ND	0.01	2.88	0.00	13.33%
1,2-二氯苯	0.02	ND	ND	0.01	2.94	0.00	13.33%
1,1,1-三氯乙烷	0.04	ND	ND	0.01	4.18	0.01	10.00%
四氯化碳	0.02	ND	ND	0.01	3.39	0.00	10.00%
二溴甲烷	0.02	ND	ND	0.01	3.08	0.01	10.00%
1,1,1,2-四氯乙烷	0.07	ND	ND	0.01	3.65	0.01	10.00%
1,1,2,2-四氯乙烷	0.04	ND	ND	0.01	3.40	0.01	10.00%
六氯丁二烯	0.06	ND	ND	0.01	4.42	0.01	6.67%

4.3.3 抗生素时空分布特征

中国是抗生素生产和使用大国。截至2013年底，36种常用抗生素使用量达9.27×10^4t，其中约5.38×10^4t进入环境[141]。以青霉素为代表的抗生素挽救了无数人的生命，为人类健康作出了不朽的贡献，彻底改变了当时的医疗状况，提高了人们的生活质量，延长了人们的寿命。然而，抗生素在低浓度时可选择性地影响其他生物功能，是水中一种重要的持久性有机污染物[142,143]。抗生素在体内不能完全代谢，25%～75%的抗生素以母体或其代谢产物的形式排放到环境中，导致环境中生物产生耐药基因[144-147]。当使用低浓度或亚致死浓度的抗生素治疗感染时，机体可能发生突变，从而导致对抗生素的耐药性。目前，抗生素滥用和无限制排放已对生态环境和人类健康构成严重威胁。

本书对沙颍河流域各水样共进行了31种抗生素检测，包括氧氟沙星、诺氟沙星、四环素、环丙沙星、土霉素、恩诺沙星、沙拉沙星、加替沙星、莫西沙星、阿奇霉素、红霉素、罗红霉素、磺胺醋酰、磺胺嘧啶、磺胺噻唑、磺胺吡啶、磺胺甲基嘧啶、甲氧苄氨嘧啶、磺胺甲基异噁唑、磺胺甲噻二唑、磺胺二甲嘧啶、磺胺对甲氧嘧啶、磺胺氯哒嗪、磺胺间甲氧嘧啶、磺胺地索辛、磺胺二甲异噁唑、磺胺苯酰、磺胺苯吡唑、磺胺邻二甲氧嘧啶、磺胺甲氧哒嗪和磺胺喹噁啉。

(1) 水体抗生素含量和组成　沙颍河流域丰水期地表水中抗生素的检出种类、检出率、浓度范围和平均值如表4-58所示。所检出的17种抗生素为氧氟沙星、四环素、环丙沙星、土霉素、恩诺沙星、沙拉沙星、莫西沙星、阿奇霉素、红霉素、罗红霉素、磺胺嘧啶、磺胺噻唑、磺胺吡啶、甲氧苄氨嘧啶、磺胺二甲嘧啶、磺胺氯哒嗪、磺胺间甲氧嘧啶。其中磺胺噻唑检出率最高，在各点均有检出，莫西沙星、磺胺嘧啶检出率最低，为3.23%。各类抗生素中环丙沙星的平均浓度最高，为238.19ng/L，磺胺嘧啶的平均浓度最低，为0.13ng/

L。整体上，丰水期沙颍河全流域31个采样点总抗生素浓度在21.33～1936.28ng/L之间，平均浓度为773.93ng/L，在点位临颍高村桥取得最大值，在点位周口康店取得最小值。沙颍河流域枯水期地表水中抗生素的检出种类、检出率、浓度范围和平均值如表4-59所示。所检出的15种抗生素为红霉素、罗红霉素、磺胺甲氧哒嗪、甲氧苄氨嘧啶、磺胺嘧啶、磺胺吡啶、磺胺二甲嘧啶、氧氟沙星、诺氟沙星、土霉素、磺胺氯哒嗪、磺胺喹噁啉、四环素、环丙沙星、恩诺沙星。其中红霉素、罗红霉素、磺胺甲氧哒嗪检出率最高，在各点均有检出，四环素、环丙沙星、恩诺沙星检出率最低，为6.45%。各类抗生素中罗红霉素的平均浓度最高，为378.58ng/L，恩诺沙星的平均浓度最低，为0.16ng/L。整体上，枯水期沙颍河全流域31个采样点总抗生素浓度在16.77～2469.61ng/L之间，平均浓度为602.14ng/L，在点位临颍高村桥取得最大值，在点位昭平台水库取得最小值。沙颍河流域平水期地表水中抗生素的检出种类、检出率、浓度范围和平均值如表4-60所示。所检出的16种抗生素为罗红霉素、金霉素、磺胺氯哒嗪、磺胺甲氧哒嗪、磺胺邻二甲氧嘧啶、诺氟沙星、莫西沙星、磺胺嘧啶、磺胺对甲氧嘧啶、磺胺吡啶、阿奇霉素、四环素、磺胺甲噻二唑、环丙沙星、加替沙星、磺胺间甲氧嘧啶。其中罗红霉素检出率最高，为83.87%，环丙沙星、加替沙星、磺胺间甲氧嘧啶检出率最低，为3.23%。各类抗生素中罗红霉素的平均浓度最高，为110.82ng/L，磺胺间甲氧嘧啶的平均浓度最低，为0.11ng/L。整体上，平水期沙颍河全流域31个采样点总抗生素浓度在2.05～766.87ng/L之间，平均浓度为225.98ng/L，在点位临颍高村桥取得最大值，在点位郸城侯楼闸取得最小值。

表4-58 沙颍河流域丰水期地表水中抗生素的检出种类、检出率、浓度范围和平均值

种类	最大值/(ng/L)	最小值/(ng/L)	平均值/(ng/L)	检出率
磺胺噻唑	0.83	0.78	0.81	100.00%
环丙沙星	655.00	ND	238.19	70.97%
氧氟沙星	371.11	ND	153.76	67.74%
恩诺沙星	657.22	ND	260.56	67.74%
红霉素	100.00	ND	25.14	58.06%
阿奇霉素	18.89	ND	6.43	51.61%
罗红霉素	236.67	ND	31.58	41.94%
甲氧苄氨嘧啶	4.89	ND	1.18	38.71%
沙拉沙星	44.44	ND	10.45	29.03%
土霉素	93.33	ND	15.75	25.81%
四环素	158.89	ND	26.13	22.58%
磺胺吡啶	6.22	ND	0.66	19.35%
磺胺间甲氧嘧啶	5.44	ND	0.84	19.35%
磺胺氯哒嗪	4.17	ND	0.43	12.90%
磺胺二甲嘧啶	14.61	ND	0.63	9.68%
莫西沙星	38.89	ND	1.25	3.23%
磺胺嘧啶	4.17	ND	0.13	3.23%

表4-59 沙颍河流域枯水期地表水中抗生素的检出种类、检出率、浓度范围和平均值

种类	最大值/(ng/L)	最小值/(ng/L)	平均值/(ng/L)	检出率
红霉素	475.47	4.91	163.52	100.00%
罗红霉素	2051.22	7.50	378.58	100.00%
磺胺甲氧哒嗪	98.07	1.69	38.03	100.00%
甲氧苄氨嘧啶	34.06	ND	7.86	90.32%
磺胺嘧啶	5.18	ND	1.43	54.84%
磺胺吡啶	24.35	ND	4.96	51.61%
磺胺二甲嘧啶	18.47	ND	1.44	45.16%
氧氟沙星	26.01	ND	3.24	38.71%
诺氟沙星	10.20	ND	0.87	19.35%
土霉素	4.39	ND	0.52	16.13%
磺胺氯哒嗪	5.01	ND	0.50	16.13%
磺胺喹噁啉	3.08	ND	0.26	12.90%
四环素	10.87	ND	0.55	6.45%
环丙沙星	5.41	ND	0.24	6.45%
恩诺沙星	2.99	ND	0.16	6.45%

表4-60 沙颍河流域平水期地表水中抗生素的检出种类、检出率、浓度范围和平均值

种类	最大值/(ng/L)	最小值/(ng/L)	平均值/(ng/L)	检出率
罗红霉素	584.53	ND	110.82	83.87%
金霉素	147.60	ND	28.99	77.42%
磺胺氯哒嗪	258.17	ND	60.28	70.97%
磺胺甲氧哒嗪	21.44	ND	3.80	51.61%
磺胺邻二甲氧嘧啶	13.96	ND	2.90	51.61%
诺氟沙星	26.85	ND	4.51	48.39%
莫西沙星	30.78	ND	7.48	48.39%
磺胺嘧啶	5.25	ND	1.18	32.26%
磺胺对甲氧嘧啶	14.40	ND	1.50	22.58%
磺胺吡啶	2.93	ND	0.43	19.35%
阿奇霉素	18.58	ND	2.00	16.13%
四环素	6.71	ND	0.64	9.68%
磺胺甲噻二唑	8.49	ND	0.36	6.45%
环丙沙星	22.48	ND	0.73	3.23%
加替沙星	7.22	ND	0.23	3.23%
磺胺间甲氧嘧啶	3.30	ND	0.11	3.23%

(2) 水体中抗生素组成分布特征　沙颍河流域枯水期、平水期和丰水期干流、支流、分流各采样点水体中抗生素浓度如图 4-24 所示。沙颍河全流域干流总抗生素平均浓度为 865.12ng/L，各支流中贾鲁河总抗生素平均浓度最高，为 1062.86ng/L，澧河总抗生素平均浓度为 783.94ng/L，沙河总抗生素平均浓度为 790.58ng/L。由此可见，沙颍河流域水体中贾鲁河的抗生素浓度最高，要高于其他各支流和干流，其余各支流、干流的浓度相当，说明贾鲁河抗生素使用量相对较高，这可能与贾鲁河周围人口密度比较大有关。枯水期沙颍河全流域干流总抗生素平均浓度为 775.40ng/L，各支流中贾鲁河总抗生素平均浓度最高，为 746.75ng/L，澧河总抗生素平均浓度为 54.04ng/L，沙河总抗生素平均浓度为 211.21ng/L。由此可见，沙颍河流域枯水期水体中贾鲁河的抗生素浓度同样较高，与丰水期情况相似。整体来说丰水期抗生素含量要高于枯水期，这可能是因为冬季雨水较少，通过干湿沉降、径流等进入流域的抗生素较少。平水期沙颍河全流域干流总抗生素平均浓度为 326.12ng/L，各支流中贾鲁河总抗生素平均浓度最高，为 336.52ng/L，澧河总抗生素平均浓度最低，为 15.46ng/L，沙河总抗生素平均浓度为 118.59ng/L。由此可见，沙颍河流域枯水期水体中贾鲁河的抗生素浓度较高，与另外两个水期情况相似。整体来说平水期抗生素含量要低于枯水期与丰水期。

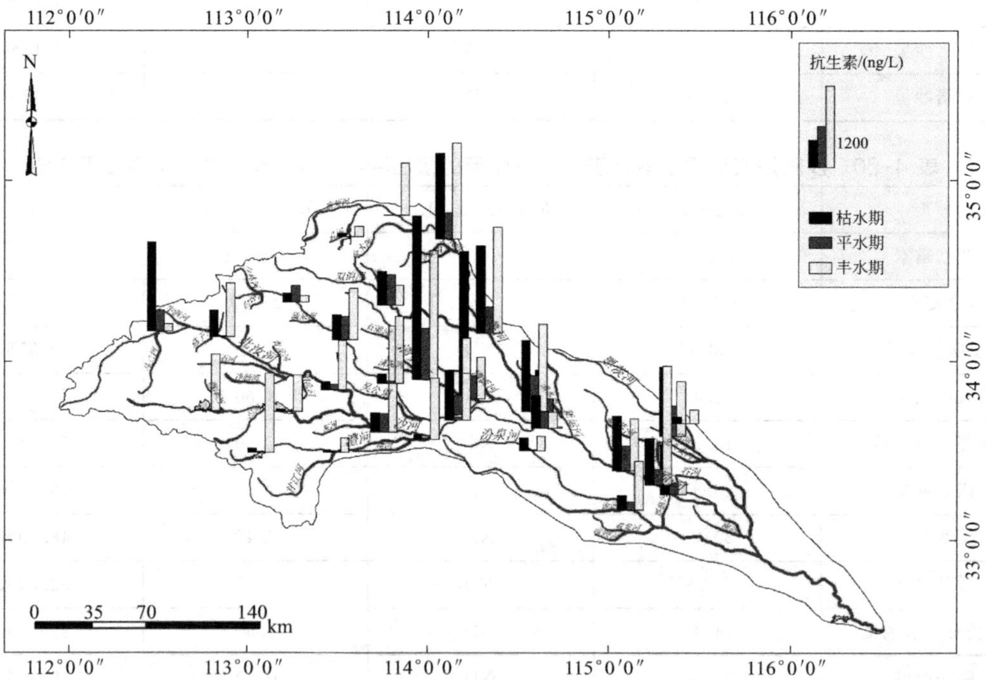

图 4-24　沙颍河流域各采样点水体中抗生素浓度分布图

丰水期沙颍河流域水体各类检出抗生素中恩诺沙星浓度占总抗生素浓度比例最高，平均占比为 24.98%，其次是环丙沙星和氧氟沙星，分别占比 22.05% 和 14.85%，其余各种抗生素占比较少，可见恩诺沙星、环丙沙星和氧氟沙星是丰水期沙颍河流域地表水中抗生素的主要成分，该节气以恩诺沙星、环丙沙星和氧氟沙星等抗生素使用为主。

枯水期沙颍河流域水体各类检出抗生素中罗红霉素浓度占总抗生素浓度比例最高，平均占比为 50.79%，其次是红霉素，占比 34.10%，其余各种抗生素占比较少，可见红霉素和罗红霉素是枯水期沙颍河流域地表水中抗生素的主要成分，该节气以红霉素和罗红霉素等抗生素使用为主。

平水期沙颍河流域水体各类检出抗生素中罗红霉素浓度占总抗生素浓度比例最高，平均占比为 49.04%，其次是磺胺氯哒嗪，占比 26.68%，其余各种抗生素占比较少，可见红霉素和磺胺氯哒嗪是平水期沙颍河流域地表水中抗生素的主要成分，该节气以红霉素和罗红霉素等抗生素使用为主。

4.3.4 重金属时空分布特征

沙颍河流域是淮河流域上游污染问题突出、污染贡献最大的流域之一。其支流贾鲁河主要有造纸、化肥、食品发酵等工业污染；上中游主要有合成氨、酿酒、制革等行业污染；下游主要存在农业面源污染和畜禽养殖污染。许多行业的复合污染导致了各种有毒污染物的产生，特别是重金属复合污染对水环境造成严重的污染。重金属是一种毒性最大、难降解、残留时间长、分布广泛的环境污染物[148,149]。在水环境中，重金属元素不能被微生物降解，相反，它们可以被生物富集和放大，具有隐蔽性、长期性和不可逆性的特点。重金属随颗粒物迁移至沉积物，并在沉积物中沉积。沉积物作为污染物的储存库和最终归宿，不仅可以接受污染物，还可以将其再次释放到水体中，形成二次污染[150-152]。从沉积物中的污染物来看，重金属污染尤为严重。因为大部分通过各种途径进入水环境的重金属都能迅速转移到泥沙和悬浮物中，而悬浮物在被水流输送的过程中，当其负荷超过承载能力时，逐渐变成泥沙。因此，无论是在未受污染的水体还是在严重污染的水体中，沉积物中的重金属含量都比水中高出许多倍。因此，水体沉积物也是潜在的主要重金属污染源之一，是进行重金属污染评价的重要依据[153]。同时开展多河段地表水和沉积物中重金属污染的预防和治理对沙颍河流域水环境安全至关重要。

本书选取沙颍河流域共 41 个采样点，包含贾鲁河、沙河、颍河、澧河等多个河段，同时对地表水和表层底泥进行采样分析，共测定了 24 种重金属（Be、Na、Mg、Al、K、Ca、V、Cr、Mn、Fe、Ni、Co、Cu、Zn、As、Se、Mo、Ag、Cd、Sb、Ba、Hg、Tl、Pb），本章中仅对 9 大重金属（Cu、Zn、As、Hg、Cd、Cr、Pb、Se、Ni）进行分析，揭示沙颍河流域中地表水和表层底泥中重金属的空间分布，分析重金属的污染程度。

4.3.4.1 河水中的重金属分布特征

（1）沙颍河流域水体中各重金属浓度含量　沙颍河流域水体中丰水期、枯水期和平水期的重金属 Cu、Zn、As、Hg、Cd、Cr、Pb 和 Se 的浓度统计结果如表 4-61～表 4-63 所示。

丰水期中 8 种重金属除 Hg 外其余重金属的总体含量较低，沙颍河流域地表水中各种金属平均浓度顺序为：Zn＞As＞Cu＞Pb ＞Cr＞Hg＞Se ＞Cd。计算了不同采样点间 Cr、Cu、Zn、As、Cd、Hg、Pb、Se 浓度的标准差以分析重金属浓度的沿程变化情况，结果显示 Zn 的空间分布差异略高，为 10.94μg/L，其余均比较小。从变异系数来看，水体中除了 As、Pb 和 Se 三种元素外，其余重金属的质量浓度含量变异系数都超过 100%，说明各采样点这些重金属含量存在较大的差异。

表 4-61　沙颍河流域丰水期地表水重金属浓度统计

重金属	最大值/(μg/L)	最小值/(μg/L)	平均值/(μg/L)	标准差/(μg/L)	变异系数
Cu	14.66	ND	1.30	3.20	2.47

续表

重金属	最大值/(μg/L)	最小值/(μg/L)	平均值/(μg/L)	标准差/(μg/L)	变异系数
Zn	48.40	ND	9.09	10.94	1.20
As	5.59	1.27	2.87	1.03	0.36
Hg	1.81	0.04	0.24	0.48	2.02
Cd	1.70	0.03	0.14	0.38	2.83
Cr	1.88	ND	0.38	0.42	1.10
Pb	3.67	ND	0.96	0.91	0.95
Se	1.30	0.30	0.28	0.27	0.97

枯水期中8种重金属除Hg外其余重金属的总体含量较低，沙颍河流域地表水中各种金属平均浓度顺序为：Zn>Cu>Cr >Pb>Se >As>Hg >Cd。计算了不同采样点间Cr、Cu、Zn、As、Cd、Hg、Pb、Se浓度的标准差以分析重金属浓度的沿程变化情况，结果显示Zn的空间分布差异略高，为16.20μg/L，其余均比较小，这与丰水期相同。从变异系数来看，水体中除了As、Hg、Cr和Se四种元素外，其余重金属的质量浓度含量变异系数都超过100%，说明各采样点这些重金属含量存在较大的差异。

表4-62 沙颍河流域枯水期地表水重金属浓度统计

重金属	最大值/(μg/L)	最小值/(μg/L)	平均值/(μg/L)	标准差/(μg/L)	变异系数
Cu	64.43	0.18	6.40	9.67	1.51
Zn	106.60	1.21	11.52	16.20	1.41
As	4.97	0.69	1.99	0.94	0.47
Hg	1.82	0.20	0.39	0.34	0.88
Cd	1.22	0.00	0.05	0.19	3.78
Cr	16.71	1.49	5.70	3.42	0.60
Pb	25.33	0.87	4.87	5.85	1.20
Se	6.65	0.00	2.34	1.42	0.61

平水期所检测8大重金属中共有6种检测出来，为Pb、Cr、Cu、Zn、As、Cd。沙颍河流域地表水中各种金属平均浓度Zn的最高，Cd的浓度最低，具体顺序为：Zn>As>Cu>Cr >Pb >Cd。各重金属中Cu和As的检出率最高，各点位均有检出，Cd的检出率最低，检出率为2.44%。

平水期重金属从空间分布来看，Cu的高含量区主要集中在点位贾鲁河、扶沟摆渡口最为突出，浓度为7.50μg/L，S22下澧河桥浓度最低，为0.14μg/L；As的浓度最高点出现在周口二水厂，为7.26μg/L，最低点出现在汝州紫罗山，为0.74μg/L；对于Cd、Cr和Pb而言，其高含量区均主要集中在贾鲁河。

表4-63 沙颍河流域平水期地表水重金属浓度统计

重金属	最大值/(μg/L)	最小值/(μg/L)	平均值/(μg/L)	标准差/(μg/L)	变异系数	检出率
Pb	2.14	0.00	0.52	0.54	1.04	73.17%

续表

重金属	最大值/(μg/L)	最小值/(μg/L)	平均值/(μg/L)	标准差/(μg/L)	变异系数	检出率
Cr	14.85	0.00	0.64	2.26	3.52	78.05%
Cu	7.50	0.14	2.01	1.23	0.61	100.00%
Zn	135.70	0.00	31.92	31.66	0.99	87.80%
As	7.26	0.74	2.48	1.29	0.52	100.00%
Cd	3.08	0.00	0.08	0.48	6.32	2.44%

与其他不同流域重金属浓度相比较（表4-64），研究区Hg的浓度几乎都高于其他流域，进一步说明研究区Hg污染严重，应该引起重视，其他重金属浓度较表中大部分地区低。

表4-64 不同流域重金属浓度 单位：μg/L

流域	Cu	Zn	As	Hg	Cd	Cr	Pb	参考文献
大冶湖流域	1.6	4.7	21.4	—	1.3	1.6	0.04	[154]
太湖流域	65.24	185.64	9.87	0.11	0.93	—	45.88	[155]
太浦河	8.77±6.17	—	—	—	0.18±0.16	6.89±4.15	2.80±2.87	[156]
吴淞江昆山段	19.1±9.39	—	—	—	0.20±0.13	10.2±5.69	5.20±5.95	[156]
巢湖流域	60.10	292.50	14.90	0.20	0.50	—	36.60	[157]
洞庭湖流域	2.50	20.91	3.62	—	0.05	0.62	1.49	[158]
九龙江流域	17.85	154.89	12.39	—	0.08	5.41	4.47	[159]

（2）沙颍河流域水体中各重金属空间分布特征　从丰水期的空间分布来看（图4-25），Cu的含量空间分布为：高含量区主要集中在贾鲁河（以点位S19处最为突出）；Zn的分布不均匀，以点位S38处最为突出；As的空间分布比较均匀，没有太大的空间分布差异；Hg的空间分布非常不均匀，高浓度的点涉及多条河流，以点位S38处最为突出，其中干流的平均浓度偏低，为0.05μg/L，支流中双洎河的平均浓度最高，为0.4μg/L；而Cd、Cr和Pb含量的空间分布特征表现为：高含量区主要集中在贾鲁河（以点位S2处最为突出）；Se空间分布比较均匀，在各个支流的浓度均比较低。贾鲁河周边存在大量冶金电镀企业，工业点源污染可能是贾鲁河重金属污染的主要来源。

枯水期的空间分布图（图4-25）来看，总体分布比较均匀。枯水期全流域干流Hg的平均浓度为0.31μg/L，支流中沙河的平均浓度最高，为0.58μg/L，双洎河的平均浓度最低，为0.28μg/L，Hg污染主要来自支流。枯水期全流域干流Cr的平均浓度为5.32μg/L，支流中贾鲁河的平均浓度最高，为6.83μg/L，北汝河的平均浓度最低，为5.66μg/L，Cr污染主要来自支流。枯水期全流域干流Pb的平均浓度为4.16μg/L，支流中贾鲁河的平均浓度最高，为9.82μg/L，双洎河的平均浓度最低，为1.65μg/L，Pb污染主要来自支流。由此可见，重金属Hg、Cr和Pb污染主要来自支流。

从平水期空间分布图（图4-25）来看，双洎河的重金属含量要高于其余支流。平水期全流域Pb的平均浓度为2.09μg/L，其中贾鲁河平均浓度最高，为3.52μg/L；Cr全流域的平均浓度为2.57μg/L，沙河平均浓度最高，为1.77μg/L；Cu全流域的平均浓度为8.53μg/L，双洎河的平均浓度最高，为19.11μg/L；Zn全流域的平均浓度为127.70μg/L，双洎河的平均浓度最高，为 240.12μg/L；As 全流域的平均浓度为 9.94μg/L，双洎河的平均浓度最高，为 12.97μg/L；Cd 只在点位 H12-5-6 检出浓度为 12.33μg/L，该点位位于双洎河上。由此可以看出，沙颍河流域平水期双洎河和贾鲁河水体受重金属污染比较严重，污染主要来自支流。

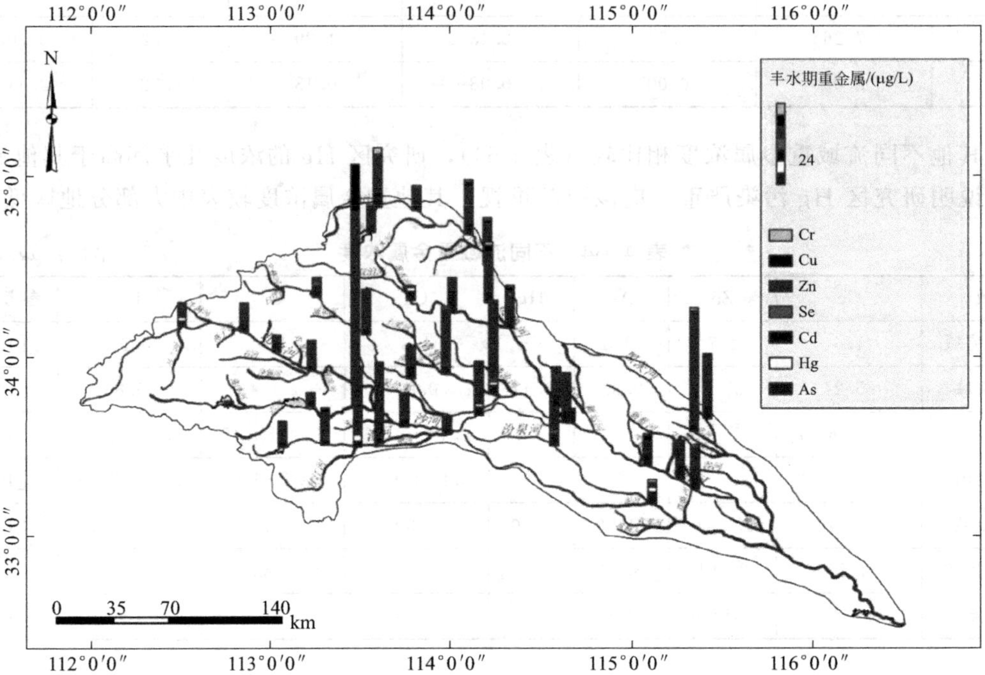

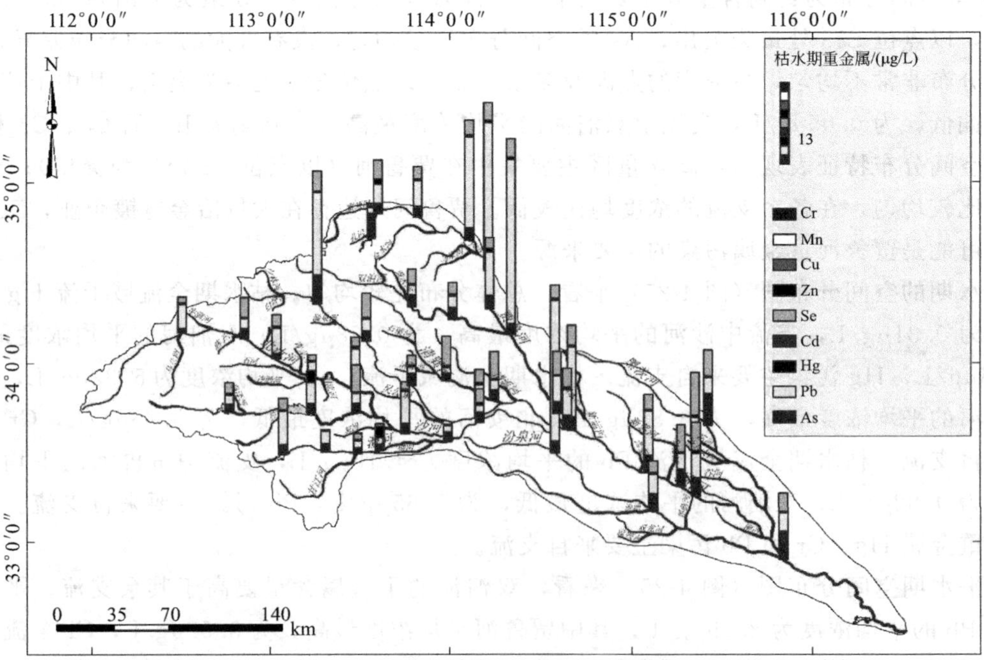

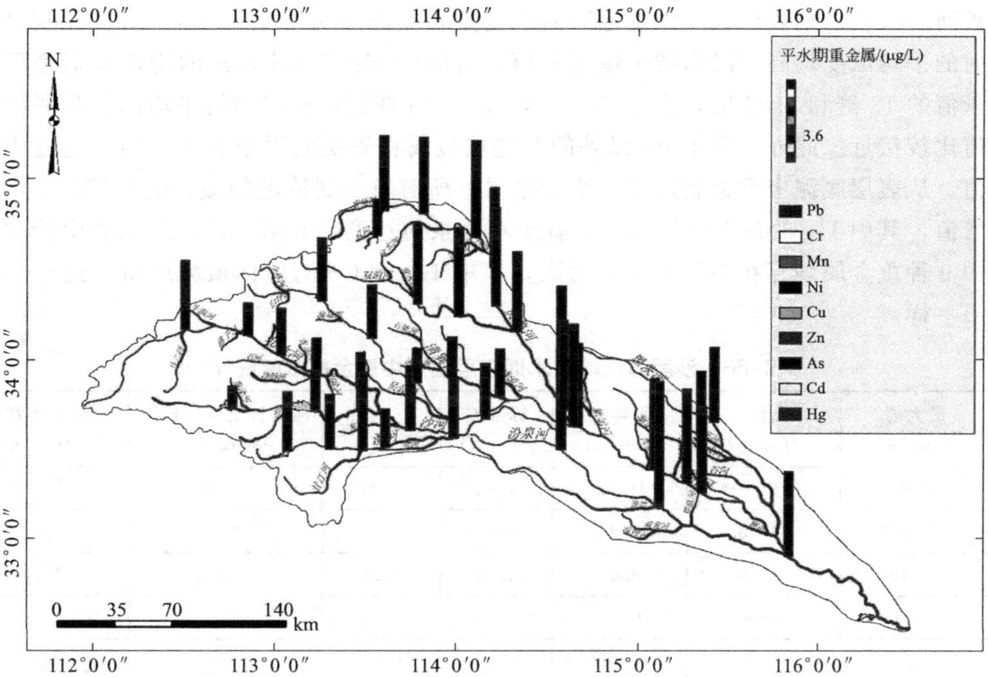

图4-25 沙颍河流域各采样点水体中重金属浓度分布图

4.3.4.2 表层底泥中重金属分布特征

(1) 沙颍河流域表层底泥中各重金属浓度含量 沙颍河流域丰水期表层底泥中重金属的浓度如表4-65所示，Cr、Pb除外的6种重金属的平均浓度均高于河南省土壤背景值。流域中Hg和Cd元素的均值分别是河南省土壤背景值的5.60倍和5.23倍，Cu、Zn、As、Ni在表层底泥中的平均浓度与河南省土壤背景值比较接近。此外，除了Cd以外的其他重金属在表层底泥中的浓度均未超过中国土壤背景值。从表层底泥中重金属的最大浓度来看，所有重金属浓度的最大值都超过了河南省土壤背景值，其中Hg和Cd的最大值分别超过河南省土壤背景值达到20倍和19倍。以上结果表明沙颍河表层底泥中9种重金属均存在不同程度的污染，其中Hg和Cd的超标最为严重。

表4-65 沙颍河流域丰水期表层底泥中重金属浓度统计

重金属	最大值/(μg/g)	最小值/(μg/g)	平均值/(μg/g)	标准差/(μg/g)	变异系数	河南省土壤背景值/(μg/g)	中国土壤背景值/(μg/g)
Cu	114.64	10.46	23.38	17.64	0.75	20.0	35
Zn	176.76	46.45	86.62	34.52	0.40	62.5	100
As	16.89	5.07	10.72	2.88	0.27	9.8	15
Hg	0.50	ND	0.14	0.10	0.74	0.025	0.15
Cd	1.24	ND	0.34	0.28	0.83	0.065	0.20
Cr	73.59	32.23	55.26	9.40	0.17	63.2	90
Pb	142.19	8.68	24.01	29.46	1.23	22.3	35
Ni	48.38	16.24	30.79	30.23	6.90	27.4	40

沙颍河流域枯水期表层底泥中重金属的浓度如表 4-66 所示，Cu、As、Cr、Ni 除外的 4 种重金属的平均浓度均高于河南省土壤背景值。流域中 Hg 和 Cd 元素的均值分别是河南省土壤背景值的 13 倍和 5.86 倍，Cu、Zn、As、Cr、Ni 在表层底泥中的平均浓度与河南省土壤背景值比较接近。此外，除了 Pb 以外的其他重金属在表层底泥中的浓度均未超过中国土壤背景值。从表层底泥中重金属的最大浓度来看，所有重金属浓度的最大值都超过了河南省土壤背景值，其中 Hg 的最大值超过河南省土壤背景值达到 106 倍。以上结果表明沙颍河表层底泥中 9 种重金属均存在不同程度的污染，其中 Hg 和 Cd 的超标最为严重。这与丰水期中的结果一样。

表 4-66 沙颍河流域枯水期表层底泥中重金属浓度统计

重金属	最大值/(μg/g)	最小值/(μg/g)	平均值/(μg/g)	标准差/(μg/g)	变异系数	河南省土壤背景值/(μg/g)	中国土壤背景值/(μg/g)
Cu	30.45	10.44	19.47	4.72	0.24	20.00	35.00
Zn	179.84	34.13	74.69	32.05	0.43	62.50	100.00
As	14.19	3.50	8.03	2.31	0.29	9.80	15.00
Hg	3.19	0.04	0.39	0.64	1.62	0.03	0.15
Cd	1.29	0.12	0.41	0.24	0.60	0.07	0.20
Cr	69.03	35.02	49.67	8.25	0.17	63.20	90.00
Pb	206.96	22.04	43.17	34.28	0.79	22.30	35.00
Ni	36.17	13.44	23.29	5.56	0.24	27.40	40.00

沙颍河流域平水期表层底泥中重金属的浓度如表 4-67 所示，除 As 外其余重金属的平均浓度均高于河南省土壤背景值。流域中 Hg、Pb 和 Zn 元素的均值分别是河南省土壤背景值的 16.33 倍、2.22 倍和 1.99 倍，As、Cr、Ni 在表层底泥中的平均浓度与河南省土壤背景值比较接近。此外，三者重金属在表层底泥中的浓度同样超过中国土壤背景值。从表层底泥中重金属的最大浓度来看，所有重金属浓度的最大值都超过了河南省土壤背景值，其中 Hg 的最大值超过河南省土壤背景值达到 26 倍。以上结果表明沙颍河表层底泥中 8 种重金属均存在不同程度的污染，其中 Hg 的超标最为严重。这与丰水期中的结果相似。说明 Hg 在各个流域的污染较为突出，应当引起重视。

表 4-67 沙颍河流域平水期表层底泥中重金属浓度统计

重金属	最大值/(μg/g)	最小值/(μg/g)	平均值/(μg/g)	标准差/(μg/g)	变异系数	河南省土壤背景值/(μg/g)	中国土壤背景值/(μg/g)
Cr	151.26	55.61	76.00	18.89	0.25	63.20	90.00
Zn	320.38	64.23	124.63	66.22	0.53	62.50	100.00
As	20.81	2.13	7.95	3.48	0.44	9.80	15.00
Hg	0.78	0.45	0.49	0.06	0.13	0.03	0.15
Pb	260.04	17.49	49.58	53.31	1.08	22.30	35.00
Ni	55.33	19.92	30.88	8.51	0.28	27.40	40.00

（2）沙颍河流域沉积物中各重金属空间分布特征　沙颍河流域丰水期和枯水期干流、支流、分流各采样点沉积物中重金属浓度如图 4-26 所示。丰水期全流域干流 Cd 平均浓度为

0.25μg/g，支流中澧河的平均浓度最高，为 0.72μg/g，双洎河的平均浓度最低，为 0.20μg/g，Cd 污染主要来自支流。丰水期全流域干流 Hg 平均浓度为 1.92μg/g，支流中贾鲁河的平均浓度最高，为 0.89μg/g，北汝河的平均浓度最低，为 0.05μg/g，Hg 污染主要来自干流。由此可见，沙颍河流域丰水期干流重金属含量较高，远远高于其他各支流。

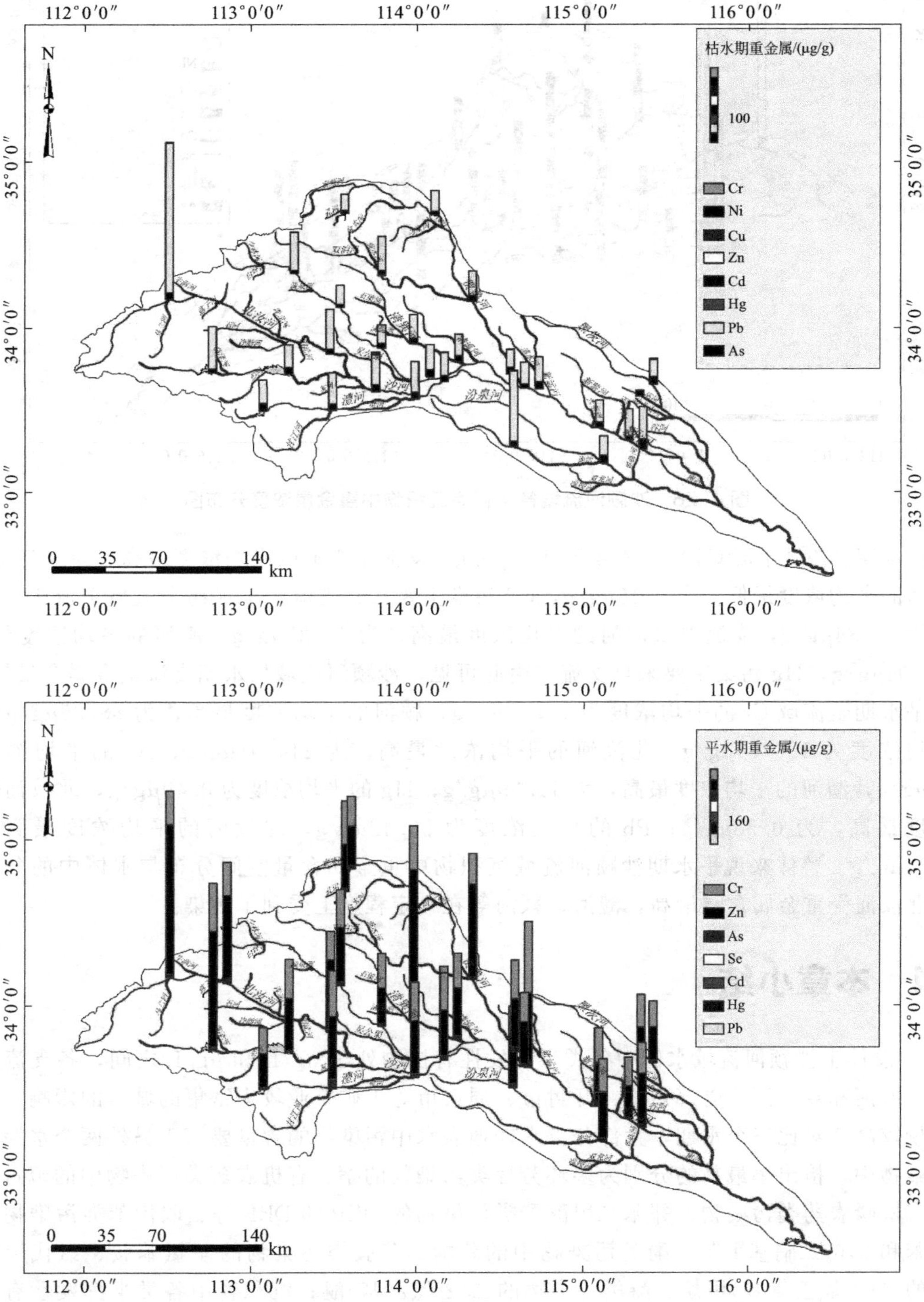

图 4-26

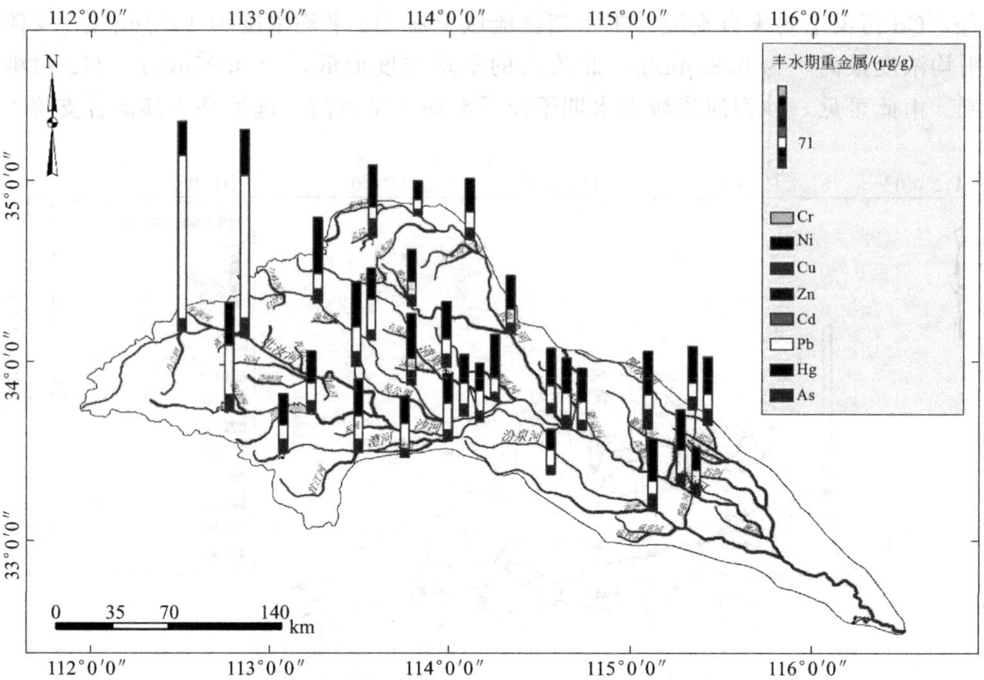

图 4-26 沙颍河流域各采样点沉积物中重金属浓度分布图

枯水期全流域干流 Cd 平均浓度为 0.28μg/g，支流中澧河的平均浓度最高，为 0.71μg/g，双洎河的平均浓度最低，为 0.16μg/g，Cd 污染主要来自支流。丰水期全流域干流 Hg 平均浓度为 19.84μg/g，支流中双洎河的平均浓度最高，为 52.37μg/g，澧河的平均浓度最低，为 19.04μg/g，Hg 污染主要来自支流。由此可见，沙颍河流域枯水期支流重金属含量较高。

平水期全流域 Cr 的平均浓度为 76.48μg/g，颍河的平均浓度最高，为 88.35μg/g；Zn 的平均浓度为 126.04μg/g，北汝河的平均浓度最高，为 214.91μg/g；As 的平均浓度为 8.00μg/g，澧河的平均浓度最高，为 11.39μg/g；Hg 的平均浓度为 0.49μg/g，北汝河的平均浓度最高，为 0.58μg/g；Pb 的平均浓度为 50.42μg/g，北汝河的平均浓度最高，为 166.07μg/g。整体来说平水期沙颍河流域沉积物中重金属含量空间分布与水体中的分布相反，北汝河受重金属含量最高，澧河、颍河等在一定程度上受到了污染。

4.4 本章小结

① 总体上沙颍河流域水体中各类半挥发性有机物处于 ng/L 和 μg/L 之间，各支流中贾鲁河、沙河和双洎河等受郑州市、开封市、周口市等工矿企业较为密集的城市的影响，致使其含量较高。对比三个水期，大部分丰水期地表水中污染物的含量要高于另外两个水期，各类污染物中，检出率最高的分别为多环芳烃类污染物的萘、有机农药类污染物中的硫丹硫酸酯、有机磷农药类污染物、邻苯二甲酸酯类污染物的 DEP 和 DBP 等、取代苯类污染物中的硝基苯和 2,6-二硝基甲苯、酚类污染物中的苯酚、苯胺类污染物的 4-氯苯胺、氯代烃类污染物的二(2-氯乙氧基)甲烷、醚类污染物的二(2-氯乙基)醚；沉积物中各类半挥发性有机物处于 ng/g 和 μg/g 之间，各支流中澧河和沙河含量比较高，这与沙河和颍河位于河南省西

部山地丘陵地带，地势起伏较大，表层沉积物中的半挥发性有机物容易随着底泥出现堆积富集现象有关。对比三个水期，大部分污染物底泥中污染物的含量枯水期＞丰水期＞平水期，邻苯二甲酸酯类污染物含量丰水期要高于枯水期，各类污染物中，检出率最高的分别为多环芳烃类污染物的萘、菲和蒽等，有机农药类污染物的异狄氏剂酮和狄氏剂等，邻苯二甲酸酯类污染物的DMP，取代苯类污染物的2,6-二硝基甲苯和偶氮苯，酚类污染物的苯酚，苯胺类污染物的4-氯苯胺，氯代烃类污染物的二(2-氯乙氧基)甲烷，醚类污染物的二(2-氯乙基)醚。

② 水体挥发性有机物的检测指标包含了54种有机污染物，其中丰水期、平水期与枯水期分别监测出了54种、46种和41种，各污染物整体浓度处于ng/L和μg/L之间，丰水期沙颍河流域水体中氯甲烷、1,1-二氯乙烷和三氯甲烷等的检出率较高，枯水期乙苯的检出率较高，平水期1,1-二氯丙烯的检出率较高，对比三个水期，丰水期地表水中挥发性有机物的含量要高于另外两个水期。底泥中挥发性有机物的检测指标与水体的检测指标相同，共包含了54种有机污染物，其中枯水期共检测出了21种，平水期共检测出了47种，各污染物整体浓度处于ng/g和μg/g之间，其中枯水期乙苯和邻二甲苯的检出率最高，平水期二氯甲烷、氯仿等物质的检出率最高。

③ 本书共针对31种抗生素进行检测，在丰水期、枯水期和平水期分别检测出17种、15种和16种。丰水期磺胺噻唑的检出率最高，枯水期红霉素、罗红霉素和磺胺甲氧哒嗪的检出率最高，平水期检出率最高的物质为罗红霉素。各支流、干流中贾鲁河的总抗生素浓度均最高，澧河的总抗生素浓度最低。对比三个水期，地表水中污染物含量丰水期＞枯水期＞平水期。

④ 各水期沙颍河流域地表水中重金属高含量区主要集中在贾鲁河，三个水期中枯水期水体中重金属含量要高于丰水期与平水期。表层底泥中，北汝河、澧河和颍河沉积物中重金属含量相对较高，各金属元素中Hg和Cd超过河南省土壤背景值10倍之多，对比三个水期，平水期表层底泥中重金属含量要高于其余两个水期。

05

第5章

沙颍河流域水环境优控污染物清单研究

5.1 沙颍河流域水环境优控污染物初筛名单

5.1.1 参考名单

5.1.1.1 初筛名单参考来源

沙颍河流域优控污染物筛选初始名单的主要参考来源包括：

① 沙颍河采样定量/定性检测结果；

② 沙颍河地区监测数据；

③ 沙颍河流域重点污染行业主要污染物类型；

④ 中国水环境优先污染物黑名单（60 种）；

⑤ 生态环境部《优先控制化学品名录（第一批）》（22 种）；

⑥ 生态环境部《重点环境管理危险化学品目录》（84 种）；

⑦“十二五”相关流域水环境优控污染物研究成果；

⑧ 我国地表水环境质量标准中的主要监测指标。

此外，初始名单的建立过程中，也参考借鉴了国外相关污染物名单：

① ATSDR 和 EPA 提出的 CERCLA 优先污染物名单；

② 美国优先水污染物名录；

③ 欧盟水环境优先污染物；

④ 日本《化学物质审查与生产控制法》下第一类特定化学物质和第二类特定化学物质；

⑤ 加拿大有毒物质名录；

⑥《斯德哥尔摩公约》《汞公约》等国际公约管控的化学品名单。

其他一些有文献报道及污染事故报告的污染物，或者目前国内外关注的新型污染物等，也都列入了初筛名单中。

5.1.1.2 主要官方名单汇总

环境保护部优先控制化学品名录（第一批）见表 5-1。

表 5-1 环境保护部优先控制化学品名录（第一批）

编号	化学品名称	CAS 号
PC001	1,2,4-三氯苯	120-82-1
PC002	1,3-丁二烯	106-99-0
PC003	5-叔丁基-2,4,6-三硝基间二甲苯(二甲苯麝香)	81-15-2
PC004	N,N'-二甲苯基-对苯二胺	27417-40-9
PC005	短链氯化石蜡	85535-84-8、68920-70-7、71011-12-6、85536-22-7、85681-73-8、108171-26-2
PC006	二氯甲烷	75-09-2
PC007	镉及镉化合物	7440-43-9(镉)
PC008	汞及汞化合物	7439-97-6(汞)
PC009	甲醛	50-00-0
PC010	六价铬化合物	

续表

编号	化学品名称	CAS 号
PC011	六氯代-1,3-环戊二烯	77-47-4
PC012	六溴环十二烷	25637-99-4、3194-55-6、134237-50-6、134237-51-7、134237-52-8
PC013	萘	91-20-3
PC014	铅化合物	
PC015	全氟辛基磺酸及其盐类和全氟辛基磺酰氟	1763-23-1、307-35-7、2795-39-3、29457-72-5、29081-56-9、70225-14-8、56773-42-3、251099-16-8
PC016	壬基酚及壬基酚聚氧乙烯醚	25154-52-3、84852-15-3、9016-45-9
PC017	三氯甲烷	67-66-3
PC018	三氯乙烯	79-01-6
PC019	砷及砷化合物	7440-38-2(砷)
PC020	十溴二苯醚	1163-19-5
PC021	四氯乙烯	127-18-4
PC022	乙醛	75-07-0

环境保护部重点环境管理危险化学品目录见表 5-2。

表 5-2 环境保护部重点环境管理危险化学品目录

编号	品名	别名	CAS 号
PHC001	1,2,3-三氯代苯	1,2,3-三氯苯	87-61-6
PHC002	1,2,4-三氯代苯	1,2,4-三氯苯	120-82-1
PHC003	1,2,4,5-四氯代苯		95-94-3
PHC004	1,2-二硝基苯	邻二硝基苯	528-29-0
PHC005	1,3-二硝基苯	间二硝基苯	99-65-0
PHC006	1-氯-2,4-二硝基苯	2,4-二硝基氯苯	97-00-7
PHC007	5-叔丁基-2,4,6-三硝基间二甲苯	二甲苯麝香;1-(1,1-二甲基乙基)-3,5-二甲基-2,4,6-三硝基苯	81-15-2
PHC008	五氯硝基苯	硝基五氯苯	82-68-8
PHC009	2-甲基苯胺	邻甲苯胺;2-氨基甲苯;邻氨基甲苯	95-53-4
PHC010	2-氯苯胺	邻氯苯胺;邻氨基氯苯	95-51-2
PHC011	壬基酚	壬基苯酚	25154-52-3
PHC012	支链-4-壬基酚		84852-15-3
PHC013	苯	纯苯	71-43-2
PHC014	六氯-1,3-丁二烯	六氯丁二烯;全氯-1,3-丁二烯	87-68-3
PHC015	氯乙烯(稳定的)	乙烯基氯	75-01-4
PHC016	荧蒽		206-44-0
PHC017	丙酮氰醇	丙酮合氰化氢;2-羟基异丁腈;氰丙醇	75-86-5
PHC018	精蒽		120-12-7

续表

编号	品名	别名	CAS号
PHC019	粗蒽		
PHC020	环氧乙烷	氧化乙烯	75-21-8
PHC021	甲基肼	一甲肼;甲基联氨	60-34-4
PHC022	萘	粗萘;精萘;萘饼	91-20-3
PHC023	一氯丙酮	氯丙酮;氯化丙酮	78-95-5
PHC024	全氟辛基磺酸		1763-23-1
PHC025	全氟辛基磺酸铵		29081-56-9
PHC026	全氟辛基磺酸二癸二甲基铵		251099-16-8
PHC027	全氟辛基磺酸二乙醇铵		70225-14-8
PHC028	全氟辛基磺酸钾		2795-39-3
PHC029	全氟辛基磺酸锂		29457-72-5
PHC030	全氟辛基磺酸四乙基铵		56773-42-3
PHC031	全氟辛基磺酰氟		307-35-7
PHC032	六溴环十二烷		25637-99-4、3194-55-6、134237-50-6、134237-51-7、134237-52-8
PHC033	氰化钾	山奈钾	151-50-8
PHC034	氰化钠	山奈	143-33-9
PHC035	氰化镍钾	氰化钾镍	14220-17-8
PHC036	氯化氰	氰化氯;氯甲腈	506-77-4
PHC037	氰化银钾	银氰化钾	506-61-6
PHC038	氰化亚铜		544-92-3
PHC039	砷		7440-38-2
PHC040	砷化氢	砷化三氢;胂	7784-42-1
PHC041	砷酸		7778-39-4
PHC042	三氧化二砷	白砒;砒霜;亚砷酸酐	1327-53-3
PHC043	五氧化二砷	砷酸酐;五氧化砷;氧化砷	1303-28-2
PHC044	亚砷酸钠		7784-46-5
PHC045	硝酸钴	硝酸亚钴	10141-05-6
PHC046	硝酸镍	二硝酸镍	13138-45-9
PHC047	汞	水银	7439-97-6
PHC048	氯化汞	氯化高汞;二氯化汞;升汞	7487-94-7
PHC049	氯化铵汞	白降汞;氯化汞铵	10124-48-8
PHC050	硝酸汞	硝酸高汞	10045-94-0
PHC051	乙酸汞	乙酸高汞;醋酸汞	1600-27-7
PHC052	氧化汞	一氧化汞;黄降汞;红降汞	21908-53-2
PHC053	溴化亚汞	一溴化汞	10031-18-2

续表

编号	品名	别名	CAS号
PHC054	乙酸苯汞		62-38-4
PHC055	硝酸苯汞		55-68-5
PHC056	重铬酸铵	红矾铵	7789-09-5
PHC057	重铬酸钾	红矾钾	7778-50-9
PHC058	重铬酸钠	红矾钠	10588-01-9
PHC059	三氧化铬(无水)	铬酸酐	1333-82-0
PHC060	四甲基铅		75-74-1
PHC061	四乙基铅	发动机燃料抗爆混合物	78-00-2
PHC062	乙酸铅	醋酸铅	301-04-2
PHC063	硅酸铅		10099-76-0、11120-22-2
PHC064	氟化铅	二氟化铅	7783-46-2
PHC065	四氧化三铅	红丹;铅丹;铅橙	1314-41-6
PHC066	一氧化铅	氧化铅;黄丹	1317-36-8
PHC067	硫酸铅(含游离酸>3%)		7446-14-2
PHC068	硝酸铅		10099-74-8
PHC069	二丁基二(十二酸)锡	二丁基二月桂酸锡;月桂酸二丁基锡	77-58-7
PHC070	二丁基氧化锡	氧化二丁基锡	818-08-6
PHC071	二氧化硒	亚硒酐	7446-08-4
PHC072	硒化镉		1306-24-7
PHC073	硒化铅		12069-00-0
PHC074	氟硼酸镉		14486-19-2
PHC075	碲化镉		1306-25-8
PHC076	1,1′-二甲基-4,4′-联吡啶阳离子	百草枯	4685-14-7
PHC077	*O*-*O*-二甲基-*S*-[1,2-双(乙氧基甲酰)乙基]二硫代磷酸酯	马拉硫磷	121-75-5
PHC078	双(*N*,*N*-二甲基甲硫酰)二硫化物	四甲基二硫代秋兰姆;四甲基硫代过氧化二碳酸二酰胺;福美双	137-26-8
PHC079	双(二甲基二硫代氨基甲酸)锌	福美锌	137-30-4
PHC080	*N*-(2,6-二乙基苯基)-*N*-甲氧基甲基-氯乙酰胺	甲草胺	15972-60-8
PHC081	*N*-(2-乙基-6-甲基苯基)-*N*-乙氧基甲基-氯乙酰胺	乙草胺	34256-82-1
PHC082	(1,4,5,6,7,7-六氯-8,9,10-三降冰片-5-烯-2,3-亚基双亚甲基)亚硫酸酯	1,2,3,4,7,7-六氯双环[2,2,1]庚烯-(2)-双羟甲基-5,6-亚硫酸酯;硫丹	115-29-7
PHC083	(RS)-α-氰基-3-苯氧基苄基(SR)-3-(2,2-二氯乙烯基)-2,2-二甲基环丙烷羧酸酯	氯氰菊酯	52315-07-8
PHC084	三苯基氢氧化锡	三苯基羟基锡	76-87-9

中国水环境优先污染物黑名单见表5-3。

表5-3 中国水环境优先污染物黑名单

序号	类别	优先控制污染物
1	挥发性卤代烃类	二氯甲烷、三氯甲烷①、四氯化碳①、1,2-二氯乙烷①、1,1,1-三氯乙烷、1,1,2-三氯乙烷、1,1,2,2-四氯乙烷、三氯乙烯①、四氯乙烯①、三溴甲烷①
2	苯系物	苯①、甲苯①、乙苯①、邻二甲苯、间二甲苯、对二甲苯
3	氯代苯类	氯苯①、邻二氯苯①、对二氯苯①、六氯苯①
4	多氯联苯类	多氯联苯①
5	酚类	苯酚①、间甲酚①、2,4-二氯酚①、2,4,6-三氯酚①、五氯酚①、对硝基苯酚①
6	硝基苯类	硝基苯①、对硝基甲苯①、2,4-二硝基甲苯、三硝基甲苯、对硝基氯苯①、2,4-硝基氯苯①
7	苯胺类	苯胺①、二硝基苯胺①、对硝基苯胺①、2,6-二氯硝基苯胺
8	多环芳烃类	萘、荧蒽、苯并[*b*]荧蒽、苯并[*k*]荧蒽、苯并[*a*]芘①、茚并(1,2,3-*c*,*d*)芘、苯并[*g*,*h*,*i*]苝
9	邻苯二甲酸酯类	邻苯二甲酸二甲酯、邻苯二甲酸二丁酯①、邻苯二甲酸二辛酯①
10	农药	六六六①、滴滴涕(DDT)①、敌敌畏①、乐果①、对硫磷①、甲基对硫磷①、除草醚①、敌百虫①
11	丙烯腈	丙烯腈
12	亚硝胺类	*N*-亚硝基二甲胺、*N*-亚硝基二正丙胺
13	氰化物	氰化物①
14	重金属及其化合物	砷及其化合物①、铍及其化合物①、镉及其化合物①、铬及其化合物①、汞及其化合物①、镍及其化合物①、铊及其化合物①、铜及其化合物①、铅及其化合物①

①为推荐优先实施控制的污染物。

中国流域水环境优控污染物名单见表5-4。

表5-4 中国流域水环境优控污染物名单

序号	分类	中文名称
1	多环芳烃(8种)	苯[*a*]并芘、二苯并[*a*,*h*]蒽、苯并[*b*]荧蒽、苯并[*a*]蒽、苯并[*k*]荧蒽、䓛、荧蒽、茚并(1,2,3-*c*,*d*)芘
2	多氯联苯(8种)	PCB-1260、PCB-1232、PCB-1254、PCB-1248、PCB-1016、PCB-1242、四氯联苯、3,3′-二氯联苯胺
3	二噁英(1种)	2,3,7,8-四氯二苯并二噁英(TCDD)
4	酚类(9种)	2,4-二硝基苯酚、壬基酚、五氯苯酚、4-硝基苯酚、2,4,5-三氯酚、4,6-二硝基邻甲酚、2,3,5,6-四氯酚、2,3,4,6-四氯酚、2,4,6-三氯酚
5	卤代烃(6种)	六氯丁二烯、氯化乙烯、六氯环戊二烯、氯仿、1,2-二溴乙烷、四氯化碳
6	醚类(2种)	双(2-氯乙基)醚、4-溴苯基苯基醚
7	农药(27种)	γ-HCH、*p*,*p*′-DDT、4,4-DDE、*o*,*p*′-DDT、4,4-DDD、七氯、β-HCH、δ-HCH、甲氧滴滴涕、狄氏剂、乙拌磷、氧化氯丹、α-HCH、狄氏剂、环氧七氯、氯丹、*o*,*p*′-DDD、除虫菊、异狄氏剂、毒死蜱、异狄氏剂酮、艾氏剂、二嗪农、硫丹、乙硫磷、敌敌畏、氰戊菊酯
8	取代苯(8种)	2,4-二硝基甲苯、六氯苯、1,3-二氯苯、1,2-二氯苯、1,2,4-三氯苯、1,4-二氯苯、2,6-二硝基甲苯、苯

续表

序号	分类	中文名称
9	邻苯二甲酸酯(4种)	邻苯二甲酸二丁酯、双(2-乙基己基)邻苯二甲酸酯、邻苯二甲酸丁苄酯、邻苯二甲酸二辛酯
10	硝胺(2种)	*N*-亚硝基二甲胺、*N*-亚硝基二正丙基胺
11	重金属(12种)	铬、砷、镉、钴、铅、汞、铍、铝、钡、锰、锌、钒
12	常规指标(5种)	化学需氧量(COD)、总氮、五日生化需氧量(BOD_5)、氨氮(NH_3-N)、总磷
13	其他(4种)	甲基汞、17*α*-乙炔基雌二醇、全氟辛烷磺酸钾、三丁基锡

太湖流域水环境优控污染物名单见表5-5。

表5-5 太湖流域水环境优控污染物名单

序号	分类	中文名称
1	多环芳烃(8种)	苯[*a*]并芘、苯并[*b*]荧蒽、二苯并[*a*,*h*]蒽、苯并[*k*]荧蒽、苯并[*a*]蒽、䓛、荧蒽、茚并(1,2,3-*c*,*d*)芘
2	酚类(6种)	2,4-二硝基苯酚、五氯苯酚、4-硝基苯酚、2,4,5-三氯苯酚、2,4,6-三氯苯酚、4,6-二硝基邻甲酚
3	卤代烃(2种)	六氯丁二烯、六氯环戊二烯
4	醚(1种)	双(2-氯乙基)醚
5	农药(17种)	*p*,*p*'-DDT、*γ*-HCH、*o*,*p*'-DDT、4,4-DDD、4,4-DDE、环氧七氯、七氯、*o*,*p*'-DDD、狄氏剂、*δ*-HCH、毒死蜱、*β*-HCH、异狄氏剂、艾氏剂、*α*-HCH、咔唑、氰戊菊酯
6	取代苯(4种)	六氯苯、2,6-二硝基甲苯、2,4-二硝基甲苯、1,2,4-三氯苯
7	邻苯二甲酸酯(3种)	邻苯二甲酸二丁酯、邻苯二甲酸丁苄酯、双(2-乙基己基)邻苯二甲酸酯
8	硝胺(2种)	*N*-亚硝基二正丙基胺、*N*-亚硝基二甲胺
9	重金属(10种)	铬、砷、镉、钴、铅、汞、铍、钡、铝、锰
10	常规(4种)	化学需氧量(COD)、总氮、氨氮(NH_3-N)、总磷
11	其他(1种)	三丁基锡

辽河流域水环境优控污染物名单见表5-6。

表5-6 辽河流域水环境优控污染物名单

序号	分类	污染物名称
1	重金属(11种)	铬、砷、汞、铅、钴、镉、铍、铝、钡、钒、锰
2	硝胺(2种)	*N*-亚硝基二甲胺、*N*-亚硝基二正丙基胺
3	邻苯二甲酸酯类(4种)	邻苯二甲酸二丁酯、双(2-乙基己基)邻苯二甲酸酯、邻苯二甲酸丁苄酯、邻苯二甲酸二辛酯
4	取代苯(9种)	2,4-二硝基甲苯、六氯苯、1,2,4-三氯苯、1,4-二氯苯、1,2-二氯苯、2,6-二硝基甲苯、1,3-二氯苯、苯、硝基苯

续表

序号	分类	污染物名称
5	农药(14 种)	4,4-DDE、p,p'-DDT、o,p'-DDT、4,4-DDD、γ-HCH、δ-HCH、β-HCH、七氯、α-HCH、狄氏剂、硫丹、毒死蜱、咔唑、异艾氏剂
6	醚类(1 种)	双(2-氯乙基)醚
7	卤代烃(5 种)	六氯丁二烯、氯化乙烯、氯仿、六氯环戊二烯、六氯乙烷
8	酚类(12 种)	五氯苯酚、壬基酚、2,4,6-三氯苯酚、2,4-二硝基苯酚、2,4,5-三氯苯酚、4-硝基苯酚、2,4,5-三氯酚、2,3,5,6-四氯酚、2,3,4,6-四氯酚、2,4,6-三氯酚、4,6-二硝基邻甲酚、2-甲基苯酚
9	多环芳烃(13 种)	二苯并[a,h]蒽、苯[a]并芘、苯并[b]荧蒽、苯并[a]蒽、苯并[k]荧蒽、䓛、荧蒽、二苯呋喃、苯并[g,h,i]苝、萘、蒽、二氢苊、茚并[1,2,3-c,d]芘
10	常规(6 种)	化学需氧量(COD)、五日生化需氧量(BOD_5)、总氮、氨氮(NH_3-N)、总磷、石油类
11	其他(4 种)	2-甲基萘、四乙基铅、17α-乙炔基雌二醇、全氟辛烷磺酰钾

我国地表水环境标准中规定的检测项目名单见表 5-7。

表 5-7 我国地表水环境标准中规定的检测项目名单

序号	项目	CAS 号	序号	项目	CAS 号
1	水温	无	23	氯化物	无
2	pH 值(无量纲)	无	24	硝酸盐(以 N 计)	无
3	溶解氧	无	25	铁	7439-89-6
4	高锰酸盐指数	无	26	锰	7439-96-5
5	化学需氧量(COD)	无	27	三氯甲烷	67-66-3
6	五日生化需氧量(BOD_5)	无	28	四氯化碳	56-23-5
7	氨氮(NH_3-N)	无	29	三溴甲烷	75-25-2
8	总磷	无	30	二氯甲烷	75-09-2
9	总氮	无	31	1,2-二氯乙烷	107-06-2
10	铜	7440-50-8	32	环氧氯丙烷	106-89-8
11	锌	7440-66-6	33	氯乙烯	75-01-4
12	氟化物	无	34	1,1-二氯乙烯	75-35-4
13	硒	7782-49-2	35	1,2-二氯乙烯	156-60-5
14	砷	7440-38-2	36	三氯乙烯	79-01-6
15	汞	7439-97-6	37	四氯乙烯	127-18-4
16	氰化物	无	38	氯丁二烯	126-99-8
17	挥发酚	无	39	六氯丁二烯	87-68-3
18	石油类	无	40	苯乙烯	100-42-5
19	阴离子表面活性剂	无	41	甲醛	50-00-0
20	硫化物	无	42	乙醛	75-07-0
21	粪大肠菌群	无	43	丙烯醛	107-02-8
22	硫酸盐	无	44	三氯乙醛	75-87-6

续表

序号	项目	CAS号	序号	项目	CAS号
45	苯	71-43-2	80	邻苯二甲酸二(2-乙基己基)酯	117-81-7
46	甲苯	108-88-3	81	水合肼	10217-52-4
47	乙苯	100-41-4	82	四乙基铅	78-00-2
48	对二甲苯	106-42-3	83	吡啶	110-86-1
49	间二甲苯	108-38-3	84	松节油	8006-64-2
50	邻二甲苯	95-47-6	85	苦味酸	88-89-1
51	异丙苯	98-82-8	86	丁基黄原酸	105-77-1
52	氯苯	108-90-7	87	活性氯	无
53	1,2-二氯苯	95-50-1	88	滴滴涕	无
54	1,4-二氯苯	106-46-7	89	林丹	58-89-9
55	1,2,3-三氯苯	87-61-6	90	环氧七氯	1024-57-3
56	1,2,4-三氯苯	120-82-1	91	对硫磷	56-38-2
57	1,3,5-三氯苯	108-70-3	92	甲基对硫磷	298-00-0
58	1,2,3,4-四氯苯	634-66-2	93	马拉硫磷	121-75-5
59	1,2,3,5-四氯苯	634-90-2	94	乐果	60-51-5
60	1,2,4,5-四氯苯	95-94-3	95	敌敌畏	62-73-7
61	六氯苯	118-74-1	96	敌百虫	52-68-6
62	硝基苯	98-95-3	97	内吸磷	8065-48-3
63	对二硝基苯	100-25-4	98	百菌清	1897-45-6
64	间二硝基苯	99-65-0	99	甲萘威	63-25-2
65	邻二硝基苯	528-29-0	100	溴氰菊酯	52918-63-5
66	2,4-二硝基甲苯	121-14-2	101	阿特拉津	1912-24-9
67	2,4,6-三硝基甲苯	118-96-7	102	苯并[a]芘	50-32-8
68	对硝基氯苯	100-00-5	103	甲基汞	22967-92-6
69	间硝基氯苯	121-73-3	104	PCB-1016	12674-11-2
70	邻硝基氯苯	88-73-3	105	PCB-1221	38380-08-4
71	2,4-二硝基氯苯	97-00-7	106	PCB-1232	11141-16-5
72	2,4-二氯苯酚	120-83-2	107	PCB-1242	53469-21-9
73	2,4,6-三氯苯酚	88-06-2	108	PCB-1248	12672-29-6
74	五氯酚	87-86-5	109	PCB-1254	38380-08-4
75	苯胺	62-53-3	110	PCB-1260	11096-82-5
76	联苯胺	92-87-5	111	微囊藻毒素-LR	101043-37-2
77	丙烯酰胺	79-06-1	112	黄磷	12185-10-3
78	丙烯腈	107-13-1	113	钼	7439-98-7
79	邻苯二甲酸二丁酯	84-74-2	114	钴	7440-48-4

续表

序号	项目	CAS 号	序号	项目	CAS 号
115	铍	7440-41-7	121	钛	7440-32-6
116	硼	7440-42-8	122	铊	7440-32-6
117	锑	7440-36-0	123	镉	7440-43-9
118	镍	7440-02-0	124	铬(六价)	7440-47-3
119	钡	7440-39-3120	125	铅	7439-92-1
120	钒	7440-62-2			

EPA 水环境中 129 种优先污染物名单见表 5-8。

表 5-8 EPA 水环境中 129 种优先污染物名单

化合物			级别	环境要素		
CAS 号	中文名称	英文名称		水	底泥	生物群
金属与无机化合物						
7440-36-0	锑	animony	3	√		
7440-38-2	砷	arsenic	1		√	√
1332-21-4	石棉	asbestos	3	√		
7440-41-7	铍	beryllium	1		√	√
7440-43-9	镉	cadmium	1		√	√
7440-47-3	铬	cromium	1		√	√
7440-50-8	铜	copper	1		√	√
57-12-5	氰化物类	cyanides	5	√		
7439-92-1	铅	lead	1		√	√
7439-97-6	汞	mercury	1		√	√
7440-02-0	镍	nickel	1		√	√
7782-49-2	硒	selenium	1		√	√
7440-22-4	银	silver	1		√	√
7440-28-0	铊	thellium	1		√	√
7440-66-6	锌	zinc	1		√	√
农药						
107-02-8	丙烯醛	acrolein	2		√	√
309-00-2	艾氏剂	aldrin	2	√		
57-74-9	氯丹	chlordene	2		√	√
72-54-8	滴滴滴(DDD)	DDD	1		√	√
72-55-9	滴滴伊(DDE)	DDE	1		√	√
50-29-3	滴滴涕(DDT)	DDT	1		√	√
60-57-1	狄氏剂	dieldrin	1		√	√
115-29-7+	硫丹和硫酸硫丹	endosulfan and endosulfan sulfate	3		√	

续表

化合物			级别	环境要素		
CAS 号	中文名称	英文名称		水	底泥	生物群
农药						
1031-07-8	硫丹硫酸酯	sulfate				
72-20-8+	异狄氏剂和异狄氏醛	endrin and endrin aldehyde	1	√	√	√
76-44-8	七氯	heptachlor	1		√	√
1024-57-3	七氯环氧化物	heptachlor epoxide	1	√	√	√
608-73-1	六六六(α,β,δ-同分异构体)	hexachlorocyclohexane (α,β,δ-isomers)	3	√	√	
58-89-9	γ-六氯环已烷(林丹)	γ-Hexachloroclohexane (lindene)	3	√	√	
78-59-1	异佛尔酮	isophorone	3	√		
1746-01-6	六氯二苯并二噁英	TCDD	1		√	√
8001-35-2	毒杀芬	toxaphene	1		√	√
多氯联苯(PCBs)						
1336-36-3	多氯联苯(6 种 PCB 化合物)	polychlorinated biphenyls (6 PCB arochlors)	1		√	√
91-58-7	2-氯萘	2-choronaphthalene	1		√	√
卤代脂肪烃						
74-87-3	氯甲烷	chloromethane	4	√		
75-09-2	二氯甲烷	dichloronethane	4	√		
67-66-3	三氯甲烷	trichloromethane	4	√		
56-23-5	四氯甲烷	tetrachloromethane	4	√		
75-00-3	氯乙烷	chloroethane	4	√		
75-34-3	1,1-二氯乙烷	1,1-dichloroethane	4	√		
107-06-2	1,2-二氯乙烷	1,2-dichloroethane	4	√		
71-55-6	1,1,1-三氯乙烷	1,1,1-trichloroethane	4	√		
79-00-5	1,1,2-三氯乙烷	1,1,2-trichloroethane	4	√		
79-34-5	1,1,2,2-四氯乙烷	1,1,2,2-tetrachloroethane	4	√		
67-72-1	六氯乙烷	hexachloroethane	4	√		
75-01-4	氯乙烯	chlorothene	4	√		
75-35-4	1,1-二氯乙烷	1,1-dichloroethene	4	√		
156-60-5	1,2-反-二氯乙烯	1,2-trans-dichloroethene	4	√		
79-01-6	三氯乙烯	trichloroethene	4	√		
127-18-4	四氯乙烯	tetrachloroethene	4	√		
78-87-5	1,2-二氯丙烷	1,2-dichloropropane	4	√		

续表

化合物			级别	环境要素		
CAS号	中文名称	英文名称		水	底泥	生物群
卤代脂肪烃						
542-75-6	1,3-二氯丙烷	1,3-dichloropropene	4	√		
87-68-3	六氯丁二烯	hexachlorobutadiene	1		√	√
77-47-4	六氯环戊二烯	gexachlorocyclopentadiene	1		√	√
74-83-9	溴甲烷	bromomethane	4	√		
75-27-4	二氯溴甲烷	bromodichloromethane	3	√	√	
124-48-1	氯二溴甲烷	dibromochloromethane	3	√	√	
75-25-2	三溴甲烷	ttibromomethane	3	√	√	
75-71-8	二氟二氯甲烷	dichlorodifluomethane	3	√	√	
75-69-4	氟三氯甲烷	trichorofluoromethane	4	√	√	
醚类						
542-88-1	双-(氯甲基)醚	bis(chloromethyl)ether	3	√		
111-44-4	双-(2-氯乙基)醚	bis(2-chloroethyl)ether	3	√		
108-60-1	双-(2-氯异丙基)醚	bis(2-chloroisoproply)ether	3	√		
110-75-8	2-氯乙基-乙烯基醚	2-chloroethyl vinyl ether	4	√	√	
7005-72-3	4-氯苯基苯基醚	4-chlorophenyl phenyl ether	1		√	√
101-55-3	4-溴苯基-苯基醚	4-bromophenyl phenyl ether	1		√	√
111-91-1	双-(2-氯乙氧基)甲烷	bis(2-chloroethoxy)methane	3	√		
单环芳香族化合物						
71-43-2	苯	benzene	4		√	
108-90-7	氯苯	chlorobenzene	2		√	√
95-50-1	1,2-二氯苯	1,2-dichlorobenzene	2		√	√
541-73-1	1,3-二氯苯	1,3-dichlorobenzene	2		√	√
106-46-7	1,4-二氯苯	1,4-dichlorobenzene	2		√	√
120-82-1	1,2,4-三氯苯	1,2,4-trichlorobenzene	2		√	√
118-74-1	六氯苯	hexachlorobenzene	1		√	√
100-41-4	乙苯	ethylbenzene	4		√	
98-95-3	硝基苯	nitrobenzene	3		√	
108-88-3	甲苯	toluene	4		√	
121-14-2	2,4-二硝基甲苯	2,4-dinitrotoluene	3		√	
606-20-2	2,6-二硝基甲苯	2,6-dinitrotoluene	3		√	
苯酚类和甲酚类						
108-95-2	苯酚	phenol	3	√		
95-57-8	2-氯苯酚	2-chlorophenol	3	√		

续表

化合物			级别	环境要素		
CAS号	中文名称	英文名称		水	底泥	生物群
苯酚类和甲酚类						
120-83-2	2,4-二氯苯酚	2,4-dichlorophenol	5	√		
88-06-2	2,4,6-三氯苯酚	2,4,6-trichlorophenol	3	√		
87-86-5	五氯苯酚	pentachorophenol	1		√	√
88-75-5	2-硝基苯酚	2-nitrophenol	3		√	
100-02-7	4-硝基苯酚	4-nitrophenol	3		√	
51-28-5	2,4-二硝基苯酚	2,4-dinitrophenol	3		√	
105-67-9	2,4-二甲基苯酚	2,4-dimethylphenol	1		√	√
59-50-7	对-氯-间甲苯酚	*p*-choro-*m*-cresol	3		√	
609-93-8	4,6-二硝基-对甲苯酚	4,6-dinitro-*p*-cresol	3		√	
邻苯二甲酸酯类						
131-11-3	邻苯二甲酸二甲酯	dimethyl phthalate	1		√	√
84-66-2	邻苯二甲酸二乙酯	diethyl phthalate	1		√	√
84-74-2	邻苯二甲酸二正丁酯	di-*n*-butyl phthalate	1		√	√
117-84-0	邻苯二甲酸二正辛酯	di-*n*-octyl phthalate	1		√	√
117-81-7	邻苯二甲酸双(2-乙基己基)酯	bis(2-ethylhexyl)phthalate	1		√	√
85-68-7	邻苯二甲酸丁基苯基酯	butyl benzyl phthalate	1		√	√
多环芳烃类(PAHs)						
83-32-9	二氢苊	acenaphthene	1		√	√
208-96-8	苊	acenaphthylene	1		√	√
120-12-7	蒽	anthracene	1		√	√
56-55-3	苯并[*a*]蒽	benzo[*a*]anthracene	1		√	√
205-99-2	苯并[*b*]荧蒽	benzo[*b*]fluorantene	1		√	√
207-08-9	苯并[*k*]荧蒽	benzo[*k*]fluoranthene	1		√	√
191-24-2	苯并[*g*,*h*,*i*]苝	benzo[*g*,*h*,*i*]perylene	1		√	√
50-32-8	苯并[*a*]芘	benzo[*a*]pyrene	1		√	√
218-01-9	䓛	chrysene	1		√	√
53-70-3	二苯并[*a*,*h*]蒽	dibenzo[*a*,*h*]anthracene	1		√	√
206-44-0	荧蒽	fluoranthene	1		√	√
86-73-7	芴	fluorene	1		√	√
193-39-5	茚并[1,2,3-*c*,*d*]芘	indeno[1,2,3-*c*,*d*]pyrene	1		√	√
91-20-3	萘	naphthalene	1		√	√
85-01-8	菲	phenanthrene	1		√	√

续表

化合物			级别	环境要素		
CAS 号	中文名称	英文名称		水	底泥	生物群
多环芳烃类(PAHs)						
129-00-0	芘	pyrene	1		√	√
亚硝胺和其他化合物						
62-75-9	二甲基亚硝胺	dinethyl nitrosamine	3	√		
156-10-5	二苯基亚硝胺	diphenyl nitrosamine	1		√	√
621-64-7	二正丙基亚硝胺	di-*n*-propyl nitrosamine	1	√	√	√
92-87-5	联苯胺	benzidine	3		√	
91-94-1	3,3-二氯联苯胺	3,3-dichlorobenzidine	1		√	√
122-66-7	1,2-二苯基肼	1,2-diphenylhydrazine	1		√	√
107-13-1	丙烯腈	acrylonitrile	4	√	√	

CERCLA 优先污染物名单见表 5-9。

表 5-9 CERCLA 优先污染物名单

2013 年排名	英文名称	中文名称	综合得分	2011 年排名	CAS 号
1	arsenic	砷	1670.4	1	007440-38-2
2	lead	铅	1529.2	2	007439-92-1
3	mercury	汞	1458.6	3	007439-97-6
4	vinyl chloride	氯乙烯	1359.8	4	000075-01-4
5	polychlorinated biphenyls	多氯联苯	1343.5	5	001336-36-3
6	benzene	苯	1328.5	6	000071-43-2
7	cadmium	镉	1318.7	7	007440-43-9
8	benzo[*a*]pyrene	苯并[*a*]芘	1304.7	8	000050-32-8
9	polycyclic aromatic hydrocarbons	多环芳烃	1279.7	9	130498-29-2
10	benzo[*b*]fluoranthene	苯并[*b*]荧蒽	1251.2	10	000205-99-2
11	chloroform	三氯甲烷	1203.5	11	000067-66-3
12	aroclor 1260	多氯联苯 1260	1190.3	12	011096-82-5
13	DDT,*p*,*p*′-	*p*,*p*′-DDT	1181.5	13	000050-29-3
14	aroclor 1254	多氯联苯 1254	1171.2	14	011097-69-1
15	dibenzo[*a*,*h*]anthracene	二苯并[*a*,*h*]蒽	1155.4	15	000053-70-3
16	trichloroethylene	三氯乙烯	1151.4	16	000079-01-6
17	chromium,hexavalent	六价铬	1146.9	17	018540-29-9
18	dieldrin	狄氏剂	1142.5	18	000060-57-1
19	phosphorus,white	白磷	1141.4	19	007723-14-0

续表

2013年排名	英文名称	中文名称	综合得分	2011年排名	CAS号
20	hexachlorobutadiene	六氯丁二烯	1128.2	20	000087-68-3
21	DDE, p, p'-	p, p'-DDE	1126.2	21	000072-55-9
22	chlordane	氯丹	1125.9	22	000057-74-9
23	coal tar creosote	煤焦油杂酚油	1124.5	23	008001-58-9
24	aroclor 1242	多氯联苯 1242	1124.3	24	053469-21-9
25	aldrin	艾氏剂	1114.6	25	000309-00-2
26	DDD, p, p'-	p, p'-DDD	1113.3	26	000072-54-8
27	aroclor 1248	多氯联苯 1248	1103.8	27	012672-29-6
28	heptachlor	七氯	1100.7	28	000076-44-8
29	aroclor	亚老格尔	1099.4	29	012767-79-2
30	benzidine	联苯胺	1090.5	30	000092-87-5
31	acrolein	丙烯醛	1088.4	31	000107-02-8
32	toxaphene	毒杀芬	1087.4	32	008001-35-2
33	tetrachloroethylene	四氯乙烯	1075.7	33	000127-18-4
34	yhexachlorocyclohexane, gamma-	γ-环己烷	1074.9	34	000058-89-9
35	cyanide	氰化物	1070.2	35	000057-12-5
36	hexachlorocyclohexane, beta-	β-六氯环己烷	1053.5	36	000319-85-7
37	disulfoton	二硫酮	1047.1	38	000298-04-4
38	benzo[a]anthracene	苯并[a]蒽	1046.0	37	000056-55-3
39	1,2-dibromoethane	1,2-二溴乙烷	1041.7	39	000106-93-4
40	endrin	异狄氏剂	1037.7	40	000072-20-8
41	diazinon	二嗪酮	1036.6	41	000333-41-5
42	hexachlorocyclohexane, delta-	δ-六氯环己烷	1034.8	42	000319-86-8
43	beryllium	铍	1031.0	43	007440-41-7
44	endosulfan	硫丹	1027.7	44	000115-29-7
45	aroclor 1221	多氯联苯 1221	1027.0	45	011104-28-2
46	1,2-dibromo-3-chloropropane	1,2-二溴-3-氯丙烷	1025.7	46	000096-12-8
47	heptachlor epoxide	七氯环氧化物	1020.9	47	001024-57-3
48	endosulfan, alpha	α-硫丹	1018.0	48	000959-98-8
49	cis-chlordane	顺式氯丹	1015.6	49	005103-71-9
50	carbon tetrachloride	四氯化碳	1012.6	50	000056-23-5
51	cobalt	钴	1011.7	52	007440-48-4
52	aroclor 1016	多氯联苯 1016	1011.5	51	012674-11-2
53	DDT, o, p'-	o, p'-DDT	1007.8	54	000789-02-6

续表

2013年排名	英文名称	中文名称	综合得分	2011年排名	CAS号
54	pentachlorophenol	五氯酚	1007.6	53	000087-86-5
55	methoxychlor	甲氧基氯	1005.9	55	000072-43-5
56	endosulfan sulfate	硫丹硫酸盐	1003.4	56	001031-07-8
57	nickel	镍	996.2	57	007440-02-0
58	di-*n*-butyl phthalate	邻苯二甲酸二正丁酯	994.9	58	000084-74-2
59	endrin ketone	烯菊酯酮	991.6	59	053494-70-5
60	dibromochloropropane	二溴氯丙烷	982.9	60	067708-83-2
61	benzo[*k*]fluoranthene	苯并[*k*]荧蒽	971.3	61	000207-08-9
62	trans-chlordane	反式氯丹	967.8	63	005103-74-2
63	endosulfan,beta	β-硫丹	967.2	64	033213-65-9
64	xylenes,total	总二甲苯	965.3	62	001330-20-7
65	chlorpyrifos	毒死蜱	963.8	65	002921-88-2
66	chromium(Ⅵ)trioxide	三氧化二铬	960.0	66	001333-82-0
67	aroclor 1232	多氯联苯1232	957.9	67	011141-16-5
68	endrin aldehyde	苯甲醛	957.4	68	007421-93-4
69	methane	甲烷	952.8	69	000074-82-8
70	3,3′-dichlorobenzidine	3,3′-二氯联苯胺	940.4	72	000091-94-1
71	2-hexanone	2-己酮	940.3	70	000591-78-6
72	2,3,7,8-tetrachlorodibenzo-p-dioxin	2,3,7,8-四氯二苯并对二噁英	939.9	71	001746-01-6
73	benzofluoranthene	苯并荧蒽	935.6	73	056832-73-6
74	toluene	甲苯	918.8	74	000108-88-3
75	zinc	锌	915.5	75	007440-66-6
76	pentachlorobenzene	五氯苯	906.8	77	000608-93-5
77	di(2-ethylhexyl)phthalate	邻苯二甲酸二(2-乙基己基)酯	905.2	76	000117-81-7
78	chromium	铬	896.4	78	007440-47-3
79	aroclor 1240	多氯联苯1240	888.3	79	071328-89-7
80	naphthalene	萘	878.0	80	000091-20-3
81	2,4,6-trinitrotoluene	2,4,6-三硝基甲苯	877.3	82	000118-96-7
82	1,1-dichloroethene	1,1-二氯乙烯	876.6	81	000075-35-4
83	bromodichloroethane	一溴二氯乙烷	866.2	85	000683-53-4
84	2,4,6-trichlorophenol	2,4,6-三氯苯酚	866.0	83	000088-06-2
85	bis(2-chloroethyl)ether	双(2-氯乙基)醚	865.9	84	000111-44-4
86	DDD,*o*,*p*′-	*o*,*p*′-DDD	865.6	87	000053-19-0
87	hydrazine	联氨	860.8	88	000302-01-2

续表

2013 年排名	英文名称	中文名称	综合得分	2011 年排名	CAS 号
88	methylene chloride	二氯甲烷	860.8	86	000075-09-2
89	2,4-dinitrophenol	2,4-二硝基苯酚	858.1	89	000051-28-5
90	4,4′-methylenebis(2-chloroaniline)	4,4′-亚甲基双(2-氯苯胺)	857.3	90	000101-14-4
91	1,2-dichloroethane	1,2-二氯乙烷	853.3	91	000107-06-2
92	thiocyanate	硫氰酸盐	845.8	92	000302-04-5
93	hexachlorobenzene	六氯苯	843.6	93	000118-74-1
94	asbestos	石棉	840.9	94	001332-21-4
95	radium-226	镭-226	832.9	95	013982-63-3
96	RDX(cyclonite)	黑索今	831.9	96	000121-82-4
97	uranium	铀	831.4	97	007440-61-1
98	2,4-dinitrotoluene	2,4-二硝基甲苯	830.8	98	000121-14-2
99	ethion	乙硫磷	829.9	99	000563-12-2
100	radium	镭	827.3	100	007440-14-4
101	4,6-dinitro-*o*-cresol	4,6-二硝基邻甲酚	827.0	101	000534-52-1
102	thorium	钍	824.0	102	007440-29-1
103	dimethylarsinic acid	二甲基胂酸	821.1	103	000075-60-5
104	chlorine	氯	820.3	104	007782-50-5
105	1,3,5-trinitrobenzene	1,3,5-三硝基苯	818.5	106	000099-35-4
106	radon	氡	818.4	105	010043-92-2
107	hexachlorocyclohexane, alpha-	α-六氯环己烷	816.7	107	000319-84-6
108	radium-228	镭-228	815.1	108	015262-20-1
109	thorium-230	钍-230	813.6	109	014269-63-7
110	uranium-235	铀-235	812.0	111	015117-96-1
111	thorium-228	钍-228	810.2	113	014274-82-9
112	uranium-234	铀-234	809.5	112	013966-29-5
113	radon-222	氡-222	809.2	114	014859-67-7
114	1,1,1-trichloroethane	1,1,1-三氯乙烷	808.4	110	000071-55-6
115	coal tars	煤焦油	808.1	115	008007-45-2
116	methylmercury	甲基汞	807.2	120	022967-92-6
117	*N*-nitrosodi-*N*-propylamine	*N*-亚硝基-*N*-丙胺	807.2	118	000621-64-7
118	copper	铜	806.9	125	007440-50-8
119	chrysotile asbestos	温石棉	806.1	119	012001-29-5
120	plutonium-239	钚-239	805.9	120	015117-48-3
121	polonium-210	钋-210	805.5	122	013981-52-7

续表

2013 年排名	英文名称	中文名称	综合得分	2011 年排名	CAS 号
122	plutonium-238	钚-238	805.2	123	013981-16-3
123	lead-210	铅-210	805.1	124	014255-04-0
124	chlorobenzene	氯苯	804.3	117	000108-90-7
125	amosite asbestos	石棉	804.2	127	012172-73-5
126	plutonium	钚	804.2	127	007440-07-5
127	strontium-90	锶-90	804.2	127	010098-97-2
128	radon-220	氡-220	804.2	130	022481-48-7
129	americium-241	镅-241	803.8	131	086954-36-1
130	ethylbenzene	乙苯	803.5	116	000100-41-4
131	barium	钡	802.8	126	007440-39-3
132	azinphos-methyl	甲基噻嗪磷	802.5	134	000086-50-0
133	chlordecone	开蓬	802.1	135	000143-50-0
134	neptunium-237	镎-237	801.9	136	013994-20-2
135	hydrogen cyanide	氰化氢	801.6	137	000074-90-8
136	plutonium-240	钚-240	801.4	138	014119-33-6
137	1,2,3-trichlorobenzene	1,2,3-三氯苯	800.1	139	000087-61-6
138	fluoranthene	荧蒽	800.0	133	000206-44-0
139	manganese	锰	798.8	140	007439-96-5
140	*S*,*S*,*S*-tributyl phosphorotrithioate	*S*,*S*,*S*-三丁基磷酸三硫酯	797.5	141	000078-48-8
141	chrysene	䓛	791.8	142	000218-01-9
142	2,4,5-trichlorophenol	2,4,5-三氯苯酚	790.2	143	000095-95-4
143	polybrominated biphenyls	多溴联苯	784.2	144	067774-32-7
144	dicofol	三氯杀螨醇	783.7	145	000115-32-2
145	selenium	硒	776.4	146	007782-49-2
146	1,1,2,2-tetrachloroethane	1,1,2,2-四氯乙烷	775.8	147	000079-34-5
147	heptachlorodibenzo-*p*-dioxin	七氯二苯并对二噁英	773.4	148	037871-00-4
148	parathion	对硫磷	773.3	149	000056-38-2
149	hexachlorocyclohexane,technical grade	工业级六氯环己烷	772.9	150	000608-73-1
150	trichlorofluoroethane	三氯氟乙烷	772.3	151	027154-33-2
151	bromine	溴	770.0	152	007726-95-6
152	aroclor 1268	多氯联苯 1268	763.8	new	011100-14-4
153	1,3-butadiene	1,3-丁二烯	760.9	155	000106-99-0
154	heptachlorodibenzofuran	七氯二苯并呋喃	755.2	153	038998-75-3
155	trifluralin	三氟脲	754.2	154	001582-09-8

续表

2013 年排名	英文名称	中文名称	综合得分	2011 年排名	CAS 号
156	1,2,3,4,6,7,8,9-octachlorodibenzofuran	1,2,3,4,6,7,8,9-八氯二苯并呋喃	742.6	156	039001-02-0
157	ammonia	氨	741.2	157	007664-41-7
158	2-methylnaphthalene	2-甲基萘	726.8	158	000091-57-6
159	1,4-dichlorobenzene	1,4-二氯苯	723.4	159	000106-46-7
160	2,3,4,7,8-pentachlorodibenzofuran	2,3,4,7,8-五氯二苯并呋喃	723.4	161	057117-31-4
161	1,1-dichloroethane	1,1-二氯乙烷	722.5	160	000075-34-3
162	naled	二溴磷	720.4	162	000300-76-5
163	1,1,2-trichloroethane	1,1,2-三氯乙烷	719.5	165	000079-00-5
164	hexachlorocyclopentadiene	六氯环戊二烯	717.9	163	000077-47-4
165	1,2-diphenylhydrazine	1,2-二苯基肼	717.6	164	000122-66-7
166	phorate	甲拌磷	715.0	166	000298-02-2
167	trichloroethane	三氯乙烷	712.3	167	025323-89-1
168	acenaphthene	苊	710.2	168	000083-32-9
169	tetrachlorobiphenyl	四氯联苯	709.1	169	026914-33-0
170	oxychlordane	氧氯丹	705.4	170	027304-13-8
171	palladium	钯	705.3	171	007440-05-3
172	cresol,para-	甲酚	703.2	172	000106-44-5
173	gamma-chlordene	γ-氯代萘	701.9	174	056641-38-4
174	indeno[1,2,3-*c*,*d*]pyrene	茚并[1,2,3-*c*,*d*]芘	701.8	173	000193-39-5
175	tetrachlorophenol	四氯苯酚	696.9	176	025167-83-3
176	1,2-dichlorobenzene	1,2-二氯苯	696.6	175	000095-50-1
177	1,2-dichloroethene,trans-	反式 1,2-二氯乙烯	692.3	177	000156-60-5
178	chloroethane	氯乙烷	687.2	178	000075-00-3
179	aluminum	铝	686.6	181	007429-90-5
180	phenol	苯酚	686.1	179	000108-95-2
181	*p*-xylene	对二甲苯	685.9	180	000106-42-3
182	carbon monoxide	一氧化碳	682.2	183	000630-08-0
183	carbon disulfide	二硫化碳	681.8	182	000075-15-0
184	2,4-dimethylphenol	2,4-二甲基苯酚	679.2	184	000105-67-9
185	dibenzofuran	二苯并呋喃	675.8	185	000132-64-9
186	acetone	丙酮	673.1	186	000067-64-1
187	hexachloroethane	六氯乙烷	669.2	187	000067-72-1
188	butyl methyl phthalate	邻苯二甲酸甲酯丁酯	667.3	188	034006-76-3
189	chloromethane	氯甲烷	665.0	189	000074-87-3

续表

2013 年排名	英文名称	中文名称	综合得分	2011 年排名	CAS 号
190	hexachlorodibenzofuran	六氯二苯并呋喃	659.7	190	055684-94-1
191	butyl benzyl phthalate	邻苯二甲酸丁苄酯	657.6	191	000085-68-7
192	hydrogen sulfide	硫化氢	656.2	192	007783-06-4
193	dichlorvos	敌敌畏	655.3	193	000062-73-7
194	dibenzofurans,chlorinated	氯化二苯并呋喃	652.8	195	042934-53-2
195	cresol,ortho-	邻甲酚	652.4	194	000095-48-7
196	hexachlorodibenzo-*p*-dioxin	六氯二苯并对二噁英	651.3	196	034465-46-8
197	vanadium	钒	649.8	197	007440-62-2
198	*N*-nitrosodimethylamine	*N*-亚硝基二甲胺	648.2	198	000062-75-9
199	1,2,4-trichlorobenzene	1,2,4-三氯苯	646.4	199	000120-82-1
200	ethoprop	乙氧基丙烷	643.5	200	013194-48-4
201	tetrachlorodibenzo-*p*-dioxin	四氯二苯并对二噁英	641.0	201	041903-57-5
202	bromoform	三溴甲烷	634.3	202	000075-25-2
203	pentachlorodibenzofuran	五氯二苯并呋喃	631.3	203	030402-15-4
204	1,3-dichlorobenzene	1,3-二氯苯	627.7	204	000541-73-1
205	pentachlorodibenzo-*p*-dioxin	五氯二苯并对二噁英	625.4	205	036088-22-9
206	*N*-nitrosodiphenylamine	*N*-硝基二苯胺	624.7	206	000086-30-6
207	2,3,7,8-tetrachlorodibenzofuran	2,3,7,8-四氯二苯并呋喃	618.7	207	051207-31-9
208	2,4-dichlorophenol	2,4-二氯苯酚	618.0	208	000120-83-2
209	2,3-dimethylnaphthalene	2,3-二甲基萘	617.5	209	000581-40-8
210	1,4-dioxane	1,4-二噁烷	614.8	210	000123-91-1
211	fluorine	氟	613.2	211	007782-41-4
212	cesium-137	铯-137	609.9	214	010045-97-3
213	chromic acid	铬酸	609.9	214	007738-94-5
214	nitrite	亚硝酸盐	608.9	216	014797-65-0
215	2-butanone	2-丁酮	608.3	212	000078-93-3
216	1,2-dichloroethylene	1,2-二氯乙烯	608.0	213	000540-59-0
217	potassium-40	钾-40	607.5	218	013966-00-2
218	dinitrotoluene	二硝基甲苯	607.2	219	025321-14-6
219	silver	银	605.4	217	007440-22-4
220	coal tar pitch	煤焦油沥青	605.2	221	065996-93-2
221	nitrate	硝酸盐	605.1	220	014797-55-8
222	thorium-227	钍-227	604.9	222	015623-47-9
223	arsenic acid	砷酸	604.3	223	007778-39-4

续表

2013年排名	英文名称	中文名称	综合得分	2011年排名	CAS号
224	formaldehyde	甲醛	604.2	241	000050-00-0
225	arsenic trioxide	三氧化二砷	603.8	224	001327-53-3
226	benzopyrene	苯并芘	603.4	225	073467-76-2
227	chlordane, technical	氯丹原药	602.5	226	012789-03-6
228	strobane	毒杀芬	602.5	227	008001-50-1
229	4-aminobiphenyl	4-氨基联苯	602.4	228	000092-67-1
230	pyrethrum	除虫菊	602.4	228	008003-34-7
231	arsine	砷	602.4	230	007784-42-1
232	dimethoate	二甲氧基甲酸盐	602.4	230	000060-51-5
233	carbophenothion	卡波诺硫磷	601.9	233	000786-19-6
234	alpha-chlordene	α-氯代萘	601.4	234	056534-02-2
235	iodine-131	碘-131	601.4	234	010043-66-0
236	mercuric chloride	氯化汞	601.4	234	007487-94-7
237	sodium arsenite	亚砷酸钠	601.4	234	007784-46-5
238	uranium-233	铀-233	601.4	234	013968-55-3
239	antimony	锑	600.7	232	007440-36-0
240	dibromochloromethane	二溴氯甲烷	599.5	239	000124-48-1
241	cresols	甲酚	596.7	240	001319-77-3
242	dichlorobenzene	二氯苯	594.9	242	025321-22-6
243	2,4-D acid	2,4-D 酸	594.3	243	000094-75-7
244	2-chlorophenol	2-氯酚	590.6	244	000095-57-8
245	butylate	丁酸盐	589.8	245	002008-41-5
246	phenanthrene	菲	585.2	246	000085-01-8
247	dimethyl formamide	二甲基甲酰胺	585.2	247	000068-12-2
248	4-nitrophenol	4-硝基苯酚	579.4	248	000100-02-7
249	diuron	敌草隆	578.7	249	000330-54-1
250	tetrachloroethane	四氯乙烷	576.4	250	025322-20-7
251	dichloroethane	二氯乙烷	567.4	251	001300-21-6
252	ethyl ether	乙醚	564.9	252	000060-29-7
253	dimethylaniline	二甲基苯胺	561.7	254	000121-69-7
254	pyrene	芘	561.3	253	000129-00-0
255	1,3-dichloropropene, cis-	顺式-1,3-二氯丙烯	560.5	255	010061-01-5
256	1,2,3,4,6,7,8-heptachlorodibenzo-*p*-dioxin	1,2,3,4,6,7,8-七氯二苯并对二噁英	558.6	256	035822-46-9
257	phosphine	磷化氢	555.2	257	007803-51-2

续表

2013 年排名	英文名称	中文名称	综合得分	2011 年排名	CAS 号
258	trichlorobenzene	三氯苯	554.9	258	012002-48-1
259	2,6-dinitrotoluene	2,6-二硝基甲苯	554.0	259	000606-20-2
260	fluoride ion	氟离子	549.0	260	016984-48-8
261	1,2,3,4,6,7,8-heptachlorodibenzofuran	1,2,3,4,6,7,8-七氯二苯并呋喃	548.5	261	067562-39-4
262	pentaerythritol tetranitrate	季戊四醇四硝酸盐	548.1	262	000078-11-5
263	1,3-dichloropropene,trans-	反式-1,3-二氯丙烯	547.6	263	010061-02-6
264	acrylonitrile	丙烯腈	543.0	264	000107-13-1
265	bis(2-ethylhexyl)adipate	已二酸二(2-乙基已基)酯	542.2	265	000103-23-1
266	carbazole	咔唑	538.7	266	000086-74-8
267	metolachlor	异丙甲草胺	538.1	267	051218-45-2
268	2-chloroaniline	2-氯苯胺	537.9	268	000095-51-2
269	1,2,3-trichloropropane	1,2,3-三氯丙烷	535.9	269	000096-18-4
270	carbaryl	胺甲萘	535.4	270	000063-25-2
271	1,2-dichloroethene,cis-	顺式-1,2-二氯乙烯	534.5	271	000156-59-2
272	styrene	苯乙烯	528.1	273	000100-42-5
273	methyl isobutyl ketone	甲基异丁基酮	527.6	272	000108-10-1
274	thallium	铊	524.7	274	007440-28-0
275	1,2,3,7,8,9-hexachlorodibenzofuran	1,2,3,7,8,9-六氯二苯并呋喃	524.0	275	072918-21-9

欧盟水环境优先污染物名单见表 5-10。

表 5-10 欧盟水环境优先污染物名单

序号	CAS 号	中文名	是否为优先有害物质
1	15972-60-8	甲草胺	
2	120-12-7	蒽	√
3	1912-24-9	阿特拉津	
4	71-43-2	苯	
5		多溴联苯醚	√
6	7440-43-9	镉及其化合物	√
7	85535-84-8	C_{10}～C_{13} 的氯代烷烃	√
8	470-90-6	杀螟威	
9	2921-88-2	毒死蜱	
10	107-06-2	1,2-二氯乙烷	
11	75-09-2	二氯甲烷	
12	117-81-7	邻苯二甲酸二异辛酯	
13	330-54-1	敌草隆	

续表

序号	CAS号	中文名	是否为优先有害物质
14	115-29-7	硫丹	√
	959-98-8	α-硫丹	
15	206-44-0	荧蒽	
16	118-74-1	六氯苯	√
17	87-68-3	六氯丁二烯	√
18	608-73-1	六六六	√
	58-89-9	γ-六六六	
19	34123-59-6	异丙隆	
20	7439-92-1	铅及其化合物	
21	7439-97-6	汞及其化合物	√
22	91-20-3	萘	
23	7440-02-0	镍及其化合物	
24	25154-52-3	壬基酚	√
	104-40-5	4-壬基酚	
25	1806-26-4	辛基酚	
	140-66-9	对叔辛基苯酚	
26	608-93-5	五氯苯	√
27	87-86-5	五氯酚	
28		多环芳烃	√
	50-32-8	苯并[a]芘	
	205-99-2	苯并[b]荧蒽	
	191-24-2	苯并[g,h,i]苝	
	207-08-9	苯并[k]荧蒽	
	193-39-5	茚并[1,2,3-c,d]芘	
29	122-34-9	西玛津	
30	688-73-3	丁基锡化合物	√
	36643-28-4	丁基锡阳离子	
31	12002-48-1	三氯苯	
	120-82-1	1,2,4-三氯苯	
32	67-66-3	氯仿	
33	1582-09-8	氟乐灵	

5.1.1.3 特征污染物名单

水环境污染可以分为点源污染、非点源污染或面源污染。点源污染是指包括工业废水和城市生活污水的污染，通常具有固定的排污口，污染物集中排放；非点源污染是与点源污染相对的，指溶解的和固态的污染物从非特定的地点，在降水和径流冲刷作用下，通过径流过程而汇入受纳水体（河流、湖泊、水库和海湾等）并引起水体富营养化或污染。

淮河流域污染排放重点行业包括城镇生活污水、畜禽养殖业、造纸及纸制品业、化学原料及化学制品制造业、皮革毛皮羽毛（绒）制造业、农副食品加工业、食品制造业等。据统计，2010年，淮河流域三大产业结构为15.69∶53.11∶31.17，一产比例高于全省平均水平1.6%，这与河南省粮食生产核心区主要集中在淮河流域的客观现实相吻合。流域工业产值排名前5位的行业依次为农副食品加工业、煤炭开采和洗选业、黑色金属冶炼及压延加工业、化学原料及化学制品制造业和非金属矿物制品业。排名第一的农副食品加工业，占到流域工业总产值的15.9%，工业发展资源依赖性大，环境代价大，发展方式粗放。2010年，河南省淮河流域COD排放总量为872174t，氨氮排放总量为91289t。其中生活源和面源排污量占比较高，工业源占比不到50%。

（1）工业源污染　统计数据表明，2010年淮河流域河南境内工业源COD排放量为83863t，氨氮排放量为6360t，分别占全省工业源排放总量的47.87%和48.39%；2014年淮河流域安徽境内工业源工业废水排放量为24734.23m^3，COD排放量，25690.07t，氨氮排放量为3734.6t。

从行业排污情况看，COD排放量最大的前3位行业为造纸及纸制品业、农副食品加工业、化学原料及化学制品制造业，3个行业COD排放量占流域工业排放总量的60.46%。氨氮排放量最大的前4位行业为化学原料及化学制品制造业、皮革毛皮羽毛（绒）及其制造业、农副食产品加工业和食品制造业，4个行业氨氮排放量占流域排放总量的81.59%。

根据对沙颍河流域沿岸涉及废水排放的近两百家企业调查情况分析，按照《国民经济行业分类》（GB/T 4754—2017），主要涉及19个行业类别，其中企业数量多、分布范围广的行业包括造纸及纸制品业、农副食品加工业、煤炭开采和洗选业、化学原料及化学制品制造业、皮革毛皮羽毛（绒）及其制造业、食品制造业、纺织业、酒饮料和精制茶制造业等。此外，还有石油煤炭及其他燃料加工业、汽车制造业、非金属矿物制品业、有色金属冶炼和压延加工业、电力热力生产和供应业、计算机通信和其他电子设备制造业、非金属矿采选业、有色金属矿采选业、废弃资源综合利用业、铁路船舶航空航天和其他运输设备制造业等。主要行业排放废水污染特点如下所示。

① 造纸和纸制品业（行业代码：22）　造纸废水成分复杂、浓度大，且废水中含有大量的纤维素、木质素、无机碱以及单宁、树脂、蛋白质等，致使废水色度深、碱度大，难降解物质含量高、耗氧量大。这些物质不仅污染水源，毒害水中生物，其中的挥发性酚及硫化物对人体的呼吸系统、消化系统、神经系统也有严重损害。造纸行业废水中污染物除了常规污染物COD、氨氮、总磷外，还包括烷烃、烯烃类、芳烃类种、酸类、酯类、醇类、酚类、酮类等。

② 农副食品加工业（行业代码：13）　农副食品加工行业污水的主要来源有食品加工原辅料、加工添加物和食品包装等。由于食材浸泡、清洗、制浆、冷却、香辛料添加，加工设备及加工场地清洗、包装材料的清洗，企业员工日常生活水等环节，产生了大量高浓度污水。污水一般具有较高COD和SS浓度，高浓度的N、P和S等营养元素，pH值低的特征。另外，含有大量氨基酸、脂类、寡聚糖、有机酸和水溶性维生素等，溶解性固态物含量也较高。

③ 煤炭开采和洗选业（行业代码：06）　煤泥水中含有大量的颗粒煤泥和其他一些矿物

油、杂醇、酚类、汞、砷、氰化物、悬浮物等有毒有害物质，废水的 COD 浓度很高，直接排入河流不仅浪费资源，而且会造成河流的严重污染。

④ 化学原料及化学制品制造业（行业代码：26） 化工废水的基本特征是：a. 水质成分复杂，副产物多，反应原料常为溶剂类物质或环状结构的化合物，增加了废水的处理难度；b. 废水中污染物含量高，这是由于原料反应不完全和原料或生产中使用的大量溶剂介质进入了废水体系所引起的；c. 有毒有害物质多，精细化工废水中有许多有机污染物，对微生物是有毒有害的，如卤素化合物、硝基化合物、具有杀菌作用的分散剂或表面活性剂等；d. 生物难降解物质多，BOD 比 COD 低得多，可生化性差；e. 废水色度高。化工生化尾水所含有机污染物的种类主要包含两大类有机污染物：一类是微生物代谢产物，腐殖酸类、氨基酸类、多聚糖；一类是挥发性有机污染物，烷烃、卤代烃、苯类物质、邻苯二甲酸酯类。

⑤ 皮革毛皮羽毛（绒）及其制造业（行业代码：19） 制革工业废水从准备和鞣制两道工序中产生。制革废水的特点是高浓度有机废水。制革加工是以动物皮为原料，经过化学处理和机械加工而完成的，在这一过程中，有大量的蛋白质和脂肪会转移到废水中，加工过程中采用大量化工原料，如酸、碱、盐、硫化钠、石灰、铬鞣料、染料等，最终这些化学物质溶解在皮革加工废水中或作为悬浮物存在，对环境危害很大。

⑥ 食品制造业（行业代码：14） 食品工业原料广泛，制品种类繁多，排出废水的水量、水质差异很大。废水中的主要污染物有：a. 漂浮在废水中的固体物质，如菜叶、果皮、碎肉、禽羽等；b. 悬浮在废水中的物质有油脂、蛋白质、淀粉、胶体物质等；c. 溶解在废水中的酸、碱、盐、糖类等；d. 原料夹带的泥沙及其他有机物等；e. 致病菌毒等。食品工业废水的特点是有机物质和悬浮物含量高，易腐败，一般无大的毒性。其危害主要是使水体富营养化，以致引起水生动物和鱼类死亡，加速水底沉积的有机物产生臭味，恶化水质，污染环境。

⑦ 纺织业（行业代码：17） 纺织废水主要包括印染废水、化纤生产废水、洗毛废水、麻脱胶废水和化纤浆粕废水五种。纺织工业废水主要来自染整工序，包括退浆、煮练、漂白、丝光、染色、印花和整理等。由于化学纤维织物的大量开发应用，邻苯二甲酸类物质、新型助剂等难生化降解的有机物大量进入印染废水，主要有机污染物为有机酸、邻苯二甲酸酯类和酮类污染物。印染行业特征污染物主要是一些半挥发性有机物，如酚类、取代苯类、苯胺类、多环芳烃、邻苯二甲酸酯类、氯苯类、硝基苯类、含氮杂环类等，这些有机物主要作为塑料的增塑剂，染料生产和印染工艺过程中的溶剂、助剂或者中间产物等，尽管含量很低，但对生态环境和人类健康危害极大。

⑧ 酒饮料和精制茶制造业（行业代码：15） 酒饮料制造业的高浓度废水包括锅底水、黄水、废糟液、麦糟滤液、酵母滤洗水、洗糟水、米浆水、酒糟堆存场地渗滤液等，中低浓度工艺废水包括冲洗水、洗涤水、冷却水等。精制茶制造业的废水主要是生活污水。

沙颍河流域主要工业行业废水特征污染物见表 5-11。

表 5-11 沙颍河流域主要工业行业废水特征污染物

序号	行业类别	特征污染物
1	造纸及纸制品业	pH(或碱度)、COD、BOD、TP、TN、氨氮、悬浮物、水温、挥发性酚、硫化物、铅、汞、木质素、色度
2	农副食品加工业	BOD、COD、TP、悬浮物、总氮、氨氮

续表

序号	行业类别	特征污染物
3	煤炭开采和洗选业	pH、COD、BOD、溶液解氧、水温、悬浮物、硫化物、总砷、总锰、总镉、总汞、六价铬、总铅、氨氮、石油类、氟化物
4	化学原料及化学制品制造业	pH、COD、挥发酚、悬浮物、氨氮、硫化物、氰化物、石油类
5	皮革毛皮羽毛(绒)及其制造业	pH、COD、总铬、六价铬、氨氮
6	食品制造业	pH、BOD、COD、TP、TN、氨氮、悬浮物
7	纺织业	pH、COD、氨氮、BOD、悬浮物、水温、挥发性酚、硫化物、苯胺类、色度、六价铬
8	酒饮料和精制茶制造业	pH、COD、悬浮物、BOD、TN、TP、氨氮

(2) 农村非点源污染　除了工业源点源污染之外，非点源污染问题也值得重视。农村非点源污染是水环境污染控制的重点之一，不断的研究表明，如果非点源污染不能得到有效控制，水体富营养化难以根治。非点源污染分为农业非点源污染和农村生活非点源污染两大类。农业非点源污染指农业生产活动引起的各种污染物（沉淀物、营养物、农药、盐分、病菌等）以低浓度、大范围的形式缓慢地在土壤圈内运动和从土壤圈向水圈扩散的过程；农村生活非点源污染源主要指农村居民生活引起的非点源，其中主要包括生活污水和生活垃圾两大方面。

在所有农村面源污染来源中，农业活动是最大的农村非点源污染来源。淮河流域耕地面积占全国的1/6，是我国主要的产粮区，流域内农业生产中农药、化肥的使用量很大，其污染也相对较重。在加强对工业污染源综合治理的情况下，工业污染所占的份额有可能下降，城市生活污水排放量将上升，即将达到工业废水的一半，对水体的污染影响可能是工业污染的2倍以上。

农村非点源污染的影响因素主要包括：①化肥。我国的化肥平均施用水平为375kg/hm^2，大大超出了发达国家的225kg/hm^2上限；在肥料配比上，全国的N：P：K比例为1：0.45：0.17，氮肥用量偏高，重化肥，轻有机肥。据统计，化肥的利用率不高，被植物吸收利用的比例很少，剩余养分通过径流、淋溶、反硝化、吸附和侵蚀等进入环境。②农药。农药指包括除草剂、杀虫剂和防治牲畜体内外寄生虫的化学药品，是一类毒性较高、环境释放率较大、影响面广的物质。我国农药的生产量和使用量都居世界前列，大量使用造成环境残留量高，污染土壤、水体以及在水生生物中累积。③畜禽粪便。沙颍河流域除了规模化的畜禽养殖之外，农村地区散养、圈养畜禽的情况也很普遍，带来的畜禽粪便排放量巨大，在雨水冲刷作用下，以地表径流的形式进入地表水或渗入地下水，形成非点源污染。④农村生活污水及生活垃圾。农村家庭日常生活产生的污水，含有大量的营养盐及细菌、病毒。沙颍河流域农村还有相当一部分没有建设完善的下水管道及处理设施，生活污水的随意排放，生活垃圾没有专业的无害化处理，也是引起地表水与地下水污染的重要原因。⑤农田污水灌溉。灌溉在提高农业生产力的同时，也对地下水位、水质的变化产生负面影响。当采用污水灌溉，或灌区大量使用农药、化肥时，过量的化学品可能直接渗入地下水或从水渠中渗漏出来，间接进入地下水，污染水体。⑥水土流失。水土流失带来的泥沙本身是一种污染源，此外，泥沙和地表径流还是有机物、重金属等污染物的主要携带者。我国水土流失是严重的非点源污染，年均土壤流失量约为50亿吨。大量水土流失造成数百万吨N、P、K通过各种途径进入湖泊、水库、河流和地下水，严重恶化了生态环境。

沙颍河流域农村非点源污染特征污染物见表 5-12。

表 5-12 沙颍河流域农村非点源污染特征污染物

影响因素	来源	特征污染物
化肥	农业生产中化肥的施用	TN、TP、pH、COD、SS、BOD、硫化物、砷
农药	农业生产中除草剂、杀虫剂和防治牲畜体内外寄生虫的化学药品的施用	有机磷、有机氯
污水灌溉	农业生产中长期污水灌溉	COD、TN、TP、NH_3-H
畜禽粪便	养殖过程中的动物排泄物	BOD、COD、SS、TP、NH_3-H、粪大肠菌群数、蛔虫卵、抗生素
水土流失	水力侵蚀或风力侵蚀造成的水土流失	COD、TN、TP、盐度、总溶解性固体
生活污水和生活垃圾	农村日常生活产生的污水和生活垃圾	pH、COD、SS、BOD、TN、TP、NH_3-H

5.1.2 特征污染物

综合考虑城市工业源和农村非点源污染物特点，初步确定沙颍河流域典型特征污染物，具体见表 5-13。

表 5-13 沙颍河流域典型特征污染物

序号	污染物名称	污染物分类	来源
1	化学需氧量(COD)	常规污染物	工业源、农业源
2	五日生化需氧量(BOD_5)	常规污染物	工业源、农业源
3	氨氮(NH_3-N)	常规污染物	工业源、农业源
4	总磷	常规污染物	工业源、农业源
5	总氮	常规污染物	工业源、农业源
6	砷、镉、汞、六价铬、铅等重金属	重金属	工业源
7	挥发性有机物	有机物	工业源
8	有机磷	农药	农业源
9	有机氯	农药	农业源
10	抗生素	抗生素	农业源

5.1.3 初筛名单

参考前述各类官方名单，依据优控污染物筛选原则，结合前期沙颍河流域监测数据调研情况，重点考虑生产和使用量大、检出率高、风险水平高及具备基础监测能力的污染物。本书主要从有毒有害的角度，将污染物的毒性效应作为一个重要指标进行筛选，鉴于常规污染物如总氮、总磷、生化需氧量（BOD）、化学需氧量（COD）等的作用机理、管控目标不同，因此在进行初筛时，没有将常规污染物考虑进去。但是，和其他常规污染物不同，氨氮除了可导致水富营养化现象产生，还对鱼类及水生生物有较大的毒害作用，氨氮中的非离子氨是引起水生生物毒害的主要因子。因此，本书将氨氮列入有毒有害污染物初筛名单，更多关注除氨氮本身对生物的毒性效应。

根据上述原则，确定沙颍河流域水环境优控污染物初始名单共 210 种。包括常规污染物 1 种，重金属类 18 种，多环芳烃类 16 种，农药 31 种，多氯联苯 18 种，邻苯二甲酸酯类 15 种，取代苯类 28 种，苯胺类 4 种，卤代脂肪烃类 32 种，酚类 9 种，醚类 4 种，抗生素类 30 种以及其他类 4 种。具体见表 5-14。

表 5-14 沙颍河流域水环境优控污染物初始名单

分类	CAS 号	中文名	英文名
常规污染物		氨氮(NH_3-N)	ammonia nitrogen
重金属类	7440-47-3	铬	chromium
	7440-50-8	铜	copper
	7440-43-9	镉	cadmium
	7440-38-2	砷	arsenic
	7440-41-7	铍	beryllium
	7782-49-2	硒	selenium
	7439-98-7	钼	molybdenum
	7440-36-0	锑	stibium
	7439-97-6	汞	hydrargyrum
	7439-92-1	铅	plumbum
	7440-48-4	钴	cobalt
	7440-02-0	镍	nickel
	7439-96-5	锰	manganese
	7440-39-3	钡	barium
	7440-22-4	银	argentum
	7440-28-0	铊	thallium
	7440-62-2	钒	vanadium
	7440-66-6	锌	zinc
多环芳烃类	120-12-7	蒽	anthracene
	91-20-3	萘	naphthalene;tar camphor
	208-96-8	苊烯	acenaphthylene
	83-32-9	苊	acenaphthene
	86-73-7	芴	fluorene
	85-01-8	菲	phenanthrene
	129-00-0	芘	pyrene
	50-32-8	苯并[*a*]芘	benzo[*a*]pyrene
	206-44-0	荧蒽	fluoranthene
	56-55-3	苯并[*a*]蒽	benzo[*a*]anthracene
	205-99-2	苯并[*b*]荧蒽	benzo[*b*] fluoranthene

续表

分类	CAS 号	中文名	英文名
多环芳烃类	207-08-9	苯并[*k*]荧蒽	benzo[*k*]fluoranthene
	53-70-3	二苯并[*a*,*h*]蒽	dibenz[*a*,*h*] anthracene
	193-39-5	茚并[1,2,3-*c*,*d*]芘	indeno[1,2,3-*c*,*d*]pyrene
	191-24-2	苯并[*g*,*h*,*i*]苝	benzo[*g*,*h*,*i*]perylene
	218-01-9	䓛	chrysene
取代苯类	71-43-2	苯	benzene
	108-88-3	甲苯	methylbenzene
	100-41-4	乙苯	ethylbenzene
	98-95-3	硝基苯	nitrobenzene
	606-20-2	2,6-二硝基甲苯	2,6-dinitrotoluene
	121-14-2	2,4-二硝基甲苯	2,4-dinitrotoluene
	877-09-8	2,4,5,6-四氯间二甲苯	2,4,5,6-tetrachloro-*m*-xylene
	95-47-6	邻二甲苯	*o*-xylene
	108-38-3	间二甲苯	*m*-xylene
	106-42-3	对二甲苯	*p*-xylene
	108-90-7	氯苯	chlorobenzene
	108-86-1	溴苯	bromobenzene
	103-65-1	正丙苯	*n*-propylbenzene
	98-82-8	异丙苯	methyl ethyl benzene
	95-49-8	邻氯甲苯	*o*-chlorotoluene
	106-43-4	对氯甲苯	4-chlorotoluene
	108-67-8	1,3,5-三甲基苯	1,3,5-trimethylbenzene
	95-63-6	1,2,4-三甲基苯	1,2,4-trimethylbenzene
	104-51-8	正丁基苯	*n*-butylbenzene
	135-98-8	仲丁基苯	*sec*-butylbenzene
	98-06-6	叔丁基苯	*tert*-butylbenzene
	99-87-6	4-异丙基甲苯	*p*-isopropyl toluene
	95-50-1	邻二氯苯	1,2-dichlorobenzene
	541-73-1	间二氯苯	1,3-dichlorobenzene
	106-46-7	对二氯苯	1,4-dichlorobenzene
	87-61-6	1,2,3-三氯苯	1,2,3-trichlorobenzene
	120-82-1	1,2,4-三氯苯	1,2,4-trichlorobenzene
	118-74-1	六氯苯	hexachlorobenzene

续表

分类	CAS号	中文名	英文名
多氯联苯	7012-37-5	PCB-28	aroclor 28
	35693-99-3	PCB-52	aroclor 52
	37680-73-2	PCB-101	aroclor 101
	70362-50-4	PCB-81	aroclor 81
	32598-13-3	PCB-77	aroclor 77
	65510-44-3	PCB-123	aroclor 123
	31508-00-6	PCB-118	aroclor 118
	74472-37-0	PCB-114	aroclor 114
	35065-27-1	PCB-153	aroclor 153
	32598-14-4	PCB-105	aroclor 105
	35065-28-2	PCB-138	aroclor 138
	57465-28-8	PCB-126	aroclor 126
	52663-72-6	PCB-167	aroclor 167
	38380-08-4	PCB-156	aroclor 156
	69784-90-7	PCB-157	aroclor 157
	35065-29-3	PCB-180	aroclor 180
	32774-16-6	PCB-169	aroclor 169
	39635-31-9	PCB-189	aroclor 189
苯胺类	88-74-4	2-硝基苯胺	2-nitroaniline
	99-09-2	3-硝基苯胺	3-nitroaniline
	100-01-6	4-硝基苯胺	*p*-nitroaniline
	106-47-8	4-氯苯胺	4-chloroaniline
卤代脂肪烃类	74-87-3	氯甲烷	methyl chloride
	67-66-3	三氯甲烷	trichloromethane
	74-95-3	二溴甲烷	dibromomethane
	75-25-2	三溴甲烷	tribromethane
	74-97-5	溴氯甲烷	bromochloromethane
	124-48-1	一氯二溴甲烷	chlorodibromomethane
	75-27-4	一溴二氯甲烷	monobromo-dichloro-methane
	75-00-3	氯乙烷	chloroethane
	107-06-2	1,2-二氯乙烷	1,2-dichloroethane
	75-34-3	1,1-二氯乙烷	1,1-dichloroethane
	71-55-6	1,1,1-三氯乙烷	1,1,1 -trichloroethane
	79-00-5	1,1,2-三氯乙烷	1,1,2 -trichloroethane

续表

分类	CAS号	中文名	英文名
卤代脂肪烃类	79-34-5	1,1,2,2-四氯乙烷	1,1,2,2 -tetrachloroethane
	630-20-6	1,1,1,2-四氯乙烷	1,1,1,2-tetrachloroethane
	106-93-4	1,2-二溴乙烷	1,2-dibromoethane
	78-87-5	1,2-二氯丙烷	1,2-dichloropropane
	142-28-9	1,3-二氯丙烷	1,3-dichloropropane
	96-18-4	1,2,3-三氯丙烷	1,2,3-trichloropropane
	96-12-8	二溴氯丙烷	1,2-dibromo-3-chloropropane
	626-88-0	1-溴-4-甲基戊烷	1-bromo-4-methylpentane
	56-23-5	四氯化碳	carbon tetrachloride
	75-01-4	氯乙烯	vinyl chloride
	156-60-5	反-1,2-二氯乙烯	*trans*-1,2-dichloroethylene
	156-59-2	顺-1,2-二氯乙烯	*cis*-1,2-dichloroethylene
	75-35-4	1,1-二氯乙烯	vinylidene chloride
	79-01-6	三氯乙烯	trichloroethene
	127-18-4	四氯乙烯	tetrachloroethylene
	100-42-5	苯乙烯	styrene
	563-58-6	1,1-二氯丙烯	1,1-dichloro-1-propen
	10061-01-5	顺-1,3-二氯丙烯	*cis*-1,3-dichloropropylene
	542-75-6	反-1,3-二氯丙烯	*trans*-1,3-dichloropropylene
	87-68-3	六氯丁二烯	hexachlorobutadiene
酚类	108-95-2	苯酚	phenol
	95-57-8	2-氯酚	2-chlorophenol
	95-48-7	2-甲基苯酚	*o*-cresol
	105-67-9	2,4-二甲基苯酚	2,4-dimethylphenol
	88-75-5	2-硝基酚	2-nitrophenol
	120-83-2	2,4-二氯苯酚	2,4 -dichlorophenol
	59-50-7	3-甲基-4-氯酚	4-chloro-3-methylphenol
	88-06-2	2,4,6-三氯苯酚	2,4,6-trichlorophenol
	95-95-4	2,4,5-三氯苯酚	2,4,5-trichlorophenol
醚类	111-44-4	双(2-氯乙基)醚	bis(2-chloroethyl)ether
	108-60-1	双(2-氯异丙基)醚	bis(2-chloroisopropyl)ether
	7005-72-3	4-氯苯基苯基醚	1-chloro-4-phenoxybenzene
	101-55-3	4-溴苯基-苯基醚	4-bromophenyl phenyl ether

续表

分类	CAS号	中文名	英文名
邻苯二甲酸酯类	131-11-3	邻苯二甲酸二甲酯	dimethyl phthalate
	84-66-2	邻苯二甲酸二乙酯	diethyl phthalate
	117-82-8	邻苯二甲酸二甲氧乙酯	phthalic acid bis(2-methoxyethyl)ester
	605-54-9	邻苯二甲酸双-2-乙氧基乙酯	bis(2-ethoxyethyl)phthalate
	105-99-7	己二酸二异丁酯	dibutyl adipate
	131-18-0	邻苯二甲酸二戊酯	di-*n*-pentyl phthalate
	84-74-2	邻苯二甲酸二正丁酯	di-*n*-butyl phthalate
	117-84-0	邻苯二甲酸二正辛酯	di-*n*-octyl phthalate
	85-68-7	邻苯二甲酸丁苄酯	butyl benzyl phthalate
	84-75-3	二己酸己酯	dihexyl ester
	84-76-4	邻苯二甲酸二壬酯	dinonyl phthalate
	117-83-9	邻苯二甲酸二丁氧基乙酯	1,2-bis(2-butoxyethyl)ester
	84-61-7	邻苯二甲酸二环己酯	dicyclohexyl phthalate
	117-81-7	邻苯二甲酸二(2-乙基己基)酯	bis(2-ethylhexyl)phthalate
	85-44-9	邻苯二甲酸酐	*o*-phthalic anhydride
农药	72-43-5	甲氧滴滴涕	methoxychlor
	50-29-3	*p*,*p*′-DDT	DDT
	789-02-6	*o*,*p*′-DDT	*o*,*p*′-DDT
	72-55-9	*p*,*p*′-DDE	*p*,*p*′-DDE
	72-54-8	*p*,*p*′-DDD	*p*,*p*′-DDD
	319-84-6	α-六六六	*alpha*-HCH
	319-85-7	β-六六六	*beta*-HCH
	58-89-9	γ-六六六(林丹)	lindane
	319-86-8	δ-六六六	*delta*-HCH
	76-44-8	七氯	heptachlor
	1024-57-3	环氧七氯	heptachlor epoxide
	309-00-2	艾氏剂	aldrin
	2385-85-5	灭蚁灵	mirex
	5103-71-9	顺式α-氯丹	*cis*-chlordane
	5103-74-2	反式*r*-氯丹	*trans*-chlordane
	959-98-8	α-硫丹	endosulfan
	33213-65-9	β-硫丹	endosulfan Ⅱ
	1031-07-8	硫丹硫酸酯	endosulfan sulfate
	60-57-1	狄氏剂	dieldrin

续表

分类	CAS 号	中文名	英文名
农药	72-20-8	异狄氏剂	endrin
	7421-93-4	异狄氏醛	endrin aldehyde
	53494-70-5	异狄氏酮	endrinketone
	115-32-2	开乐散	dicofol
	62-73-7	敌敌畏	DDV
	56-38-2	对硫磷	parathion
	298-00-0	甲基对硫磷	parathion-methyl
	121-75-5	马拉硫磷	malathion
	10265-92-6	甲胺磷	methamidophos
	298-03-3	内吸磷-O	phosphorothioic acid,*O*,*O*-diethyl *O*-[2-(ethylthio)ethyl] ester
	126-75-0	内吸磷-S	*O*,*O*-diethyl-*S*-2-ethylthio-ethyl phosphorothioate
	78-59-1	异佛尔酮	isophorone
抗生素类	82419-36-1	氧氟沙星	ofloxacin
	70458-96-7	诺氟沙星	norfloxacin
	60-54-8	四环素	tetracycline
	85721-33-1	环丙沙星	ciprofloxacin
	6153-64-6	土霉素	oxytetracycline
	93106-60-6	恩诺沙星	enrofloxacin
	98105-99-8	沙拉沙星	sarafloxacin
	112811-59-3	加替沙星	gatifloxacin
	151096-09-2	莫西沙星	moxifloxacin
	83905-01-5	阿奇霉素	azithromycin
	114-07-8	红霉素	erythromycin
	80214-83-1	罗红霉素	roxithromycin
	144-80-9	磺胺醋酰	sulfacetamide
	68-35-9	磺胺嘧啶	sulfadiazine
	72-14-0	磺胺噻唑	sulfathiazole
	144-83-2	磺胺吡啶	sulfapyridine
	127-79-7	磺胺甲基嘧啶	sulfamerazine free acid
	738-70-5	甲氧苄氨嘧啶	trimethoprim
	127-69-5	磺胺甲基异噁唑	benzenesulfonamide,4-amino-*N*-(3,4-dimethyl-5-isoxazolyl)-
	144-82-1	磺胺甲噻二唑	sulfamethizole
	57-68-1	磺胺二甲嘧啶	sulfamethazine

续表

分类	CAS号	中文名	英文名
抗生素类	651-06-9	磺胺对甲氧嘧啶	sulfametoxydiazine
	80-32-0	磺胺氯哒嗪	sulfachloropyridazine
	1220-83-3	磺胺间甲氧嘧啶	sulfamonomethoxine
	122-11-2	磺胺地索辛	sulfadimethoxine
	127-69-5	磺胺二甲异噁唑	sulfafurazole
	127-71-9	磺胺苯酰	sulfabenzamide
	526-08-9	磺胺苯吡唑	sulfaphenazolum
	2447-57-6	磺胺邻二甲氧嘧啶	sulfadimoxine
	80-35-3	磺胺甲氧哒嗪	sulfamethoxypyridazine
其他类	91-57-6	2-甲基萘	2-methylnaphthalene
	91-58-7	2-氯萘	2-chloronaphthalene
	132-64-9	二苯并呋喃	dibenzofuran
	86-74-8	咔唑	carbazole

5.2 沙颍河流域水环境优控污染物筛选

5.2.1 污染物综合打分

根据沙颍河流域水环境优控污染物筛选技术方法，分别从污染物毒性效应得分、环境暴露得分和生态效应得分三个方面对初筛名单中的污染物进行打分排序。

5.2.1.1 毒性效应得分

通过大量搜集国内外网站的相关数据，对初筛名单中的污染物进行水生生态急性毒性数据、哺乳动物急性毒性数据、哺乳动物慢性毒性数据、致癌性数据等搜集，数据量达一万五千多个。经过全面筛选、剔除偏离较大数据后，分析得出污染物的水生生态急性毒性得分、哺乳动物急性毒性得分、哺乳动物慢性毒性得分、致癌性得分，结合美国RQ值得分，综合得出污染物的毒性效应TES值及相应得分。具体见表5-15。

表5-15 沙颍河流域有毒污染物毒性效应得分

CAS号	中文名	水生生物急毒得分	哺乳动物急毒得分	哺乳动物慢毒得分	致癌性得分	RQ值	TES值	TES得分
7440-47-3	铬	5000	10	10	1	5000	1	600
7440-50-8	铜	100	1	10	—	5000	1	600
7440-43-9	镉	1000	1000	10	1	10	1	600
7440-38-2	砷	100	100	1	1	1	1	600
7440-41-7	铍	100	1	10	1	10	1	600
7782-49-2	硒	100	1000	100	—	100	100	178

续表

CAS号	中文名	水生生物急毒得分	哺乳动物急毒得分	哺乳动物慢毒得分	致癌性得分	RQ值	TES值	TES得分
7439-98-7	钼	5000	1000	100	—	—	100	178
7440-36-0	锑	1000	5000	100	—	5000	100	178
7439-97-6	汞	10	—	1000	100	1	1	600
7439-92-1	铅	1000	10	1000	10	10	10	400
7440-48-4	钴	100	5000	100	10	—	10	400
7440-02-0	镍	5000	100	10	1	100	1	600
7439-96-5	锰	5000	5000	1000	—	—	1000	53
7440-39-3	钡	5000	—	5000	—	—	1000	53
7440-22-4	银	10	5000	1000	—	1000	10	400
7440-28-0	铊	100	1	1	—	1000	1	600
7440-62-2	钒	100	100	1000	—		100	178
7440-66-6	锌	5000	—	100	—	1000	100	178
120-12-7	蒽	1000	100	5000	100	5000	100	178
91-20-3	萘	5000	10	10	10	5000	10	400
208-96-8	苊烯	—	1000	—	—	5000	1000	53
83-32-9	苊	100	100	100	—	5000	100	178
86-73-7	芴	100	5000	—	100	5000	100	178
85-01-8	菲	100	1000	100	100	5000	100	178
129-00-0	芘	100	1000	5000	100	5000	100	178
50-32-8	苯并[*a*]芘	10	1	1000	1	1	1	600
206-44-0	荧蒽	10	1000	100	100	100	10	400
56-55-3	苯并[*a*]蒽	10	100	10	10	10	10	400
205-99-2	苯并[*b*]荧蒽	100	—	1	10	1	1	600
207-08-9	苯并[*k*]荧蒽	—	—	100	10	5000	10	400
53-70-3	二苯并[*a*,*h*]蒽	1	—	10	10	1	1	600
193-39-5	茚并[1,2,3-*c*,*d*]芘	—	—	10	10	100	10	400
191-24-2	苯并[*g*,*h*,*i*]芘	1	—	—	100	5000	1	600
218-01-9	䓛	100	100	10	10	100	10	400
71-43-2	苯	5000	1	10	1	10	1	600
108-88-3	甲苯	5000	1000	1000	100	1000	100	178
100-41-4	乙苯	1000	5000	5000	10	1000	10	400
98-95-3	硝基苯	5000	1000	1000	10	1000	10	400
606-20-2	2,6-二硝基甲苯	1000	100	5000	10	100	10	400

续表

CAS 号	中文名	水生生物急毒得分	哺乳动物急毒得分	哺乳动物慢毒得分	致癌性得分	RQ 值	TES 值	TES 得分
121-14-2	2,4-二硝基甲苯	1000	100	1000	10	10	10	400
877-09-8	2,4,5,6-四氯间二甲苯	—	—	—	—	—	5000	10
95-47-6	邻二甲苯	1000	—	1000	—	1000	1000	53
108-38-3	间二甲苯	1000	5000	1000	—	1000	1000	53
106-42-3	对二甲苯	100	5000	100	—	100	100	178
108-90-7	氯苯	1000	1000	1000	—	100	100	178
108-86-1	溴苯	100	5000	5000	—	—	100	178
103-65-1	正丙苯	100	5000	5000	—	—	100	178
98-82-8	异丙苯	100	1000	5000	—	5000	100	178
95-49-8	邻氯甲苯	100	5000	5000	—	—	100	178
106-43-4	对氯甲苯	1000	5000	1000	—	—	1000	53
108-67-8	1,3,5-三甲基苯	1000	—	100	—	—	100	178
95-63-6	1,2,4-三甲基苯	1000	5000	100	—	—	100	178
104-51-8	正丁基苯	—	—	5000	—	—	5000	10
135-98-8	仲丁基苯	—	5000	—	—	—	5000	10
98-06-6	叔丁基苯	1000	—	5000	—	—	1000	53
99-87-6	4-异丙基甲苯	1000	5000	—	—	—	1000	53
95-50-1	邻二氯苯	5000	1000	100	100	100	100	178
541-73-1	间二氯苯	5000	1000	1000	100	100	100	178
106-46-7	对二氯苯	1000	1000	1000	10	100	10	400
87-61-6	1,2,3-三氯苯	100	1000	5000	—	—	100	178
120-82-1	1,2,4-三氯苯	100	100	1000	—	100	100	178
118-74-1	六氯苯	1000	5000	1000	10	—	10	400
7012-37-5	PCB-28(三氯)	1	1000	100	1	1	1	600
35693-99-3	PCB-52	1	1000	100	1	1	1	600
37680-73-2	PCB-101	1	1000	100	1	1	1	600
70362-50-4	PCB-81	1	1000	100	1	1	1	600
32598-13-3	PCB-77	1	1000	100	1	1	1	600
65510-44-3	PCB-123	1	1000	100	1	1	1	600
31508-00-6	PCB-118	1	1000	100	1	1	1	600
74472-37-0	PCB-114	1	1000	100	1	1	1	600
35065-27-1	PCB-153	1	1000	100	1	1	1	600
32598-14-4	PCB-105	1	1000	100	1	1	1	600

续表

CAS号	中文名	水生生物急毒得分	哺乳动物急毒得分	哺乳动物慢毒得分	致癌性得分	RQ值	TES值	TES得分
35065-28-2	PCB-138	1	1000	100	1	1	1	600
57465-28-8	PCB-126	1	1000	100	1	1	1	600
52663-72-6	PCB-167	1	1000	100	1	1	1	600
38380-08-4	PCB-156	1	1000	100	1	1	1	600
69784-90-7	PCB-157	1	1000	100	1	1	1	600
35065-29-3	PCB-180	1	1000	100	1	1	1	600
32774-16-6	PCB-169	1	1000	100	1	1	1	600
39635-31-9	PCB-189	1	1000	100	1	1	1	600
88-74-4	2-硝基苯胺	1000	1000	1000	—	—	1000	53
99-09-2	3-硝基苯胺	1000	1000	1000	—	—	1000	53
100-01-6	4-硝基苯胺	1000	1000	100	—	5000	100	178
106-47-8	4-氯苯胺	1000	1000	1000	10	1000	10	400
74-87-3	氯甲烷	5000	1000	100	100	100	100	178
67-66-3	三氯甲烷	5000	10	10	—	10	10	400
74-95-3	二溴甲烷	—	1000	100	—	1000	100	178
75-25-2	三溴甲烷	1000	1000	5000	100	100	100	178
74-97-5	溴氯甲烷	1000	5000	1000	—	—	1000	53
124-48-1	一氯二溴甲烷	1000	1000	5000	—	100	100	178
75-27-4	一溴二氯甲烷	5000	1000	1000	—	5000	1000	53
75-00-3	氯乙烷	—	5000	100	100	100	100	178
107-06-2	1,2-二氯乙烷	5000	1000	1000	10	100	10	400
75-34-3	1,1-二氯乙烷	—	1000	5000	—	1000	1000	53
71-55-6	1,1,1-三氯乙烷	1000	5000	100	100	1000	100	178
79-00-5	1,1,2-三氯乙烷	1000	1000	1000	100	100	100	178
79-34-5	1,1,2,2-四氯乙烷	1000	100	100	10	100	10	400
630-20-6	1,1,1,2-四氯乙烷	1000	1000	5000	10	100	10	400
106-93-4	1,2-二溴乙烷	1000	100	10	—	1	10	600
78-87-5	1,2-二氯丙烷	5000	1000	100	—	1000	100	178
142-28-9	1,3-二氯丙烷	5000	5000	5000	—	1000	1000	53
96-18-4	1,2,3-三氯丙烷	1000	1000	1000	10	100	10	400
96-12-8	二溴氯丙烷	1000	100	10	—	1	1	600
626-88-0	1-溴-4-甲基戊烷	—	—	—	—	—	5000	10
56-23-5	四氯化碳	5000	—	—	—	10	10	400

续表

CAS号	中文名	水生生物急毒得分	哺乳动物急毒得分	哺乳动物慢毒得分	致癌性得分	RQ值	TES值	TES得分
75-01-4	氯乙烯	1000	1000	100	1	1	1	600
156-60-5	反-1,2-二氯乙烯	5000	1000	1000	—	1000	1000	53
156-59-2	顺-1,2-二氯乙烯	5000	5000	5000	—	—	5000	10
75-35-4	1,1-二氯乙烯	5000	100	100	—	100	100	178
79-01-6	三氯乙烯	1000	5000	100	1	100	1	600
127-18-4	四氯乙烯	1000	5000	1000	10	100	10	400
100-42-5	苯乙烯	1000	1000	100	10	1000	10	400
563-58-6	1,1-二氯丙烯	—	—	—	—	—	5000	10
10061-01-5	顺-1,3-二氯丙烯	—	—	—	100	—	100	178
542-75-6	反-1,3-二氯丙烯	100	1000	100	100	100	100	178
87-68-3	六氯丁二烯	10	100	10	100	1	1	600
108-95-2	苯酚	1000	1000	100	100	1000	100	178
95-57-8	2-氯酚	1000	10	5000	—	100	10	400
95-48-7	2-甲基苯酚	1000	100	100	—	100	100	178
105-67-9	2,4-二甲基苯酚	1000	5000	5000	—	100	100	178
88-75-5	2-硝基酚	5000	1000	1000	—	100	100	178
120-83-2	2,4-二氯苯酚	100	10	10	—	100	10	400
59-50-7	3-甲基-4-氯酚	100	100	5000	—	5000	100	178
88-06-2	2,4,6-三氯苯酚	100	1000	5000	10	10	10	400
95-95-4	2,4,5-三氯苯酚	100	1000	5000	—	10	10	400
111-44-4	双(2-氯乙基)醚	5000	100	1000	—	10	10	400
108-60-1	双(2-氯异丙基)醚	—	100	1000	—	1000	100	178
7005-72-3	4-氯苯基-苯基醚	10	—	—	—	5000	10	400
101-55-3	4-溴苯基-苯基醚	10	—	—	—	100	10	400
131-11-3	邻苯二甲酸二甲酯	1000	5000	1000	—	5000	1000	53
84-66-2	邻苯二甲酸二乙酯	1000	5000	1000	—	1000	1000	53
117-82-8	邻苯二甲酸二甲氧乙酯	—	5000	1000	—	—	1000	53
605-54-9	邻苯二甲酸双-2-乙氧基乙酯	—	—	—	—	—	5000	10
84-74-2	邻苯二甲酸二正丁酯	100	5000	1000	—	10	10	400
105-99-7	己二酸二异丁酯	100	5000	1000	—	—	100	178
131-18-0	邻苯二甲酸二戊酯	—	—	1000	—	—	1000	53
117-84-0	邻苯二甲酸二正辛酯	—	5000	5000	—	5000	5000	10
85-68-7	邻苯二甲酸丁苄酯	1000	5000	1000	100	100	100	178

续表

CAS 号	中文名	水生生物急毒得分	哺乳动物急毒得分	哺乳动物慢毒得分	致癌性得分	RQ 值	TES 值	TES 得分
84-75-3	二己酸己酯	100	5000	5000	—	—	100	178
84-76-4	邻苯二甲酸二壬酯	5000	5000	—	—	—	5000	10
117-83-9	邻苯二甲酸二丁氧基乙酯	—	5000	5000	—	—	5000	10
84-61-7	邻苯二甲酸二环己酯	—	5000	5000	—	—	5000	10
117-81-7	邻苯二甲酸二(2-乙基己基)酯	5000	5000	5000	—	100	100	178
85-44-9	苯酐(邻苯二甲酸酐)	—	1000	1000	—	5000	1000	53
72-43-5	甲氧滴滴涕	10	1000	1000	—	1	1	600
50-29-3	p,p'-DDT	100	100	100	10	1	1	600
789-02-6	o,p'-DDT	1000	1000	10	10	—	10	400
72-55-9	p,p'-DDE	10	1000	1000	—	1	1	600
72-54-8	p,p'-DDD	100	100	1000	—	1	1	600
319-84-6	α-六六六	100	100	10	—	10	10	400
319-85-7	β-六六六	100	5000	1000	—	1	1	600
58-89-9	γ-六六六(林丹)	1000	10	10	1	1	1	600
319-86-8	δ-六六六	100	5000	—	—	1	1	600
76-44-8	七氯	100	10	10	10	1	1	600
1024-57-3	环氧七氯	1	10	1000	—	1	1	600
309-00-2	艾氏剂	100	10	10	10	1	1	600
2385-85-5	灭蚁灵	1000	100	10	10	—	10	400
5103-71-9	顺式 α-氯丹	1	100	10	10	—	1	600
5103-74-2	反式 γ-氯丹	1	100	—	10	—	1	600
959-98-8	α-硫丹	1	100	100	—	1	1	600
33213-65-9	β-硫丹	—	100	—	—	1	1	600
1031-07-8	硫丹硫酸酯	1	10	—	—	1	1	600
60-57-1	狄氏剂	10	10	1	10	1	1	600
72-20-8	异狄氏剂	1	1	1	100	1	1	600
7421-93-4	异狄氏醛	—	—	—	—	1	1	600
53494-70-5	异狄氏酮	—	10	—	—	—	10	400
115-32-2	开乐散	10	10	1000	100	10	10	400
62-73-7	敌敌畏	100	10	10	10	10	10	400
56-38-2	对硫磷	1000	1	1	10	10	1	600
298-00-0	甲基对硫磷	1000	10	1	100	100	1	600
121-75-5	马拉硫磷		100	100	—	100	100	178

续表

CAS 号	中文名	水生生物急毒得分	哺乳动物急毒得分	哺乳动物慢毒得分	致癌性得分	RQ 值	TES 值	TES 得分
10265-92-6	甲胺磷	5000	10	10	—	—	10	400
298-03-3	内吸磷 O	—	10	10	—	—	10	400
126-75-0	内吸磷 S	1	1	10	—	—	1	600
78-59-1	异佛尔酮	5000	1000	1000	—	5000	1000	53
82419-36-1	氧氟沙星	100	1000	1000	—	—	100	178
70458-96-7	诺氟沙星	5000	5000	1000	—	—	1000	53
60-54-8	四环素	1000	1000	1000	—	—	1000	53
85721-33-1	环丙沙星	100	5000	—	—	—	100	178
6153-64-6	土霉素	—	—	—	—	—	5000	10
93106-60-6	恩诺沙星	5000	1000	—	—	—	1000	53
98105-99-8	沙拉沙星	—	—	—	—	—	5000	10
112811-59-3	加替沙星	—	1000	—	—	—	1000	53
151096-09-2	莫西沙星	—	—	—	—	—	5000	10
83905-01-5	阿奇霉素	—	1000	1000	—	—	1000	53
114-07-8	红霉素	5000	5000	100	—	—	100	178
80214-83-1	罗红霉素	—	1000	—	—	—	1000	53
144-80-9	磺胺醋酰	—	5000	5000	—	—	5000	10
68-35-9	磺胺嘧啶	5000	1000	5000	—	—	1000	53
72-14-0	磺胺噻唑	5000	5000	1000	—	—	1000	10
144-83-2	磺胺吡啶	1000	5000	5000	—	—	1000	53
127-79-7	磺胺甲基嘧啶	5000	1000	5000	—	—	1000	53
738-70-5	甲氧苄氨嘧啶	5000	10	1000	—	—	10	400
127-69-5	磺胺甲基异噁唑	—	5000	5000	—	—	5000	10
144-82-1	磺胺甲噻二唑	—	5000	5000	—	—	5000	10
57-68-1	磺胺二甲嘧啶	5000	1000	5000	—	—	1000	53
651-06-9	磺胺对甲氧嘧啶	—	5000	—	—	—	5000	10
80-32-0	磺胺氯哒嗪	5000	—	—	—	—	5000	10
1220-83-3	磺胺间甲氧嘧啶	—	5000	5000	—	—	5000	10
122-11-2	磺胺地索辛	5000	100	1000	—	—	100	178
127-69-5	磺胺二甲异噁唑	—	5000	5000	—	—	5000	10
127-71-9	磺胺苯酰	—	100	—	—	—	100	178
526-08-9	磺胺苯吡唑	—	100	—	—	—	100	178
2447-57-6	磺胺邻二甲氧嘧啶	—	5000	5000	—	—	5000	10

续表

CAS号	中文名	水生生物急毒得分	哺乳动物急毒得分	哺乳动物慢毒得分	致癌性得分	RQ值	TES值	TES得分
80-35-3	磺胺甲氧哒嗪	—	1000	1000	—	—	1000	53
91-57-6	2-甲基萘	100	1000	1000	—	—	100	178
91-58-7	2-氯萘	100	1000	—	—	5000	100	178
132-64-9	二苯并呋喃	1000	—	—	—	100	100	178
86-74-8	咔唑	100	100	—	10	—	10	400
—	氨氮	100	—	—	—	—	100	178

5.2.1.2 环境暴露得分

环境暴露得分包括检出率得分和暴露浓度得分两个部分，根据对沙颍河流域41个点位的调研，从丰水期、平水期、枯水期三个时期，对水体和沉积物中污染物的检出率进行计算。检出率最低的为抗生素类物质，磺胺地索辛、磺胺二甲异噁唑、磺胺对甲氧嘧啶、磺胺苯酰、磺胺苯吡唑、磺胺邻二甲氧嘧啶等磺胺类抗生素的检出率均为0；检出率最高的为重金属，砷、铍、锰、钡、铊等重金属在水体和沉积物中的检出率均为100%。以污染物三次采样在某介质中检出率的算术平均值作为某污染物在沙颍河流域某介质中的出现频率，不同介质出现频率的几何平均值为某污染物在沙颍河流域的出现频率，分别计算每个污染物水体中检出率得分和沉积物中检出率得分，以在地表水与沉积物中检出率的平均得分乘以0.3作为该污染物的暴露浓度得分。

沙颍河流域初筛名单中全部污染物的水体中最小检出浓度为8.56×10^{-6}mg/L，最大检出浓度为95.43mg/L，依据$a_n=a_1q_n$，得出水体污染物浓度区间见表5-16。

表5-16 沙颍河流域污染物水体中暴露浓度分级

序号	浓度范围/(mg/L)	S_w
1	0.00000856～0.00022	10
2	0.00022～0.00564	53
3	0.00564～0.1448	178
4	0.1448～3.7175	400
5	3.7175～95.43	600

沙颍河流域初筛名单中全部污染物沉积物中最小检出浓度为4.40×10^{-4}mg/kg，最大检出浓度为610562.90mg/kg，依据$a_n=a_1q_n$，得出沉积物污染物浓度区间见表5-17。

表5-17 沙颍河流域污染物沉积物中暴露浓度分级

序号	浓度范围/(mg/kg)	S_s
1	0.0004399～0.02964	10
2	0.02964～1.99676	53

续表

序号	浓度范围/(mg/kg)	S_s
3	1.99676～134.52224	178
4	134.52224～9062.79714	400
5	9062.79714～610562.90	600

分别计算每个污染物水体中暴露浓度得分和沉积物中暴露浓度得分，以在地表水与沉积物中暴露浓度的平均得分乘以 0.7 作为该污染物的暴露浓度得分。环境暴露各项具体得分详见表 5-18。

表 5-18 沙颍河流域有毒污染物环境暴露得分

CAS 号	中文名	检出率得分	暴露浓度得分	环境暴露得分
7440-47-3	铬	173.40	420.00	593.40
7440-02-0	镍	171.60	420.00	591.60
7440-50-8	铜	168.30	420.00	588.30
71-43-2	苯	136.50	420.00	556.50
7440-38-2	砷	180.00	280.00	460.00
7440-41-7	铍	180.00	280.00	460.00
7440-28-0	铊	180.00	280.00	460.00
7440-48-4	钴	177.90	420.00	597.90
84-74-2	邻苯二甲酸二正丁酯	175.50	420.00	595.50
298-00-0	甲基对硫磷	161.10	280.00	441.10
319-86-8	δ-六六六	160.20	280.00	440.20
7439-92-1	铅	153.60	420.00	573.60
7439-97-6	汞	145.50	280.00	425.50
107-06-2	1,2-二氯乙烷	126.90	420.00	546.90
58-89-9	γ-六六六(林丹)	117.60	280.00	397.60
106-47-8	4-氯苯胺	174.30	280.00	454.30
606-20-2	2,6-二硝基甲苯	172.20	280.00	452.20
50-29-3	*p*,*p*'-DDT	111.90	280.00	391.90
67-66-3	三氯甲烷	111.90	420.00	531.90
7440-43-9	镉	109.20	280.00	389.20
7440-66-6	锌	175.50	420.00	595.50
98-95-3	硝基苯	167.10	280.00	447.10
53494-70-5	异狄氏酮	154.50	280.00	434.50
96-18-4	1,2,3-三氯丙烷	90.90	420.00	510.90
100-41-4	乙苯	150.30	280.00	430.30
7421-93-4	异狄氏醛	155.70	124.60	280.30

续表

CAS 号	中文名	检出率得分	暴露浓度得分	环境暴露得分
7440-22-4	银	147.00	280.00	427.00
60-57-1	狄氏剂	153.30	124.60	277.90
7439-98-7	钼	149.40	420.00	569.40
7439-96-5	锰	180.00	420.00	600.00
7440-39-3	钡	180.00	420.00	600.00
115-32-2	开乐散	135.60	280.00	415.60
319-85-7	β-六六六	135.90	124.60	260.50
50-32-8	苯并[*a*]芘	127.20	124.60	251.80
	氨氮	180.00	280.00	460.00
7440-62-2	钒	178.80	280.00	458.80
117-81-7	邻苯二甲酸二(2-乙基己基)酯	177.60	280.00	457.60
91-20-3	萘	177.00	124.60	301.60
75-01-4	氯乙烯	48.30	280.00	328.30
79-01-6	三氯乙烯	47.10	280.00	327.10
106-46-7	对二氯苯	106.50	280.00	386.50
127-18-4	四氯乙烯	46.20	420.00	466.20
100-42-5	苯乙烯	105.90	280.00	385.90
205-99-2	苯并[*b*]荧蒽	110.10	124.60	234.70
108-95-2	苯酚	164.40	280.00	444.40
1031-07-8	硫丹硫酸酯	102.30	124.60	226.90
106-93-4	1,2-二溴乙烷	32.70	280.00	312.70
191-24-2	苯并[*g*,*h*,*i*]苝	96.60	124.60	221.20
62-73-7	敌敌畏	156.30	124.60	280.90
111-44-4	双(2-氯乙基)醚	153.90	124.60	278.50
206-44-0	荧蒽	152.70	124.60	277.30
7012-37-5	PCB-28(三氯)	92.70	124.60	217.30
87-68-3	六氯丁二烯	25.20	280.00	305.20
121-75-5	马拉硫磷	150.90	280.00	430.90
35693-99-3	PCB-52	90.60	124.60	215.20
959-98-8	α-硫丹	89.10	124.60	213.70
121-14-2	2,4-二硝基甲苯	147.30	124.60	271.90
53-70-3	二苯并[*a*,*h*]蒽	85.80	124.60	210.40
86-74-8	咔唑	147.00	124.60	271.60
309-00-2	艾氏剂	85.20	124.60	209.80

续表

CAS号	中文名	检出率得分	暴露浓度得分	环境暴露得分
108-88-3	甲苯	144.30	280.00	424.30
72-54-8	*p*,*p*′-DDD	84.30	124.60	208.90
72-55-9	*p*,*p*′-DDE	83.70	124.60	208.30
563-58-6	1,1-二氯丙烯	133.20	420.00	553.20
88-75-5	2-硝基酚	141.60	280.00	421.60
57465-28-8	PCB-126	79.20	124.60	203.80
75-35-4	1,1-二氯乙烯	137.70	280.00	417.70
72-20-8	异狄氏剂	77.70	124.60	202.30
33213-65-9	*β*-硫丹	76.50	124.60	201.10
96-12-8	二溴氯丙烷	9.00	280.00	289.00
131-11-3	邻苯二甲酸二甲酯	172.50	280.00	452.50
76-44-8	七氯	72.60	124.60	197.20
32774-16-6	PCB-169	70.20	124.60	194.80
108-60-1	双(2-氯异丙基)醚	129.90	280.00	409.90
78-59-1	异佛尔酮	167.40	280.00	447.40
52663-72-6	PCB-167	69.00	124.60	193.60
7440-36-0	锑	127.20	280.00	407.20
126-75-0	内吸磷-S	64.80	124.60	189.40
319-84-6	*α*-六六六	119.40	124.60	244.00
38380-08-4	PCB-156	59.40	124.60	184.00
5103-71-9	顺式*α*-氯丹	59.10	124.60	183.70
35065-28-2	PCB-138	58.20	124.60	182.80
72-43-5	甲氧滴滴涕	57.90	124.60	182.50
10265-92-6	甲胺磷	50.40	280.00	330.40
106-42-3	对二甲苯	115.80	280.00	395.80
630-20-6	1,1,1,2-四氯乙烷	49.20	280.00	329.20
91-57-6	2-甲基萘	177.90	124.60	302.50
85-01-8	菲	177.90	124.60	302.50
95-63-6	1,2,4-三甲基苯	109.50	280.00	389.50
120-12-7	蒽	174.90	124.60	299.50
56-55-3	苯并[*a*]蒽	104.70	124.60	229.30
95-50-1	邻二氯苯	102.90	280.00	382.90
207-08-9	苯并[*k*]荧蒽	102.60	124.60	227.20
79-34-5	1,1,2,2-四氯乙烷	35.40	280.00	315.40

续表

CAS 号	中文名	检出率得分	暴露浓度得分	环境暴露得分
95-49-8	邻氯甲苯	101.40	280.00	381.40
218-01-9	䓛	99.90	124.60	224.50
83-32-9	苊	164.70	124.60	289.30
74-97-5	溴氯甲烷	75.60	420.00	495.60
37680-73-2	PCB-101	73.50	37.10	110.60
70362-50-4	PCB-81	35.40	124.60	160.00
95-57-8	2-氯酚	95.40	124.60	220.00
541-73-1	间二氯苯	94.80	280.00	374.80
103-65-1	正丙苯	94.50	280.00	374.50
132-64-9	二苯并呋喃	161.10	124.60	285.70
35065-29-3	PCB-180	70.50	37.10	107.60
193-39-5	茚并[1,2,3-*c*,*d*]芘	92.70	124.60	217.30
156-60-5	反-1,2-二氯乙烯	68.70	420.00	488.70
74472-37-0	PCB-114	68.10	37.10	105.20
86-73-7	芴	157.20	124.60	281.80
80214-83-1	罗红霉素	127.80	280.00	407.80
10061-01-5	顺-1,3-二氯丙烯	90.00	280.00	370.00
39635-31-9	PCB-189	66.90	37.10	104.00
32598-14-4	PCB-105	62.40	37.10	99.50
69782-90-7	PCB-157	62.40	37.10	99.50
7782-49-2	硒	83.70	280.00	363.70
35065-27-1	PCB-153	61.20	37.10	98.30
56-23-5	四氯化碳	15.60	280.00	295.60
74-87-3	氯甲烷	81.60	280.00	361.60
789-02-6	o,p'-DDT	80.70	124.60	205.30
1024-57-3	环氧七氯	58.20	37.10	95.30
108-90-7	氯苯	80.40	280.00	360.40
78-87-5	1,2-二氯丙烷	79.80	280.00	359.80
5103-74-2	反式 γ-氯丹	56.70	37.10	93.80
738-70-5	甲氧苄氨嘧啶	116.10	37.10	153.20
108-38-3	间二甲苯	115.80	280.00	395.80
56-38-2	对硫磷	18.00	124.60	142.60
114-07-8	红霉素	142.20	124.60	266.80
129-00-0	芘	141.90	124.60	266.50

续表

CAS号	中文名	检出率得分	暴露浓度得分	环境暴露得分
542-75-6	反-1,3-二氯丙烯	73.50	280.00	353.50
84-66-2	邻苯二甲酸二乙酯	175.20	124.60	299.80
98-82-8	异丙苯	69.00	280.00	349.00
117-83-9	邻苯二甲酸二丁氧基乙酯	59.10	420.00	479.10
84-61-7	邻苯二甲酸二环己酯	59.10	420.00	479.10
85-68-7	邻苯二甲酸丁苄酯	133.80	124.60	258.40
105-67-9	2,4-二甲基苯酚	132.90	124.60	257.50
298-03-3	内吸磷-O	66.30	124.60	190.90
124-48-1	一氯二溴甲烷	66.00	280.00	346.00
95-47-6	邻二甲苯	103.20	280.00	383.20
32598-13-3	PCB-77	41.70	37.10	78.80
108-67-8	1,3,5-三甲基苯	61.50	280.00	341.50
88-06-2	2,4,6-三氯苯酚	61.20	124.60	185.80
65510-44-3	PCB-123	34.20	37.10	71.30
120-82-1	1,2,4-三氯苯	55.20	280.00	335.20
100-01-6	4-硝基苯胺	121.20	124.60	245.80
135-98-8	仲丁基苯	95.70	280.00	375.70
99-87-6	4-异丙基甲苯	84.90	280.00	364.90
120-83-2	2,4-二氯苯酚	46.80	124.60	171.40
95-48-7	2-甲基苯酚	110.70	124.60	235.30
87-61-6	1,2,3-三氯苯	43.50	280.00	323.50
95-95-4	2,4,5-三氯苯酚	42.30	124.60	166.90
74-95-3	二溴甲烷	40.80	280.00	320.80
31508-00-6	PCB-118	18.30	37.10	55.40
208-96-8	苊烯	142.80	124.60	267.40
7005-72-3	4-氯苯基苯基醚	38.10	124.60	162.70
108-86-1	溴苯	36.60	280.00	316.60
75-25-2	三溴甲烷	33.00	280.00	313.00
101-55-3	4-溴苯基-苯基醚	32.40	124.60	157.00
79-00-5	1,1,2-三氯乙烷	31.50	280.00	311.50
82419-36-1	氧氟沙星	95.70	124.60	220.30
877-09-8	2,4,5,6-四氯间二甲苯	78.00	280.00	358.00
59-50-7	3-甲基-4-氯酚	93.00	124.60	217.60
118-74-1	六氯苯	63.00	37.10	100.10

续表

CAS号	中文名	检出率得分	暴露浓度得分	环境暴露得分
106-43-4	对氯甲苯	61.80	280.00	341.80
104-51-8	正丁基苯	73.50	280.00	353.50
105-99-7	己二酸二异丁酯	22.50	280.00	302.50
2385-85-5	灭蚁灵	60.00	37.10	97.10
131-18-0	邻苯二甲酸二戊酯	59.10	280.00	339.10
75-34-3	1,1-二氯乙烷	58.20	280.00	338.20
117-82-8	邻苯二甲酸二甲氧乙酯	57.90	280.00	337.90
91-58-7	2-氯萘	75.00	124.60	199.60
99-09-2	3-硝基苯胺	112.20	124.60	236.80
84-76-4	邻苯二甲酸二壬酯	57.60	280.00	337.60
85721-33-1	环丙沙星	69.60	124.60	194.20
117-84-0	邻苯二甲酸二正辛酯	119.10	124.60	243.70
88-74-4	2-硝基苯胺	99.60	124.60	224.20
156-59-2	顺-1,2-二氯乙烯	45.00	280.00	325.00
84-75-3	二己酸己酯	59.10	124.60	183.70
80-35-3	磺胺甲氧哒嗪	90.00	124.60	214.60
142-28-9	1,3-二氯丙烷	21.30	280.00	301.30
98-06-6	叔丁基苯	21.00	280.00	301.00
75-27-4	一溴二氯甲烷	15.90	280.00	295.90
93106-60-6	恩诺沙星	66.90	124.60	191.50
75-00-3	氯乙烷	26.40	124.60	151.00
85-44-9	苯酐(邻苯二甲酸酐)	51.90	124.60	176.50
71-55-6	1,1,1-三氯乙烷	9.00	124.60	133.60
72-14-0	磺胺噻唑	90.00	37.10	127.10
144-83-2	磺胺吡啶	63.90	37.10	101.00
60-54-8	四环素	26.10	124.60	150.70
79-57-2	土霉素	37.80	124.60	162.40
68-35-9	磺胺嘧啶	52.20	37.10	89.30
57-68-1	磺胺二甲嘧啶	49.50	37.10	86.60
83905-01-5	阿奇霉素	46.50	37.10	83.60
605-54-9	邻苯二甲酸双-2-乙氧基乙酯	6.00	124.60	130.60
122-11-2	磺胺地索辛	3.00	7.00	10.00
127-71-9	磺胺苯酰	3.00	7.00	10.00
526-08-9	磺胺苯吡唑	3.00	7.00	10.00

续表

CAS 号	中文名	检出率得分	暴露浓度得分	环境暴露得分
70458-96-7	诺氟沙星	17.40	37.10	54.50
98105-99-8	沙拉沙星	26.10	37.10	63.20
80-32-0	磺胺氯哒嗪	26.10	37.10	63.20
1220-83-3	磺胺间甲氧嘧啶	17.40	37.10	54.50
626-88-0	1-溴-4-甲基戊烷	4.50	37.10	41.60
112811-59-3	加替沙星	3.00	7.00	10.00
151096-09-2	莫西沙星	3.00	37.10	40.10
127-79-7	磺胺甲基嘧啶	3.00	7.00	10.00
144-80-9	磺胺醋酰	3.00	7.00	10.00
127-69-5	磺胺甲基异噁唑	3.00	7.00	10.00
144-82-1	磺胺甲噻二唑	3.00	7.00	10.00
651-06-9	磺胺对甲氧嘧啶	3.00	7.00	10.00
2447-57-6	磺胺邻二甲氧嘧啶	3.00	7.00	10.00

5.2.1.3 生态效应得分

污染物生态效应得分为污染物持久性得分（SHL）和生物累积性得分两部分（SBCF）之和。通过大量搜集国内外网站的相关数据，获取污染物在环境介质中半衰期数据与在生物体内的生物富集因子（BCF），环境介质半衰期数据优先选择试验数据，以水、土壤、沉积物、空气各介质得分最高者为最终得分，多个同一级别数据取最大值的 75%作为污染物最终的半衰期，缺少有效的生物半衰期试验数据时，以 PBT Profiler 模型估算环境介质半衰期；在生物体内的生物富集因子（BCF）选择鱼类试验数据，试验周期≥28d，试验数据优先于模型估算数据，取最大值的 75%作为最终的 BCF 值，各污染物生态效应得分如表 5-19 所示。

表 5-19 沙颍河流域有毒污染物生态效应得分

CAS 号	中文名称	半衰期打分	BCF 值得分	生态效应总得分
7440-47-3	铬	150	2.5	152.5
7440-02-0	镍	150	2.5	152.5
7440-50-8	铜	150	2.5	152.5
71-43-2	苯	150	2.5	152.5
7440-38-2	砷	150	2.5	152.5
7440-41-7	铍	150	2.5	152.5
7440-28-0	铊	150	2.5	152.5
7440-48-4	钴	150	2.5	152.5
84-74-2	邻苯二甲酸二正丁酯	100	13.25	113.25
298-00-0	甲基对硫磷	150	2.5	152.5

续表

CAS 号	中文名称	半衰期打分	BCF 值得分	生态效应总得分
319-86-8	δ-六六六	150	13.25	163.25
7439-92-1	铅	150	2.5	152.5
7439-97-6	汞	150	2.5	152.5
107-06-2	1,2-二氯乙烷	150	2.5	152.5
58-89-9	γ-六六六(林丹)	150	13.25	163.25
106-47-8	4-氯苯胺	150	2.5	152.5
606-20-2	2,6-二硝基甲苯	150	2.5	152.5
50-29-3	p,p'-DDT	150	44.25	194.25
67-66-3	三氯甲烷	150	2.5	152.5
7440-43-9	镉	150	2.5	152.5
7440-66-6	锌	150	2.5	152.5
98-95-3	硝基苯	150	2.5	152.5
53494-70-5	异狄氏酮	150	44.25	194.25
96-18-4	1,2,3-三氯丙烷	150	2.5	152.5
100-41-4	乙苯	150	2.5	152.5
7421-93-4	异狄氏醛	150	44.25	194.25
7440-22-4	银	150	2.5	152.5
60-57-1	狄氏剂	150	44.25	194.25
7439-98-7	钼	150	2.5	152.5
7439-96-5	锰	150	2.5	152.5
7440-39-3	钡	150	2.5	152.5
115-32-2	开乐散	150	44.25	194.25
319-85-7	β-六六六	150	13.25	163.25
50-32-8	苯并[a]芘	150	13.25	163.25
	氨氮	0	2.5	2.5
7440-62-2	钒	150	2.5	152.5
117-81-7	邻苯二甲酸二(2-乙基己基)酯	150	2.5	152.5
91-20-3	萘	150	13.25	163.25
75-01-4	氯乙烯	150	2.5	152.5
79-01-6	三氯乙烯	150	2.5	152.5
106-46-7	对二氯苯	150	13.25	163.25
127-18-4	四氯乙烯	150	2.5	152.5
100-42-5	苯乙烯	150	2.5	152.5
205-99-2	苯并[b]荧蒽	150	13.25	163.25

续表

CAS 号	中文名称	半衰期打分	BCF 值得分	生态效应总得分
108-95-2	苯酚	150	2.5	152.5
1031-07-8	硫丹硫酸酯	150	13.25	163.25
106-93-4	1,2-二溴乙烷	150	2.5	152.5
191-24-2	苯并[*g*,*h*,*i*]苝	150	2.5	152.5
62-73-7	敌敌畏	150	2.5	152.5
111-44-4	双(2-氯乙基)醚	150	2.5	152.5
206-44-0	荧蒽	150	13.25	163.25
7012-37-5	PCB-28(三氯)	150	44.25	194.25
87-68-3	六氯丁二烯	150	44.25	194.25
121-75-5	马拉硫磷	150	2.5	152.5
35693-99-3	PCB-52	150	100	250
959-98-8	α-硫丹	150	13.25	163.25
121-14-2	2,4-二硝基甲苯	150	2.5	152.5
53-70-3	二苯并[*a*,*h*]蒽	150	13.25	163.25
86-74-8	咔唑	150	13.25	163.25
309-00-2	艾氏剂	150	44.25	194.25
108-88-3	甲苯	150	2.5	152.5
72-54-8	*p*,*p*′-DDD	150	100	250
72-55-9	*p*,*p*′-DDE	150	44.25	194.25
563-58-6	1,1-二氯丙烯	150	2.5	152.5
88-75-5	2-硝基酚	150	2.5	152.5
57465-28-8	PCB-126	150	44.25	194.25
75-35-4	1,1-二氯乙烯	150	2.5	152.5
72-20-8	异狄氏剂	150	44.25	194.25
33213-65-9	β-硫丹(硫丹Ⅱ)	150	13.25	163.25
96-12-8	二溴氯丙烷	150	2.5	152.5
131-11-3	邻苯二甲酸二甲酯	150	2.5	152.5
76-44-8	七氯	150	44.25	194.25
32774-16-6	PCB-169	150	44.25	194.25
108-60-1	双(2-氯异丙基)醚	150	2.5	152.5
78-59-1	异佛尔酮	150	2.5	152.5
52663-72-6	PCB-167	150	44.25	194.25
7440-36-0	锑	150	2.5	152.5
126-75-0	内吸磷-S	150	2.5	152.5

续表

CAS 号	中文名称	半衰期打分	BCF 值得分	生态效应总得分
319-84-6	α-六六六	150	13.25	163.25
38380-08-4	PCB-156	150	44.25	194.25
5103-71-9	顺式 α-氯丹	150	100	250
35065-28-2	PCB-138	150	44.25	194.25
72-43-5	甲氧滴滴涕	150	44.25	194.25
10265-92-6	甲胺磷	150	2.5	152.5
106-42-3	对二甲苯	150	2.5	152.5
630-20-6	1,1,1,2-四氯乙烷	150	2.5	152.5
91-57-6	2-甲基萘	150	13.25	163.25
85-01-8	菲	150	13.25	163.25
95-63-6	1,2,4-三甲基苯	150	13.25	163.25
120-12-7	蒽	150	13.25	163.25
56-55-3	苯并[a]蒽	150	13.25	163.25
95-50-1	邻二氯苯	150	13.25	163.25
207-08-9	苯并[k]荧蒽	150	13.25	163.25
79-34-5	1,1,2,2-四氯乙烷	150	2.5	152.5
95-49-8	邻氯甲苯	150	2.5	152.5
218-01-9	䓛	150	44.25	194.25
83-32-9	苊	150	2.5	152.5
74-97-5	溴氯甲烷	150	2.5	152.5
37680-73-2	PCB-101	150	44.25	194.25
70362-50-4	PCB-81	150	44.25	194.25
95-57-8	2-氯酚	150	2.5	152.5
541-73-1	间二氯苯	150	13.25	163.25
103-65-1	正丙苯	150	13.25	163.25
132-64-9	二苯并呋喃	150	13.25	163.25
35065-29-3	PCB-180	150	44.25	194.25
193-39-5	茚并[1,2,3-c,d]芘	150	13.25	163.25
156-60-5	反-1,2-二氯乙烯	150	2.5	152.5
74472-37-0	PCB-114	150	44.25	194.25
86-73-7	芴	150	13.25	163.25
80214-83-1	罗红霉素	150	2.5	152.5
10061-01-5	顺-1,3-二氯丙烯	150	2.5	152.5
39635-31-9	PCB-189	150	13.25	163.25

续表

CAS号	中文名称	半衰期打分	BCF值得分	生态效应总得分
32598-14-4	PCB-105	150	44.25	194.25
69782-90-7	PCB-157	150	44.25	194.25
7782-49-2	硒	150	2.5	152.5
35065-27-1	PCB-153	150	44.25	194.25
56-23-5	四氯化碳	150	2.5	152.5
74-87-3	氯甲烷	150	2.5	152.5
789-02-6	o,p'-DDT	150	44.25	194.25
1024-57-3	环氧七氯	150	44.25	194.25
108-90-7	氯苯	150	2.5	152.5
78-87-5	1,2-二氯丙烷	150	2.5	152.5
5103-74-2	反式γ-氯丹	150	100	250
738-70-5	甲氧苄氨嘧啶	150	2.5	152.5
108-38-3	间二甲苯	150	2.5	152.5
56-38-2	对硫磷	150	13.25	163.25
114-07-8	红霉素	150	2.5	152.5
129-00-0	芘	150	13.25	163.25
542-75-6	反-1,3-二氯丙烯	150	2.5	152.5
84-66-2	邻苯二甲酸二乙酯	150	2.5	152.5
98-82-8	异丙苯	150	13.25	163.25
117-83-9	邻苯二甲酸二丁氧基乙酯	150	2.5	152.5
84-61-7	邻苯二甲酸二环己酯	150	13.25	163.25
85-68-7	邻苯二甲酸丁苄酯	150	2.5	152.5
105-67-9	2,4-二甲基苯酚	150	2.5	152.5
298-03-3	内吸磷-O	150	2.5	152.5
124-48-1	一氯二溴甲烷	150	2.5	152.5
95-47-6	邻二甲苯	150	2.5	152.5
32598-13-3	PCB-77	150	44.25	194.25
108-67-8	1,3,5-三甲基苯	150	13.25	163.25
88-06-2	2,4,6-三氯苯酚	150	2.5	152.5
65510-44-3	PCB-123	150	44.25	194.25
120-82-1	1,2,4-三氯苯	150	13.25	163.25
100-01-6	4-硝基苯胺	150	2.5	152.5
135-98-8	仲丁基苯	150	13.25	163.25
99-87-6	4-异丙基甲苯	150	13.25	163.25

续表

CAS号	中文名称	半衰期打分	BCF值得分	生态效应总得分
120-83-2	2,4-二氯苯酚	150	2.5	152.5
95-48-7	2-甲基苯酚	150	2.5	152.5
87-61-6	1,2,3-三氯苯	150	13.25	163.25
95-95-4	2,4,5-三氯苯酚	150	13.25	163.25
74-95-3	二溴甲烷	150	2.5	152.5
31508-00-6	PCB-118	150	44.25	194.25
208-96-8	苊烯	150	13.25	163.25
7005-72-3	4-氯苯基苯基醚	150	13.25	163.25
108-86-1	溴苯	150	2.5	152.5
75-25-2	三溴甲烷	150	2.5	152.5
101-55-3	4-溴苯基-苯基醚	150	44.25	194.25
79-00-5	1,1,2-三氯乙烷	150	2.5	152.5
82419-36-1	氧氟沙星	150	2.5	152.5
877-09-8	2,4,5,6-四氯间二甲苯	150	44.25	194.25
59-50-7	3-甲基-4-氯酚	150	2.5	152.5
118-74-1	六氯苯	150	100	250
106-43-4	对氯甲苯	150	2.5	152.5
104-51-8	正丁基苯	150	13.25	163.25
105-99-7	己二酸二异丁酯	100	2.5	102.5
2385-85-5	灭蚁灵	150	44.25	194.25
131-18-0	邻苯二甲酸二戊酯	100	2.5	102.5
75-34-3	1,1-二氯乙烷	150	2.5	152.5
117-82-8	邻苯二甲酸二甲氧乙酯	150	2.5	152.5
91-58-7	2-氯萘	150	13.25	163.25
99-09-2	3-硝基苯胺	150	2.5	152.5
84-76-4	邻苯二甲酸二壬酯	150	2.5	152.5
85721-33-1	环丙沙星	150	2.5	152.5
117-84-0	邻苯二甲酸二正辛酯	150	2.5	152.5
88-74-4	2-硝基苯胺	150	2.5	152.5
156-59-2	顺-1,2-二氯乙烯	150	2.5	152.5
84-75-3	二己酸己酯	100	2.5	102.5
80-35-3	磺胺甲氧哒嗪	150	2.5	152.5
142-28-9	1,3-二氯丙烷	150	2.5	152.5
98-06-6	叔丁基苯	150	13.25	163.25

续表

CAS 号	中文名称	半衰期打分	BCF 值得分	生态效应总得分
75-27-4	一溴二氯甲烷	150	2.5	152.5
93106-60-6	恩诺沙星	150	2.5	152.5
75-00-3	氯乙烷	150	2.5	152.5
85-44-9	苯酐(邻苯二甲酸酐)	150	2.5	152.5
71-55-6	1,1,1-三氯乙烷	150	2.5	152.5
72-14-0	磺胺噻唑	150	2.5	152.5
144-83-2	磺胺吡啶	150	2.5	152.5
60-54-8	四环素	150	2.5	152.5
79-57-2	土霉素	150	2.5	152.5
68-35-9	磺胺嘧啶	150	2.5	152.5
57-68-1	磺胺二甲嘧啶	150	2.5	152.5
83905-01-5	阿奇霉素	150	2.5	152.5
605-54-9	邻苯二甲酸双-2-乙氧基乙酯	150	2.5	152.5
122-11-2	磺胺地索辛	150	2.5	152.5
127-71-9	磺胺苯酰	150	2.5	152.5
526-08-9	磺胺苯吡唑	150	2.5	152.5
70458-96-7	诺氟沙星	150	2.5	152.5
98105-99-8	沙拉沙星	150	2.5	152.5
80-32-0	磺胺氯哒嗪	150	2.5	152.5
1220-83-3	磺胺间甲氧嘧啶	150	2.5	152.5
626-88-0	1-溴-4-甲基戊烷	150	13.25	163.25
112811-59-3	加替沙星	0	2.5	2.5
151096-09-2	莫西沙星	0	2.5	2.5
127-79-7	磺胺甲基嘧啶	150	2.5	152.5
144-80-9	磺胺醋酰	150	2.5	152.5
127-69-5	磺胺甲基异噁唑	150	2.5	152.5
144-82-1	磺胺甲噻二唑	150	2.5	152.5
651-06-9	磺胺对甲氧嘧啶	150	2.5	152.5
2447-57-6	磺胺邻二甲氧嘧啶	150	2.5	152.5

5.2.1.4 综合得分排序

根据沙颍河流域优先控制污染物综合评价方法，将污染物的毒性效应得分、环境暴露得分和生态效应得分加和，得到沙颍河流域水环境有毒污染物综合得分，并对各污染物按照得分由高到低进行排序，具体见表 5-20。

表 5-20 沙颍河流域水环境有毒污染物综合得分排序

CAS号	中文名	毒性效应得分	环境暴露得分	生态效应得分	综合得分
7440-47-3	铬	600	593.4	152.5	1345.9
7440-02-0	镍	600	591.6	152.5	1344.1
7440-50-8	铜	600	588.3	152.5	1340.8
71-43-2	苯	600	556.5	152.5	1309
7440-38-2	砷	600	460	152.5	1212.5
7440-41-7	铍	600	460	152.5	1212.5
7440-28-0	铊	600	460	152.5	1212.5
319-86-8	δ-六六六	600	440.2	163.25	1203.45
298-00-0	甲基对硫磷	600	441.1	152.5	1193.6
50-29-3	p,p'-DDT	600	391.9	194.25	1186.15
7439-97-6	汞	600	425.5	152.5	1178
58-89-9	γ-六六六(林丹)	600	397.6	163.25	1160.85
7440-48-4	钴	400	597.9	152.5	1150.4
7440-43-9	镉	600	389.2	152.5	1141.7
7439-92-1	铅	400	573.6	152.5	1126.1
84-74-2	邻苯二甲酸二正丁酯	400	595.5	113.25	1108.75
87-68-3	六氯丁二烯	600	305.2	194.25	1099.45
107-06-2	1,2-二氯乙烷	400	546.9	152.5	1099.4
67-66-3	三氯甲烷	400	531.9	152.5	1084.4
75-01-4	氯乙烯	600	328.3	152.5	1080.8
79-01-6	三氯乙烯	600	327.1	152.5	1079.6
7421-93-4	异狄氏醛	600	280.3	194.25	1074.55
60-57-1	狄氏剂	600	277.9	194.25	1072.15
106-93-4	1,2-二溴乙烷	600	312.7	152.5	1065.2
35693-99-3	PCB-52	600	215.2	250	1065.2
96-18-4	1,2,3-三氯丙烷	400	510.9	152.5	1063.4
72-54-8	p,p'-DDD	600	208.9	250	1058.9
96-12-8	二溴氯丙烷	600	289	152.5	1041.5
5103-71-9	顺式 α-氯丹	600	183.7	250	1033.7
53494-70-5	异狄氏酮	400	434.5	194.25	1028.75
319-85-7	β-六六六	600	260.5	163.25	1023.75
127-18-4	四氯乙烯	400	466.2	152.5	1018.7
50-32-8	苯并[a]芘	600	251.8	163.25	1015.05

续表

CAS号	中文名	毒性效应得分	环境暴露得分	生态效应得分	综合得分
7012-37-5	PCB-28(三氯)	600	217.3	194.25	1011.55
115-32-2	开乐散	400	415.6	194.25	1009.85
106-47-8	4-氯苯胺	400	454.3	152.5	1006.8
606-20-2	2,6-二硝基甲苯	400	452.2	152.5	1004.7
309-00-2	艾氏剂	600	209.8	194.25	1004.05
72-55-9	*p*,*p*′-DDE	600	208.3	194.25	1002.55
98-95-3	硝基苯	400	447.5	152.5	100.00
57465-28-8	PCB-126	600	203.8	194.25	998.05
205-99-2	苯并[*b*]荧蒽	600	234.7	163.25	997.95
72-20-8	异狄氏剂	600	202.3	194.25	996.55
76-44-8	七氯	600	197.2	194.25	991.45
1031-07-8	硫丹硫酸酯	600	226.9	163.25	990.15
32774-16-6	PCB-169	600	194.8	194.25	989.05
52663-72-6	PCB-167	600	193.6	194.25	987.85
100-41-4	乙苯	400	430.3	152.5	982.8
7440-22-4	银	400	427	152.5	979.5
38380-08-4	PCB-156	600	184	194.25	978.25
35065-28-2	PCB-138	600	182.8	194.25	977.05
959-98-8	α-硫丹	600	213.7	163.25	976.95
72-43-5	甲氧滴滴涕	600	182.5	194.25	976.75
191-24-2	苯并[*g*,*h*,*i*]苝	600	221.2	152.5	973.7
53-70-3	二苯并[*a*,*h*]蒽	600	210.4	163.25	973.65
33213-65-9	β-硫丹	600	201.1	163.25	964.35
70362-50-4	PCB-81	600	160	194.25	954.25
106-46-7	对二氯苯	400	386.5	163.25	949.75
5103-74-2	反式γ-氯丹	600	93.8	250	943.8
126-75-0	内吸磷-S	600	189.4	152.5	941.9
100-42-5	苯乙烯	400	385.9	152.5	938.4
7440-66-6	锌	178	595.5	152.5	926
56-38-2	对硫磷	600	142.6	163.25	905.85
37680-73-2	PCB-101	600	110.6	194.25	904.85
35065-29-3	PCB-180	600	107.6	194.25	901.85
7439-98-7	钼	178	569.4	152.5	899.9

续表

CAS号	中文名	毒性效应得分	环境暴露得分	生态效应得分	综合得分
74472-37-0	PCB-114	600	105.2	194.25	899.45
32598-14-4	PCB-105	600	99.5	194.25	893.75
69782-90-7	PCB-157	600	99.5	194.25	893.75
35065-27-1	PCB-153	600	98.3	194.25	892.55
1024-57-3	环氧七氯	600	95.3	194.25	889.55
10265-92-6	甲胺磷	400	330.4	152.5	882.9
630-20-6	1,1,1,2-四氯乙烷	400	329.2	152.5	881.7
32598-13-3	PCB-77	600	78.8	194.25	873.05
79-34-5	1,1,2,2-四氯乙烷	400	315.4	152.5	867.9
39635-31-9	PCB-189	600	104	163.25	867.25
65510-44-3	PCB-123	600	71.3	194.25	865.55
91-20-3	萘	400	301.6	163.25	864.85
31508-00-6	PCB-118	600	55.4	194.25	849.65
56-23-5	四氯化碳	400	295.6	152.5	848.1
206-44-0	荧蒽	400	277.3	163.25	840.55
86-74-8	咔唑	400	271.6	163.25	834.85
62-73-7	敌敌畏	400	280.9	152.5	833.4
111-44-4	双(2-氯乙基)醚	400	278.5	152.5	831
121-14-2	2,4-二硝基甲苯	400	271.9	152.5	824.4
218-01-9	䓛	400	224.5	194.25	818.75
319-84-6	*α*-六六六	400	244	163.25	807.25
7439-96-5	锰	53	600	152.5	805.5
7440-39-3	钡	53	600	152.5	805.5
789-02-6	*o*,*p*′-DDT	400	205.3	194.25	799.55
56-55-3	苯并[*a*]蒽	400	229.3	163.25	792.55
207-08-9	苯并[*k*]荧蒽	400	227.2	163.25	790.45
7440-62-2	钒	178	458.8	152.5	789.3
117-81-7	邻苯二甲酸二(2-乙基己基)酯	178	457.6	152.5	788.1
193-39-5	茚并[1,2,3-*c*,*d*]芘	400	217.3	163.25	780.55
108-95-2	苯酚	178	444.4	152.5	774.9
95-57-8	2-氯酚	400	220	152.5	772.5
121-75-5	马拉硫磷	178	430.9	152.5	761.4
108-88-3	甲苯	178	424.3	152.5	754.8

续表

CAS 号	中文名	毒性效应得分	环境暴露得分	生态效应得分	综合得分
88-75-5	2-硝基酚	178	421.6	152.5	752.1
101-55-3	4-溴苯基-苯基醚	400	157	194.25	751.25
118-74-1	六氯苯	400	100.1	250	750.1
75-35-4	1,1-二氯乙烯	178	417.7	152.5	748.2
298-03-3	内吸磷-O	400	190.9	152.5	743.4
108-60-1	双(2-氯异丙基)醚	178	409.9	152.5	740.4
88-06-2	2,4,6-三氯苯酚	400	185.8	152.5	738.3
7440-36-0	锑	178	407.2	152.5	737.7
95-63-6	1,2,4-三甲基苯	178	389.5	163.25	730.75
95-95-4	2,4,5-三氯苯酚	400	166.9	163.25	730.15
106-42-3	对二甲苯	178	395.8	152.5	726.3
7005-72-3	4-氯苯基苯基醚	400	162.7	163.25	725.95
95-50-1	邻二氯苯	178	382.9	163.25	724.15
120-83-2	2,4-二氯苯酚	400	171.4	152.5	723.9
541-73-1	间二氯苯	178	374.8	163.25	716.05
103-65-1	正丙苯	178	374.5	163.25	715.75
563-58-6	1,1-二氯丙烯	10	553.2	152.5	715.7
95-49-8	邻氯甲苯	178	381.4	152.5	711.9
738-70-5	甲氧苄氨嘧啶	400	153.2	152.5	705.7
74-97-5	溴氯甲烷	53	495.6	152.5	701.1
10061-01-5	顺-1,3-二氯丙烯	178	370	152.5	700.5
156-60-5	反-1,2-二氯乙烯	53	488.7	152.5	694.2
7782-49-2	硒	178	363.7	152.5	694.2
74-87-3	氯甲烷	178	361.6	152.5	692.1
2385-85-5	灭蚁灵	400	97.1	194.25	691.35
108-90-7	氯苯	178	360.4	152.5	690.9
78-87-5	1,2-二氯丙烷	178	359.8	152.5	690.3
98-82-8	异丙苯	178	349	163.25	690.25
542-75-6	反-1,3-二氯丙烯	178	353.5	152.5	684
108-67-8	1,3,5-三甲基苯	178	341.5	163.25	682.75
124-48-1	一氯二溴甲烷	178	346	152.5	676.5
120-82-1	1,2,4-三氯苯	178	335.2	163.25	676.45
87-61-6	1,2,3-三氯苯	178	323.5	163.25	664.75

续表

CAS号	中文名	毒性效应得分	环境暴露得分	生态效应得分	综合得分
131-11-3	邻苯二甲酸二甲酯	53	452.5	152.5	658
78-59-1	异佛尔酮	53	447.4	152.5	652.9
84-61-7	邻苯二甲酸二环己酯	10	479.1	163.25	652.35
74-95-3	二溴甲烷	178	320.8	152.5	651.3
108-86-1	溴苯	178	316.6	152.5	647.1
91-57-6	2-甲基萘	178	302.5	163.25	643.75
85-01-8	菲	178	302.5	163.25	643.75
75-25-2	三溴甲烷	178	313	152.5	643.5
79-00-5	1,1,2-三氯乙烷	178	311.5	152.5	642
117-83-9	邻苯二甲酸二丁氧基乙酯	10	479.1	152.5	641.6
120-12-7	蒽	178	299.5	163.25	640.75
—	氨氮	178	460	2.5	640.5
132-64-9	二苯并呋喃	178	285.7	163.25	626.95
86-73-7	芴	178	281.8	163.25	623.05
83-32-9	苊	178	289.3	152.5	619.8
80214-83-1	罗红霉素	53	407.8	152.5	613.3
129-00-0	芘	178	266.5	163.25	607.75
108-38-3	间二甲苯	53	395.8	152.5	601.3
114-07-8	红霉素	178	266.8	152.5	597.3
85-68-7	邻苯二甲酸丁苄酯	178	258.4	152.5	588.9
95-47-6	邻二甲苯	53	383.2	152.5	588.7
105-67-9	2,4-二甲基苯酚	178	257.5	152.5	588
105-99-7	己二酸二异丁酯	178	302.5	102.5	583
99-87-6	4-异丙基甲苯	53	364.9	163.25	581.15
100-01-6	4-硝基苯胺	178	245.8	152.5	576.3
95-48-7	2-甲基苯酚	178	235.3	152.5	565.8
877-09-8	2,4,5,6-四氯间二甲苯	10	358	194.25	562.25
82419-36-1	氧氟沙星	178	220.3	152.5	550.8
135-98-8	仲丁基苯	10	375.7	163.25	548.95
59-50-7	3-甲基-4-氯酚	178	217.6	152.5	548.1
106-43-4	对氯甲苯	53	341.8	152.5	547.3
75-34-3	1,1-二氯乙烷	53	338.2	152.5	543.7
117-82-8	邻苯二甲酸二甲氧乙酯	53	337.9	152.5	543.4

续表

CAS号	中文名	毒性效应得分	环境暴露得分	生态效应得分	综合得分
91-58-7	2-氯萘	178	199.6	163.25	540.85
104-51-8	正丁基苯	10	353.5	163.25	526.75
85721-33-1	环丙沙星	178	194.2	152.5	524.7
98-06-6	叔丁基苯	53	301	163.25	517.25
142-28-9	1,3-二氯丙烷	53	301.3	152.5	506.8
84-66-2	邻苯二甲酸二乙酯	53	299.8	152.5	505.3
75-27-4	一溴二氯甲烷	53	295.9	152.5	501.4
84-76-4	邻苯二甲酸二壬酯	10	337.6	152.5	500.1
131-18-0	邻苯二甲酸二戊酯	53	339.1	102.5	494.6
156-59-2	顺-1,2-二氯乙烯	10	325	152.5	487.5
208-96-8	苊烯	53	267.4	163.25	483.65
75-00-3	氯乙烷	178	151	152.5	481.5
84-75-3	二己酸己酯	178	183.7	102.5	464.2
71-55-6	1,1,1-三氯乙烷	178	133.6	152.5	464.1
99-09-2	3-硝基苯胺	53	236.8	152.5	442.3
88-74-4	2-硝基苯胺	53	224.2	152.5	429.7
80-35-3	磺胺甲氧哒嗪	53	214.6	152.5	420.1
117-84-0	邻苯二甲酸二正辛酯	10	243.7	152.5	406.2
93106-60-6	恩诺沙星	53	191.5	152.5	397
85-44-9	苯酐(邻苯二甲酸酐)	53	176.5	152.5	382
60-54-8	四环素	53	150.7	152.5	356.2
122-11-2	磺胺地索辛	178	10	152.5	340.5
127-71-9	磺胺苯酰	178	10	152.5	340.5
526-08-9	磺胺苯吡唑	178	10	152.5	340.5
79-57-2	土霉素	10	162.4	152.5	324.9
144-83-2	磺胺吡啶	53	101	152.5	306.5
68-35-9	磺胺嘧啶	53	89.3	152.5	294.8
605-54-9	邻苯二甲酸双-2-乙氧基乙酯	10	130.6	152.5	293.1
57-68-1	磺胺二甲嘧啶	53	86.6	152.5	292.1
72-14-0	磺胺噻唑	10	127.1	152.5	289.6
83905-01-5	阿奇霉素	53	83.6	152.5	289.1
70458-96-7	诺氟沙星	53	54.5	152.5	260
98105-99-8	沙拉沙星	10	63.2	152.5	225.7

续表

CAS号	中文名	毒性效应得分	环境暴露得分	生态效应得分	综合得分
80-32-0	磺胺氯哒嗪	10	63.2	152.5	225.7
1220-83-3	磺胺间甲氧嘧啶	10	54.5	152.5	217
127-79-7	磺胺甲基嘧啶	53	10	152.5	215.5
626-88-0	1-溴-4-甲基戊烷	10	41.6	163.25	214.85
112811-59-3	加替沙星	53	10	152.5	215.5
151096-09-2	莫西沙星	10	40.1	152.5	202.6
144-80-9	磺胺醋酰	10	10	152.5	172.5
127-69-5	磺胺甲基异噁唑	10	10	152.5	172.5
144-82-1	磺胺甲噻二唑	10	10	152.5	172.5
651-06-9	磺胺对甲氧嘧啶	10	10	152.5	172.5
2447-57-6	磺胺邻二甲氧嘧啶	10	10	152.5	172.5

5.2.2 污染物评分结果分析

从污染物的打分排序结果来看，得分较高的污染物类别为重金属类、农药类，这与CERCLA优先污染物名单的排序趋势一致。可以看出，排名靠前的污染物大部分在世界卫生组织国际癌症研究机构致癌物清单上，很多还是一类致癌物，这些污染物排入水中，对人体健康和水生生态环境都带来很大的威胁。

（1）重金属类打分结果分析　重金属类物质由于其毒性大、环境中检出率高和环境暴露浓度高，因此整体得分较高，得分最高的前10种污染物中，7种都是重金属。本书共选取了18种重金属，除了重金属硒外，全部得分都在1000分以上。可以看出，今后在沙颍河流域水环境管理中，重金属类污染物的管控还将是长期而艰巨的任务。

（2）农药类打分结果分析　农药类物质是除重金属之外得分最高的一类污染物，这与沙颍河流域附近的农业分布特征相吻合。农业生产活动中使用到大量的有机磷、有机氯农药，经过雨水冲刷、地表径流等方式汇入河流，对当地生态环境及人体健康带来严重的潜在风险。本书共选取了31种农药，排名最高的农药类污染物是甲基对硫磷，排名第10位；此外，δ-六六六、林丹不管是毒性还是检出率、暴露浓度也都非常高，需要重点关注。

（3）多氯联苯类打分结果分析　本书共检测了18种常见的多氯联苯类物质，检测结果表明，尽管此类物质毒性非常高，但检出率和暴露浓度均处于较低水平，因此综合得分并不高，在沙颍河流域优控污染物筛选中，可以暂不考虑此类物质对水生环境和人体健康的影响。

（4）邻苯二甲酸酯类打分结果分析　邻苯二甲酸酯类物质由于其环境雌激素效应，近些年来成为关注的焦点。此次优控污染物筛选时，将报道较多的15种重点邻苯二甲酸酯类物质都列入了初筛名单。从最终的打分结果看，超过1000分的仅有三种污染物，得分最高的是邻苯二甲酸二正丁酯，1585分，排名第9位；邻苯二甲酸二（2-乙基己基）酯得分1170，排名36位；邻苯二甲酸二甲酯得分1028，排名70位。分析其原因，一是由于邻苯二甲酸酯类物质的环境毒性数据和健康毒性数据较少，尚未对此类物质的毒性形成成熟、系统的研究；二是此类物质的危害主要体现在环境雌激素效应上，毒性比起其他污染物来说不是特别高，因此在重点关注污染物毒性效应的前提下，此类物质的排序相对靠后；三是实际环境样品中检出率过低，表明邻苯二甲酸酯类物质虽存在于环境中，但大部分并非沙颍河流域重点行业特征污染物。

(5) 抗生素类打分结果分析　鉴于沙颍河流域存在较多畜禽养殖业，抗生素类物质也是此次筛选调查的重点。结果显示，检测的30种抗生素类物质在水体中的检出率和检出浓度都相当低，加上此类物质本身毒性较小，因此排名很低，基本处于排序的后端。因此，在近阶段开展沙颍河流域水质目标管理时，可以暂不优先考虑抗生素类物质对水生环境和人体健康的影响。

(6) 其他有机污染物打分结果分析　多环芳烃类、取代苯类、卤代脂肪烃类污染物在沙颍河流域均有检出，但检出率及暴露浓度与重金属类和农药类物质相比较低，因此总体得分在中间位置，得分较高的包括苯、1,2-二氯乙烷、4-氯苯胺、2,6-二硝基甲苯、三氯甲烷、硝基苯、1,2,3-三氯丙烷和乙苯等，一是这些污染物自身毒性效应得分较高，二是考虑产生这些特征污染物的典型行业，可以为下一步针对性管理提供方向。

醚类、亚硝胺类污染物的毒性效应、检出率及暴露浓度均处于初筛名单的中下水平，因此，可以暂不考虑此类物质对水生环境和人体健康的影响。

(7) 氨氮打分结果分析　氨氮是指水中以游离氨（NH_3）和铵离子（NH_4^+）形式存在的氮，是我国水环境监测的重要指标之一，其来源主要是生活污水中含氮有机物受微生物作用分解的产物、某些工业废水及农田排水。本书的氨氮数据来自课题组枯水期和平水期现场检测结果。从最终得分上看，氨氮指标得分为1178分，位于总得分的第35位。

我国现行氨氮水质标准主要参照国外氨氮水质基准制定，虽然有学者对不同流域氨氮水质基准开展了研究，但尚没有官方的氨氮水质标准出台。国内外学者对氨氮的大量研究表明，氨氮对水生生物具有较强的毒性作用，且不同pH、温度等条件下的毒性作用不同。因此，氨氮基准不是一个固定数值，而是随着pH、温度变化而不断变化的变量公式。闫振广等提出以水体pH值和温度为自变量的函数，在0～30℃，pH 6.5～9.0的范围内，我国氨氮的急、慢性基准值分别为0.430～38.9mg/L和0.0664～3.92mg/L。在此基础上，国内研究者进一步对七大流域不同季节的急性基准值和慢性基准值进行了分别推算，pH数据来自国家环境保护部网站全国主要流域重点断面水质自动监测周报，水温平均数据来自流域地方志记载，分为夏季温度和非夏季温度。夏季温度指6—8月3个月的平均水温，非夏季温度指除6—8月外其他月份的平均水温。根据计算结果，淮河流域夏季氨氮急、慢性基准值分别为0.37mg/L和0.06mg/L，非夏季分别为0.81mg/L和0.15mg/L。这些研究结果为沙颍河流域分季节差异化管理氨氮水质目标提供了思索和依据。

综合可知，不管是氨氮指标本身打分结果，还是作为常规污染物对水体的影响以及作为有毒有害因子对水生生物的毒性效应，乃至目前的研究热点，氨氮都应该作为优先控制环境污染物，在沙颍河流域进行重点管理。

5.2.3 沙颍河流域水环境优控污染物总清单

综合考虑污染物得分情况，同时考虑地方的实际情况（人员配置、监测能力等），沙颍河优控污染物名单上的污染物种类不宜过多，应该把目标放在少数重点污染物上，保证实际管理需求。

经反复研究后，对于初筛有毒有害污染物的最终得分，以综合得分满分的 2/3 为限，以重点考虑毒性效应得分、富集性得分、持久性得分兼顾检出率和暴露浓度的原则，对得分高于 1000 分的前 40 种有毒有害污染物进行逐个分析筛选。按得分从高到低排序依次为：铬、镍、铜、苯、砷、铍、铊、δ-六六六、甲基对硫磷、p,p'-DDT、汞、γ-六六六（林丹）、钴、镉、铅、邻苯二甲酸二正丁酯、六氯丁二烯、1,2-二氯乙烷、三氯甲烷、氯乙烯、三氯乙烯、异狄氏醛、狄氏剂、1,2-二溴乙烷、PCB-52、1,2,3-三氯丙烷、p,p'-DDD、二溴氯丙烷、顺式 α-氯丹、异狄氏酮、β-六六六、四氯乙烯、苯并[a]芘、PCB-28（三氯）、开乐散、4-氯苯胺、2,6-二硝基甲苯、艾氏剂、p,p'-DDE、硝基苯。

综上，沙颍河流域水环境优控污染物总清单共包括 8 类、40 种物质。从类别上看，重金属类 10 种，农药类 13 种，多环芳烃类 1 种，取代苯类 3 种，卤代脂肪烃类 9 种，苯胺类 1 种，邻苯二甲酸酯类 1 种，多氯联苯类污染物 2 种。具体见表 5-21。

表 5-21 沙颍河流域水环境优控污染物总清单

序号	类别	CAS 号	中文名	英文名
1	重金属类	7440-47-3	铬	chromium
		7440-02-0	镍	nickel
		7440-50-8	铜	copper
		7440-38-2	砷	arsenic
		7440-41-7	铍	beryllium
		7440-28-0	铊	thallium
		7440-48-4	钴	cobalt
		7439-92-1	铅	plumbum
		7439-97-6	汞	hydrargyrum
		7440-43-9	镉	cadmium
2	农药类	298-00-0	甲基对硫磷	parathion-methyl
		319-86-8	δ-六六六	*delta*-HCH
		58-89-9	林丹	lindane
		50-29-3	p,p'-DDT	DDT
		53494-70-5	异狄氏酮	endrinketone
		7421-93-4	异狄氏醛	endrin aldehyde
		60-57-1	狄氏剂	dieldrin
		72-54-8	p,p'-DDD	dichlorodiphenyldichloroethane
		72-55-9	p,p'-DDE	dichlorodiphenyldichloroethylene
		5103-71-9	顺式 α-氯丹	α-chlordane
		309-00-2	艾氏剂	aldrin metabolized to dieldrin
		115-32-2	开乐散	dicofol
		319-85-7	β-六六六	beta-HCH

续表

序号	类别	CAS号	中文名	英文名
3	多环芳烃类	50-32-8	苯并[a]芘	benzo[a]pyrene
4	取代苯类	71-43-2	苯	benzene
		606-20-2	2,6-二硝基甲苯	2,6-dinitrotoluene
		98-95-3	硝基苯	nitrobenzene
5	卤代脂肪烃类	107-06-2	1,2-二氯乙烷	1,2-dichloroethane
		67-66-3	三氯甲烷	trichloromethane
		87-68-3	六氯丁二烯	hexachlorobutadiene
		75-01-4	氯乙烯	vinyl chloride
		79-01-6	三氯乙烯	trichloroethylene
		106-93-4	1,2-二溴乙烷	1,2-dibromoethane
		96-12-8	二溴氯丙烷	1,2-dibromo-3-chloropropane
		127-18-4	四氯乙烯	tetrachloroethylene
		96-18-4	1,2,3-三氯丙烷	1,2,3-trichloropropane
6	苯胺类	106-47-8	4-氯苯胺	4-chloroaniline
7	邻苯二甲酸酯类	84-74-2	邻苯二甲酸二正丁酯	di-*n*-butyl phthalate
8	多氯联苯类	7012-37-5	PCB-28(三氯)	2,4-dichloro-1-(4-chlorophenyl)benzene
		35693-99-3	PCB-52	2,2′,5,5′-PCB

5.2.4 与国内外主要清单对比研究

本书筛选的沙颍河流域水环境优控污染物总清单，同傅德黔、周文敏等发布的中国水中优先控制污染物黑名单中所列的68种优控污染物相比，40种优控污染物中共有26种列入了中国优控污染物黑名单，且全部为黑名单上推荐近期实施的污染物，与美国EPA水环境中优先污染物名单相比，本书的40种优控污染物共有32种列入了美国EPA水环境中优控污染物清单。与中国水中优先控制污染物黑名单相比，重金属类多了钴元素，主要原因在于这种重金属在沙颍河水体和沉积物环境中的检出率和检出浓度都很高，需要重点关注；农药类多了异狄氏酮、异狄氏醛、狄氏剂、艾氏剂、开乐散等，少了敌敌畏、乐果、对硫磷、除草醚、敌百虫，可能与近年来国家对农药的管控要求导向有关，导致沙颍河流域附近农田中的农药施用种类发生变化；多环芳烃类本书只筛选了一种苯并[a]芘，从侧面反映了沙颍河流域在多环芳烃污染物治理方面取得了一定的成果；其他如取代苯类、卤代脂肪烃类、邻苯二甲酸酯类物质，筛选结果基本在中国优控污染物黑名单上；由于美国EPA优控名单没有有机磷农药类，本名单与美国EPA水环境中优先污染物名单相比，除去有机磷农药类其余基本均包含在该名单内。表明沙颍河流域优控污染物的筛选原则与美国EPA优控污染物和中国优控污染物黑名单筛选原则大体趋于一致，沙颍河流域优控污染物的筛选技术核心的科学性、适用性基本能够保证。

5.3 本章小结

以美国EPA优控污染物筛技术为基础，综合考虑污染物的毒性、暴露状况、在环境介质中的富集行和持久性，对污染物的各项评价参数进行综合打分排序，共筛选出8类、40种沙颍河流域优先控制污染物，包括10种重金属类污染物（铬、镍、铜、砷、铍、铊、钴、铅、汞、镉），13种有机农药类污染物（甲基对硫磷、δ-六六六、林丹、p,p'-DDT、异狄氏酮、异狄氏醛、狄氏剂、p,p'-DDD、p,p'-DDE、顺式α-氯丹、艾氏剂、开乐散、β-六六六），1种多环芳烃类污染物（苯并[a]芘），3种取代苯类污染物（苯、2,6-二硝基甲苯、硝基苯），9种卤代脂肪烃类污染物（1,2-二氯乙烷、三氯甲烷、六氯丁二烯、氯乙烯、三氯乙烯、1,2-二溴乙烷、二溴氯丙烷、四氯乙烯、1,2,3-三氯丙烷），1种苯胺类污染物（4-氯苯胺），1种邻苯二甲酸酯类污染物（邻苯二甲酸二正丁酯），2种多氯联苯类污染物（PCB-28、PCB-52），可为沙颍河流域水环境治理提供理论支持。

06

第6章

部分优控污染物的环境风险评估研究

6.1 引言

河南省是农业种植与煤矿开采大省，随着河南省经济的发展，省内形成了以农业与煤炭为基础的工业体系，衍生出了一系列的典型行业，比如酿造、皮革、畜牧养殖、煤化工等[160,161]。多种行业的复合污染导致多种污染物进入水环境，对水环境造成污染，尤其是多环芳烃与重金属类污染物。在水环境中，重金属元素不能被微生物降解，可在生物体内富集，具有毒性强、难降解、残留时间长等特点，多环芳烃则是一类广泛存在于水环境中的持久性有机物，其高熔点、高持久性及潜在的致癌、致畸、致突变的特性对水生生物及人体健康造成危害[162-166]。因此开展沙颍河流域重金属与多环芳烃的风险评估工作对沙颍河流域水环境中重金属与多环芳烃的预防和治理对沙颍河流域水环境安全至关重要。

目前《地表水环境质量标准》（GB 3838—2002）为国内常用的地表水质量评价标准，在上一章筛选出来的重金属类污染物中有 6 种为地表水环境质量标准中的污染物，本章将对该 6 种重金属（铬、铜、砷、铅、汞、镉）和筛选出的多环芳烃污类染物（苯并[a]芘）进行风险评估，揭示其污染程度与风险水平，为沙颍河流域的综合治理提供理论依据。

6.2 材料与方法

6.2.1 重金属风险评估方法

6.2.1.1 地表水中重金属风险评估方法

沙颍河流域地表水中重金属的污染程度采用内梅罗综合污染指数法进行评价[167]，该方法通过计算单因子污染指数和多因子综合污染指数来反映水体中单个和复合重金属的污染状况，具体公式如下。

单因子污染指数：

$$P_i = C_i / S_i \tag{6-1}$$

多因子综合污染指数：

$$P_n = \sqrt{\frac{\max(P_i)^2 + \mathrm{ave}(P_i)^2}{2}} \tag{6-2}$$

式中，C_i 为重金属 i 的浓度；S_i 为相应的水质标准（GB 3838—2002 中的Ⅲ类水质标准）；$\max(P_i)$ 为重金属单因子污染指数的最大值；$\mathrm{ave}(P_i)$ 为各金属单因子污染指数的平均值。水体中重金属的污染评价标准如表 6-1 所示。

表 6-1 水体中重金属污染评价标准

P_i	P_n	污染程度
$P_i \leqslant 1$	$P_n \leqslant 0.7$	安全
$1 < P_i \leqslant 2$	$0.7 < P_n \leqslant 1$	警戒
$2 < P_i \leqslant 3$	$1 < P_n \leqslant 2$	轻度污染
$P_i > 3$	$P_n > 2$	高度污染

6.2.1.2 沉积物中重金属风险评估方法

沙颍河流域沉积物中重金属的风险评估采用瑞典学者 Hakanson 提出的潜在水环境风险指数法[168]。该方法可以相对快速、简便和标准地对底泥重金属的污染程度进行划分，反映沉积物中单一重金属元素的环境影响的同时也可以反映多种重金属污染物的综合效应。该法计算公式如下。

单个重金属潜在风险指数：

$$C_f^i = C_D^i / C_R^i \tag{6-3}$$

$$E_r^i = T_r^i \times C_f^i \tag{6-4}$$

多种重金属潜在生态风险指数：

$$RI = \sum_{i=1}^{n} E_r^i \tag{6-5}$$

式中，C_D^i 为沉积物中重金属浓度；C_R^i 为计算所需的参比值（采用河南省土壤重金属背景值作为参比）；E_r^i 为潜在生态风险系数；C_f^i 为某一重金属的污染系数；T_r^i 为单个污染物的毒性响应系数（Cu、As、Hg、Cd、Cr、Pb 的毒性响应系数分别为 5、10、40、30、2、5）；RI 为多种金属的潜在生态风险指数。重金属污染程度及潜在水环境风险等级划分标准如表 6-2 所示。

表 6-2 重金属污染程度及潜在水环境风险等级划分标准

单一污染物污染系数 E_r^i		潜在生态风险指数 RI	
阈值区间	程度分级	阈值区间	程度分级
$E_r^i<40$	低污染	RI<150	低风险
$40\leqslant E_r^i<80$	中等污染	150≤RI<300	中风险
$80\leqslant E_r^i<160$	较高污染	300≤RI<600	高风险
$160\leqslant E_r^i<320$	高污染	600≤RI<1200	很高风险
$E_r^i\geqslant 320$	严重污染	RI≥1200	极高风险

6.2.2 多环芳烃风险评估方法

6.2.2.1 地表水中多环芳烃风险评估方法

采用 RQ（风险熵值）法[169] 对沙颍河流域多环芳烃污染程度进行生态风险评价，PAHs 单体的风险水平计算公式如下：

$$RQ = C_{PAHs} / C_{QV} \tag{6-6}$$

$$RQ_{NCs} = C_{PAHs} / C_{QV(NCs)} \tag{6-7}$$

$$RQ_{MPCs} = C_{PAHs} / C_{QV(MPCs)} \tag{6-8}$$

式中，C_{PAHs} 表示某种 PAHs 的质量浓度，ng/L；C_{QV} 表示相应的 PAHs 风险标准值，ng/L；$C_{QV(NCs)}$ 表示最低风险标准值，ng/L；$C_{QV(MPCs)}$ 表示最高风险标准值，ng/L；RQ_{NCs} 为最低风险商值；RQ_{MPCs} 为最高风险商值。其风险评级如表 6-3 所示。

表 6-3 PAHs 单体的风险分级

风险等级	RQ_{NCs}	RQ_{MPCs}
极低风险	<1	
中等风险	≥1	<1
高风险		≥1

6.2.2.2 表层底泥中多环芳烃风险评估方法

本书采用质量基准法来评估沙颍河流域表层底泥中多环芳烃类潜在的生态风险[170]，该方法通过使用沉积物中多环芳烃的生态效应区间底值（ERL）和生态效应区间中值（ERM）来反映沉积物的生态风险水平。ERL 为对生物体毒性作用小于 10%的阈值，ERM 为对生物体毒副作用大于 50%的阈值，大于 ERM 值时可能会产生一定程度的负面生态效应。使用沉积物中 PAHs 浓度与 ERL 比值（RCF）作为 PAHs 的定量指标。

6.3 结果与讨论

6.3.1 沙颍河流域水环境中优控重金属的风险评估

6.3.1.1 地表水中优先控制重金属风险评估

沙颍河流域地表水中 6 种重金属的单因子污染指数计算结果如表 6-4 所示。以地表水环境质量三类水为标准，丰水期各重金属单因子指数平均值 Hg>As>Cd>Pb>Cr>Cu，平均污染情况处于轻度污染水平。各重金属中 Hg 元素的污染最严重，可达到轻度污染水平，除 Hg 外的 5 种重金属始终处于安全水平，无污染风险，沙颍河丰水期地表水中主要污染重金属是 Hg[171]。枯水期各重金属单因子指数平均值为 Hg>Cr>Pb>As>Cd=Cu，平均处于轻度污染水平，最高可致重度污染。各元素中 Hg 污染最为严重，可达到重度污染水平，其余 5 种重金属无污染风险，沙颍河流域枯水期地表水种主要污染重金属为 Hg。平水期各重金属单因子指数平均值 As >Cd>Cr>Pb >Cu，6 种重金属均处于安全水平，无污染风险，整体来说 6 种重金属中 Hg 污染最为严重。对比三个水期，Cr、Cu、Pb 和 Hg 等元素枯水期污染程度要高于另外两个水期，As 和 Cd 元素丰水期元素污染程度要高于另外两个水期，平水期污染程度最小。

表 6-4 沙颍河流域地表水中重金属单因子污染指数

种类	水期	P_i		
		最大值	最小值	均值
Cr	丰水期	0.04	0.00	0.01
	枯水期	0.33	0.03	0.11
	平水期	0.30	0.00	0.01
Cu	丰水期	0.01	0.00	0.00
	枯水期	0.06	0.00	0.01
	平水期	0.01	0.00	0.00

续表

种类	水期	P_i		
		最大值	最小值	均值
As	丰水期	0.11	0.03	0.06
	枯水期	0.10	0.01	0.04
	平水期	0.15	0.01	0.05
Cd	丰水期	0.34	0.01	0.03
	枯水期	0.24	0.00	0.01
	平水期	0.62	0.00	0.02
Hg	丰水期	18.10	0.40	2.39
	枯水期	18.22	2.00	3.88
Pb	丰水期	0.07	0.00	0.01
	枯水期	0.51	0.02	0.10
	平水期	0.04	0.00	0.01

根据多因子污染指数 P_n 对沙颍河流域三个水期各点位污染程度进行分级，沙颍河流域地表水丰水期、枯水期和平水期重金属污染程度分级示意图如图 6-1 所示，由图可知，丰水期沙颍河流域 6 种重金属各点位风险程度均处于安全与重度污染状态，其中各点位中 S8、S14、S21、S28、S30、S32、S38 7 个点位为重度污染，占所有点位的 18%；枯水期各点位风险程度较丰水期严重，各点位均处于轻度污染与重度污染状态，其中各点位中 S2、S3、

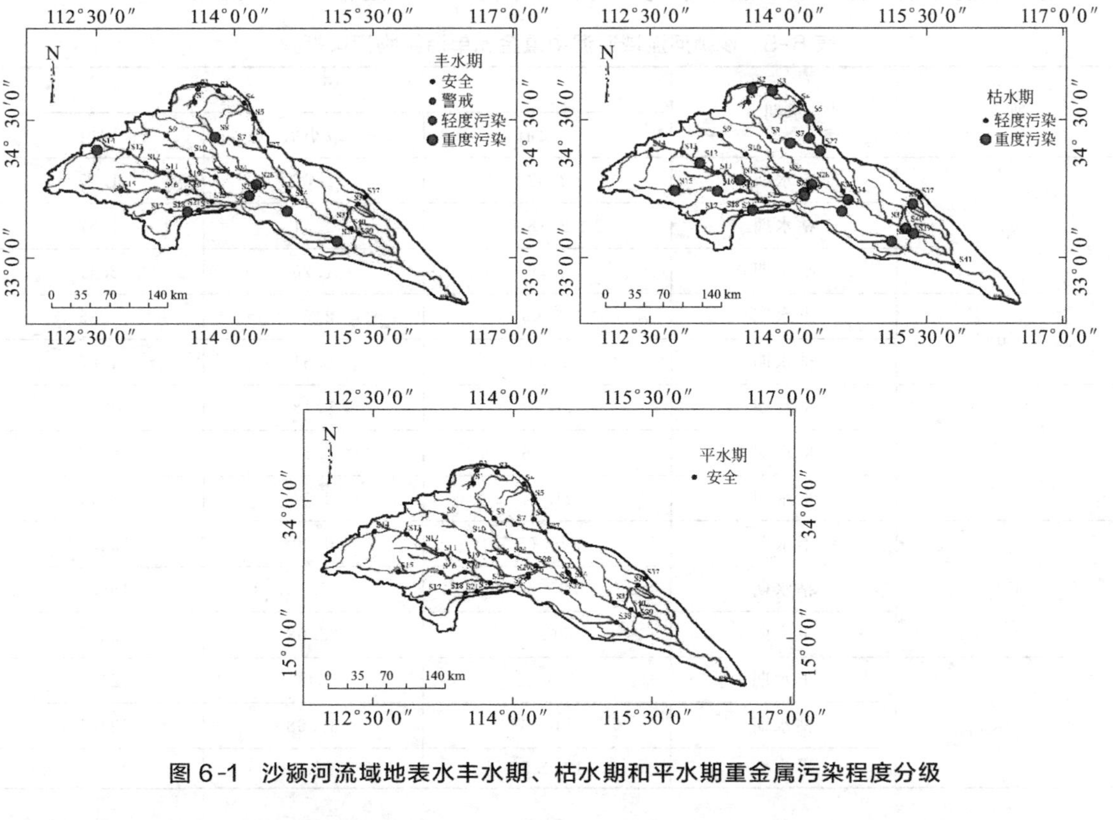

图 6-1 沙颍河流域地表水丰水期、枯水期和平水期重金属污染程度分级

S5、S6、S7、S12、S15、S16、S19、S22、S27、S28、S29、S30、S32、S34、S36、S38、S39 和 S40 20 个点位为重度污染，占所有点位的 20%；平水期各点位的风险程度最低，均在安全阈值以内。从空间分布上看，三个水期重度污染的区域主要集中于沙颍河流域上游的贾鲁河、澧河和沙颍河中下游的汾泉河与沙河等，主要原因是这些河段周围分布着一些养殖场、造纸厂和钢铁加工厂等，通过排污口将污水排入水体中，对其造成重金属污染。

6.3.1.2 沉积物中优先控制重金属风险评估

沙颍河流域枯水、平水、丰水三个水期底泥中各重金属的单物质污染指数如表 6-5 所示。由表可知，丰水期 6 种重金属的 E_r^i 值大小排序为 Hg>Cd>As>Cu>Pb>Cr，Hg 和 Cd 污染系数最高，分别为 221.48 和 154.63，处于高污染水平和较高污染水平，存在潜在的生态风险，其余 4 种重金属均处于轻度污染水平，可认为无潜在生态风险，丰水期沙颍河流域底泥中的主要生态风险因子为 Hg 和 Cd；枯水期 6 种重金属的 E_r^i 值大小排序为 Hg>Cd>Pb>As>Cu>Cr，同样 Hg 和 Cd 污染系数最高，分别为 631.17 和 188.50，均高于丰水期，二者均处于高污染水平，存在潜在的生态风险，其余 4 种重金属均处于轻度污染水平，无潜在生态风险，枯水期沙颍河流域底泥中的主要生态风险因子为 Hg 和 Cd；平水期缺少 Cu 元素数据，因此只对其余 5 种重金属进行风险评估，平水期各重金属的 E_r^i 值大小排序为 Hg>Cd>Pb>As>Cr，Hg 和 Cd 污染系数最高，分别为 779.69 和 133.53，二者分别处于高污染水平和较高污染水平，存在潜在的生态风险，其余重金属均处于轻度污染水平，无潜在生态风险，平水期沙颍河流域底泥中的主要生态风险因子为 Hg 和 Cd。可见三个水期 Hg 和 Cd 均为底泥中主要风险因子。对比三个水期，丰水期 Hg 和 Cd 两种高风险元素的污染系数均最小，这可能是由于丰水期沙颍河流域水体流速较快，对表层底泥的冲刷较为严重，致使沙颍河流域表层底泥中的重金属元素随着底泥迁移至下游流域。

表 6-5 沙颍河流域底泥中重金属单污染物污染指数

种类	水期	E_r^i		
		最大值	最小值	均值
Cr	丰水期	2.33	1.02	1.75
	枯水期	2.18	1.11	1.57
	平水期	4.79	1.76	2.41
Cu	丰水期	28.66	2.62	5.85
	枯水期	7.61	2.61	4.87
As	丰水期	17.24	5.18	10.94
	枯水期	14.48	3.57	8.19
	平水期	21.24	2.17	8.11
Cd	丰水期	570.65	0.00	154.63
	枯水期	595.53	55.69	188.50
	平水期	286.15	23.08	133.53
Hg	丰水期	800.42	0.00	221.48
	枯水期	5110.08	59.68	631.17
	平水期	1240.56	722.38	779.69

续表

种类	水期	E_r^i		
		最大值	最小值	均值
Pb	丰水期	31.88	1.95	5.38
	枯水期	46.40	4.94	9.68
	平水期	58.30	3.92	11.12

根据潜在生态风险指数 RI 对沙颍河流域丰水期和枯水期表层底泥 6 种重金属复合污染程度进行分级，平水期由于缺少 Cu 元素的数据，本处将不再对平水期进行重金属的复合生态风险评估，分级结果如图 6-2 所示。丰水期沙颍河流域沉积物中重金属处于低风险至很高风险之间，其中，6.45%处于低污染，29.03%处于中度污染，48.39%处于高污染，16.13%处于很高污染，在 S10、S14、S17、S31、S36 点位处均达到很高风险的污染程度，其余点位达到高风险、中风险和低风险不同等级的程度；枯水期沙颍河流域沉积物中重金属处于中风险至极高风险之间，其中 29.69%处于中度污染，37.93%处于高污染，24.14%处于很高污染，17.24%处于极高污染，在 S14、S16、S23、S33、S37 点位处均达到极高风险的污染程度，其余点位达到高风险、中风险和低风险不同等级的程度，枯水期沙颍河流域表层底泥中重金属发生风险的可能性要高于丰水期，而生态风险的产生与 Hg 和 Cd 密切相关。沙颍河流域存在造纸、合成氨、酿造、畜禽养殖以及农业面源等多行业的复合污染，这些都是 Hg 和 Cd 污染的来源。因此应加强各行业废水排放的管控，帮助督促各行业改善配套的污水处理设施。

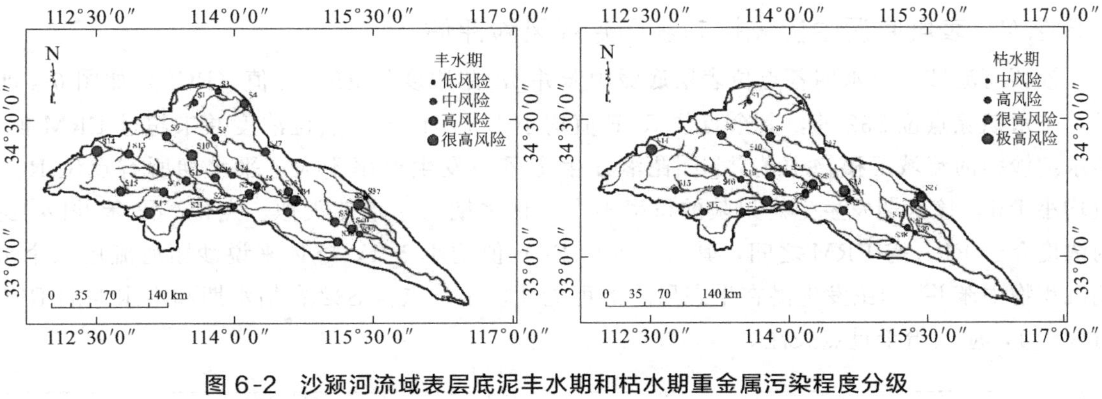

图 6-2 沙颍河流域表层底泥丰水期和枯水期重金属污染程度分级

6.3.2 沙颍河流域水环境中优控多环芳烃的风险评估

6.3.2.1 地表水中优先控制多环芳烃风险评估

沙颍河流域三个水期中枯水期与平水期地表水中苯并[a]芘含量均低于检出限，丰水期有所检出，其原因可能是由于丰水期沙颍河流域雨水较多，大量空气与土壤中的多环芳烃通过干湿沉降和雨水径流汇入水相，更多种类的污染物汇入沙颍河流域水环境中。沙颍河流域丰水期各点位最高风险熵值（RQ_{MPCs}）如图 6-3 所示，由图可知，检测出的苯并[a]芘浓度虽然较低，但是其风险标准值也较低，最低风险标准值 $C_{QV(NCs)}$ 为 0.1ng/L，高风险标准值 $C_{QV(MPCs)}$ 为 10ng/L，除点位 S13 外，其余各点位 RQ_{MPCs} 均大于 1，地表水中苯并[a]芘处于高风险水平，点位 S13 虽然 RQ_{MPCs} 小于 1，但是最低风险熵值 RQ_{MPCs} 大于 1，该点位地表水中苯并[a]芘处于中等风险，整体来说丰水期沙颍河流域地表水中苯并[a]芘具有较高的生态风险[172]。而 RQ_{MPCs} 较高的点位多位于沙颍河流域的中上游，如 S5、S7、S10、S12、S14 等，这可能与上游主要流经郑州、许昌和平顶山等工矿企业较为密集的地区密切相关。

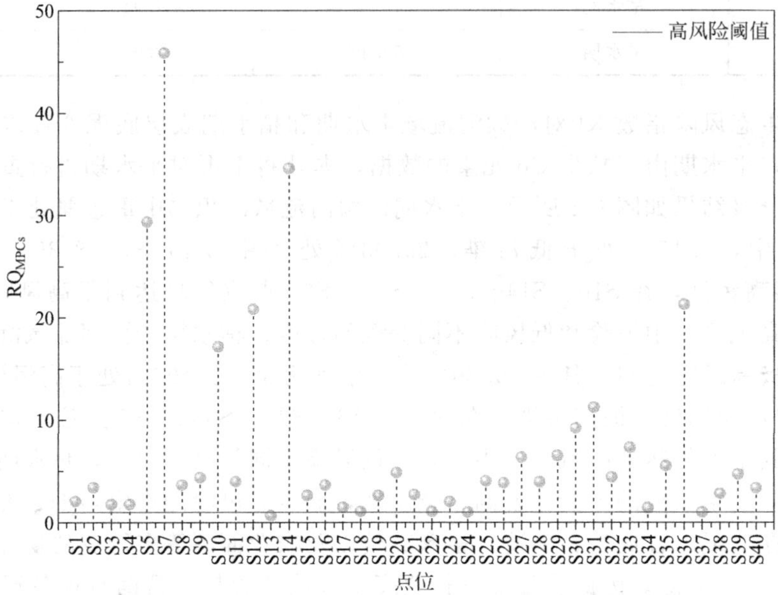

图 6-3 丰水期各点位苯并 [a] 芘的 RQ_{MPCs} 值

6.3.2.2 表层底泥中优先控制多环芳烃风险评估

沙颍河流域三个水期各点位表层底泥中苯并[a]芘浓度与 ERL 比值（RCF）如图 6-4 所示，丰水期除点位 S32 外，其余点位 RCF 值均小于 1，且 S32 点位浓度并未超过 ERM 值，丰水期沙颍河流域沉积物中苯并[a]芘潜在生态风险发生概率不大；平水期所有点位 RCF 值均小于 1，该水期发生生态风险的概率不大；枯水期与丰水期类似，点位 S32 苯并[a]芘的浓度介于 ERL 与 ERM 之间，其余各点位 RCF 值均小于 1，整体来说沙颍河流域三个水期沉积物中苯并[a]芘发生潜在生态风险的可能性较小，点位 S32 在枯水期和丰水期的 RFC 值大于 1，应当给予重点关注。

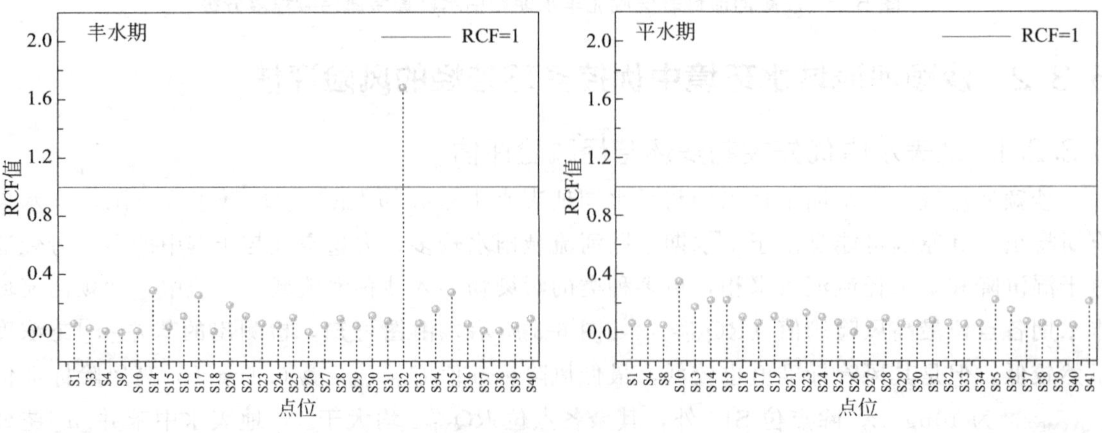

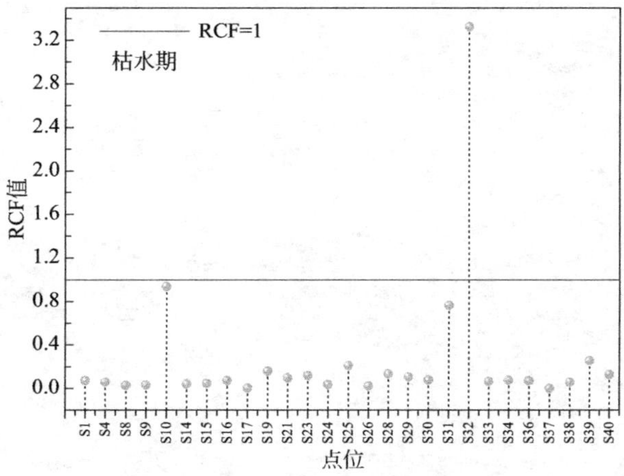

图 6-4 沙颍河流域三个水期各点位 RCF 值

6.4 本章小结

① 内梅罗综合污染指数法表明沙颍河地表水存在一定的重金属污染情况，部分点位达到重度污染水平，对比三个水期各点位枯水期发生生态风险的可能性要高于丰水期，平水期最小，单因子污染指数表明，三个水期地表水中的主要污染物都是 Hg，其余 5 种重金属处于安全水平；潜在生态风险评估表明沙颍河表层沉积物中重金属污染在三个水期均表现出高风险水平，主要风险来源是 Hg 和 Cd，除 Hg 和 Cd 以外的 4 种重金属虽然超过河南省土壤背景值，但水环境风险较低，不是主要的生态风险因子。

② 采用风险熵值法对地表水中苯并[*a*]芘进行评估，结果表明：丰水期沙颍河流域地表水中苯并[*a*]芘存在较高的生态风险，枯水期和平水期属于较低风险水平；采用质量基准法对表层沉积物中苯并[*a*]芘进行评估，结果表明：沙颍河流域三个水期沉积物中苯并[*a*]芘发生潜在生态风险的可能性均比较小，其中点位 S32 在枯水期和丰水期的 RFC 值大于 1，应当给予重点关注。

07

第7章

基于硬度-毒性响应关系的沙颍河流域镉水质基准研究与生态风险评估

7.1 引言

重金属镉在工业生产中的用途很广，其释放到环境中的主要途径是：冶炼、加工排放的废气、废水和废渣等产生的废水中。因此，我们在这些生产过程中应当加强管理与监督，防止重金属污染环境[173]。镉是生物毒性最为突出的重金属，这种重金属不断进入环境，当其浓度超过限制阈值就会产生不利影响，如造成人体组织如肺部、肾脏、血液、骨骼或者神经系统等不可逆转的损伤[174]。此外，有研究表明 Cd 是我国蔬菜主要重金属污染物[175]。重金属对水生物的毒害作用早已有研究[176-178]。一定浓度的重金属 Cd^{2+} 会对不同藻种的生长产生抑制作用[179]。此外，有研究表明水体硬度的增加能够有效降低 Cd^{2+} 在水体中的生物有效性，使鱼体实际吸收的 Cd^{2+} 减少，从而降低 Cd^{2+} 的生物毒性[180]。因此，水体硬度应当作为毒性研究的考虑因素之一。

7.2 沙颍河流域本土基准受试生物及毒性数据的筛选

7.2.1 沙颍河流域代表性水生生物的筛选

用于水质基准推导的水生生物物种的选择需要综合考虑流域水生生物种类分布及其特点、水生生物营养级构成与特征、本地代表生物物种类型与分布规律等诸多因素。课题组对沙颍河历史资料进行搜集对比，最终筛选出沙颍河代表性物种，如表 7-1 所示。其中鱼类 4 种，鲫鱼（*Carassius auratus*）为重要经济种，黄颡鱼（*Pelteobagrus fulvidraco*）、长吻鮠（*Leiocassis longirostris*）为沙颍河重点保护物种，乌鳢（*Channa argus*）为沙颍河本土物种；浮游动物 2 种，萼花臂尾轮虫（*Brachionus calyciflorus*）为沙颍河本土物种，大型蚤（*Daphnia magna*）为国际通用物种；浮游植物 1 种，微囊藻（*Microcystis aeruginosa*）为沙颍河本土物种；底栖动物 4 种，霍甫水丝蚓（*Limnodrilus hoffmeisteri*）、铜锈环棱螺（*Bellamya aeruginosa*）、河蚬（*Corbicula fluminea*）、秀丽白虾（*Exopalaemon modestus*）为沙颍河本土物种。这些代表性水生生物大多为沙颍河本土物种，其中鱼类有一部分还是当地重点保护物种以及重要经济鱼种。

7.2.2 毒性数据收集与筛选

收集迄今已发表的我国水生生物镉、氨氮、硝基苯和苯并［*a*］芘（BaP）的急、慢性毒性数据，数据主要来自 USEPA 的 ECOTOX 数据库、中国知网和 ELSEVIER。对收集的物种进行筛选，剔除不合格的数据（如无对照试验的数据，镉文献未报道试验用水硬度的数据，试验稀释用水不合格的数据，试验设计不规范的数据及可疑数据等）以及不属于沙颍河流域水生生物的数据。

7.2.3 镉毒性数据筛选结果

收集筛选了镉对沙颍河流域本土淡水水生生物急性毒性数据（表 7-2），共有 53 个急性毒性数据；搜集筛选了镉对本土淡水水生生物慢性毒性数据（表 7-3），共有 6 个慢性毒性数据。

表 7-1 沙颍河流域代表性水生生物

分类	门		纲		科		属		种	
鱼类	脊髓动物门	Chordata	硬骨鱼纲	Osteichthyes	鲤科	Cyprinidae	鲫属	Carassius	鲫鱼	*Carassius auratus*
	脊髓动物门	Chordata	硬骨鱼纲	Osteichthyes	鲿科	Bagridae	黄颡鱼属	Pelteobagrus	黄颡鱼	*Pelteobagrus fulvidraco*
	脊髓动物门	Chordata	硬骨鱼纲	Osteichthyes	鲿科	Bagridae	鮠属	Leiocassis	长吻鮠	*Leiocassis longirostris*
	脊髓动物门	Chordata	硬骨鱼纲	Osteichthyes	鳢科	Channidae	鳢属	Channa	乌鳢	*Channa argus*
浮游动物	轮虫动物门	Rotifera	轮虫纲	Rotifera	臂尾轮科	Brachionus	臂尾轮属	Brachionus	萼花臂尾轮虫	*Brachionus calyciflorus*
	节肢动物门	Arthropoda	甲壳纲	Crustacea	蚤科	Daphniidae	蚤属	Daphnia	大型蚤	*Daphnia magna*
浮游植物	蓝藻门	Cyanophyta	蓝藻纲	Cyanophyceae	平裂藻科	*Merismpediaceae*	微囊藻属	Microcystis	微囊藻	*Microcystis aeruginosa*
底栖动物	环节动物门	Annelida	寡毛纲	Oligochaeta	颤蚓科	Tubificidae	水丝蚓属	Limnodrilus	霍甫水丝蚓	*Limnodrilus hoffmeisteri*
	软体动物门	Mollusca	腹足纲	Gastropoda	田螺科	Viviparidae	环棱螺属	Bellamya	铜锈环棱螺	*Bellamya aeruginosa*
	软体动物门	Mollusca	瓣鳃纲	Lamellibranchia	蚬科	Corbiculidae	蚬属	Corbicula	河蚬	*Corbicula fluminea*
	节肢动物门	Arthropoda	甲壳动物纲	Crustacea	长臂虾科	Atyidae	白虾属	Exopalaemon	秀丽白虾	*Exopalaemon modestus*

表 7-2 镉对沙颍河流域本土淡水水生生物急性毒性数据

门	科	种	拉丁名	方法	硬度/(mg/L)	LC_{50}/EC_{50}/(μg/L)	LC_{50}/EC_{50} (H=100mg/L)/(μg/L)
环节动物门	颤蚓科	霍甫水丝蚓	*Limnodrilus hoffmeistteri*	F,M	152	2400.0	1581.00
环节动物门	颤蚓科	正颤蚓	*Tubifex tubifex*	S,M	128	1700.0	1329.14
环节动物门	颤蚓科	正颤蚓	*Tubifex tubifex*	S,U	250	1657.0	664.69
节肢动物门	蚤科	模糊网纹蚤	*Ceriodaphnia dubia*	S,U	90	54.0	59.98
节肢动物门	蚤科	模糊网纹蚤	*Ceriodaphnia dubia*	R,M	80	54.5	68.08
节肢动物门	蚤科	模糊网纹蚤	*Ceriodaphnia dubia*	S,U	90	55.9	62.09
节肢动物门	蚤科	棘爪网纹蚤	*Ceriodaphnia reticulata*	S,U	240	184.0	76.88
节肢动物门	蚤科	棘爪网纹蚤	*Ceriodaphnia reticulata*	S,U	120	110.0	91.72
节肢动物门	蚤科	大型蚤	*Daphnia magna*	S,U	45	65.0	144.09
节肢动物门	蚤科	大型蚤	*Daphnia magna*	R,M	105	30.0	28.58
节肢动物门	蚤科	大型蚤	*Daphnia magna*	R,M	209	30.0	14.39
节肢动物门	蚤科	大型蚤	*Daphnia magna*	S,U	120	20.0	16.68
节肢动物门	蚤科	大型蚤	*Daphnia magna*	S,U	120	40.0	33.35
节肢动物门	蚤科	大型蚤	*Daphnia magna*	S,M	170	3.6(基因型 A)	2.12
节肢动物门	蚤科	大型蚤	*Daphnia magna*	S,M	170	9.0(基因型 A-1)	5.30
节肢动物门	蚤科	大型蚤	*Daphnia magna*	S,M	170	9.0(基因型 A-2)	5.30
节肢动物门	蚤科	大型蚤	*Daphnia magna*	S,M	170	4.5(基因型 B)	2.65
节肢动物门	蚤科	大型蚤	*Daphnia magna*	S,M	170	27.1(基因型 E)	15.97
节肢动物门	蚤科	大型蚤	*Daphnia magna*	S,M	170	115.9(基因型 S-1)	68.29
节肢动物门	蚤科	大型蚤	*Daphnia magna*	S,M	170	24.5(克隆 F)	14.44
节肢动物门	蚤科	大型蚤	*Daphnia magna*	S,M	170	129.4(克隆 S-1)	76.24
节肢动物门	蚤科	大型蚤	*Daphnia magna*	S,U	250	280.0	112.32
节肢动物门	蚤科	大型蚤	*Daphnia magna*	S,U	170	9.5	5.60
节肢动物门	蚤科	大型蚤	*Daphnia magna*	S,M	46	112.0(克隆 S-1)	242.89
节肢动物门	蚤科	大型蚤	*Daphnia magna*	S,M	91	106.0(克隆 S-1)	116.45
节肢动物门	蚤科	大型蚤	*Daphnia magna*	S,M	179	233.0(克隆 S-1)	130.40
节肢动物门	蚤科	大型蚤	*Daphnia magna*	S,M	46	30.1(克隆 A)	65.28
节肢动物门	蚤科	大型蚤	*Daphnia magna*	S,M	91	234.0(克隆 A)	257.07
节肢动物门	蚤科	大型蚤	*Daphnia magna*	S,M	179	23.6(克隆 A)	13.21
节肢动物门	蚤科	大型蚤	*Daphnia magna*	S,M	51①	9.9	19.37
节肢动物门	蚤科	大型蚤	*Daphnia magna*	S,M	104①	33.0	31.73
节肢动物门	蚤科	大型蚤	*Daphnia magna*	S,M	105①	34.0	32.39

续表

门	科	种	拉丁名	方法	硬度/(mg/L)	LC_{50}/EC_{50}/(μg/L)	LC_{50}/EC_{50}(H=100mg/L)/(μg/L)
节肢动物门	蚤科	大型蚤	*Daphnia magna*	S,M	197①	63.0	32.05
节肢动物门	蚤科	大型蚤	*Daphnia magna*	S,M	209①	49.0	23.50
节肢动物门	蚤科	大型蚤	*Daphnia magna*	F,M	130	58.0	44.65
节肢动物门	蚤科	大型蚤	*Daphnia magna*	F,U	162	60.0	37.09
节肢动物门	蚤科	大型蚤	*Daphnia magna*	F,U	162	60.0	37.09
节肢动物门	蚤科	蚤状蚤	*Daphnia pulex*	S,U	57①	47.0	82.31
节肢动物门	蚤科	蚤状蚤	*Daphnia pulex*	S,U	240①	319.0	133.28
节肢动物门	蚤科	蚤状蚤	*Daphnia pulex*	S,U	120①	80.0	66.70
节肢动物门	蚤科	蚤状蚤	*Daphnia pulex*	S,M	54①	70.1	129.57
节肢动物门	蚤科	蚤状蚤	*Daphnia pulex*	S,U	85①	66.0	77.61
节肢动物门	裸腹蚤科	多刺裸腹蚤	*Moina macrocopa*	S,U	82	71.3	86.90
节肢动物门	鳌虾科	克氏原鳌虾	*Procambarus clarkii*	S,M	30	1040.0	3453.75
节肢动物门	鳌虾科	克氏原鳌虾	*Procambarus clarkii*	F,U	53	2660.0	5009.00
节肢动物门	鳌虾科	克氏原鳌虾	*Procambarus clarkii*	F,U	42	624.0	1481.72
脊索动物门	鲤科	鲤鱼	*Cyprinus carpio*	S,U	100	4300.0	4300.00
脊索动物门	鲤科	草鱼	*Ctenopharyngodon idella*	R,U	210	2441.0	1165.06
脊索动物门	鲤科	草鱼	*Ctenopharyngodon idella*	S,U	210	2405.0	1147.88
脊索动物门	棘臀鱼科	绿色太阳鱼	*Lepomis cyanellus*	S,U	20①	2840.0	14129.33
脊索动物门	棘臀鱼科	绿色太阳鱼	*Lepomis cyanellus*	S,U	360①	66000.0	18406.28
脊索动物门	棘臀鱼科	绿色太阳鱼	*Lepomis cyanellus*	S,M	86①	11520.0	13389.09
脊索动物门	鳉科	青鳉	*Oryzias latipes*	S,U	83	16.0	19.27

注：S表示静态法；R表示更新法；F表示流水式；M表示测量；U表示未测量。
①表示急性硬度斜率时采用的数据。

表 7-3 镉对本土淡水水生生物慢性毒性数据

门	科	种	拉丁名	试验	硬度/(mg/L)	慢性值/(μg/L)	慢性值(H=100mg/L)/(μg/L)
环节动物门	颤蚓科	正颤蚓	*Tubifex tubifex*	LC	250	1777.2	705.49
节肢动物门	蚤科	模糊网纹蚤	*Ceriodaphnia dubia*	LC	20	13.784	69.85
节肢动物门	蚤科	大型蚤	*Daphnia magna*	LC	53①	0.152	0.29
节肢动物门	蚤科	大型蚤	*Daphnia magna*	LC	103①	0.212	0.21
节肢动物门	蚤科	大型蚤	*Daphnia magna*	LC	209①	0.437	0.21
节肢动物门	蚤科	大型蚤	*Daphnia magna*	LC	130	1.860	1.43

①表示急性硬度斜率时采用的数据。

7.3 镉生态毒理学试验研究

7.3.1 材料与方法

① 试验药品：氯化镉（CAS：7790-78-5），氯化钙（CAS：10035-04-8），硫酸镁（CAS：7790-78-5），碳酸氢钠（CAS：144-55-8），氯化钾（CAS：7447-40-7）均购自国药集团化学试剂有限公司。

② 试验仪器：电感耦合等离子体质谱仪（ICP-MS；Agilent，7500a），电感耦合等离子体发射光谱仪（ICP-OES；Agilent，5100），分析天平（瑞士，Mettler公司，AE240），不锈钢电热鼓风干燥箱（日本，Sibata公司，SOD-600），多功能水质参数仪（美国，哈希公司，HQ40d），硬度计（美国，哈希公司，16900）。

③ 受试生物：秀丽白虾、霍甫水丝蚓均购至朝来春花鸟鱼虫市场，鲫鱼、黄颡鱼、乌鳢、长吻鮠均购自广东省水产养殖场。所有生物在试验前用曝气的自来水驯养至少7天，死亡率在5%以内。

④ 试验方法：试验用水均为不同硬度的标准稀释水，配置方式和毒性试验方法按照《化学品测试方法：生物效应卷》执行，根据预试验确定正式试验浓度范围，正式试验设置1组空白对照，至少5个浓度组，每组3个平行。试验用水水质参数：pH 7.0～8.5，水温(22±1)℃，溶解氧6mg/L以上，硬度50～250mg/L（以$CaCO_3$计），光照周期为12h。急性试验所有生物试验前24h停止喂食。每天测定不同浓度溶液中温度、pH以及溶解氧等水质指标，时长4天。鱼类慢性毒试验周期至少为28天。试验期间，按照0.1%生物质量喂食，一天一次。本试验黄颡鱼、长吻鮠和秀丽白虾的慢性试验每天按时喂食霍甫水丝蚓。急慢性试验均监测试验前后的浓度变化<20%，符合标准。

⑤ 镉对本土淡水水生生物的急、慢性毒理学试验各项参数见表7-4和表7-5。急性毒性试验数据使用SPSS 18.0概率单位回归计算半致死浓度LC_{50}，慢性毒性试验数据通过SPSS 18.0单因素方差分析（One-Way ANOVA）确定最低可见效应浓度（LOEC）($P<0.05$）和无观测效应浓度（NOEC），最大可接受毒性浓度（MATC，LOEC与NOEC的几何平均值）为最终慢性结果。鱼类慢性试验以生长为毒性终点数据参照《水生生物监测手册》，使用概率单位法计算20%效应浓度EC_{20}。

表7-4 6种本土淡水水生生物急性毒理学试验浓度设置

物种	拉丁名	体长/cm	平均体重/g	硬度/(mg/L)	浓度设置/(mg/L)
秀丽白虾	*Exopalaemon modestus*	1.50±0.12	0.12	50	0,0.005,0.01,0.02,0.04,0.06,0.08
				145	0,0.01,0.02,0.04,0.06,0.08,0.1
				250	0,0.02,0.04,0.06,0.08,0.1,0.2
霍甫水丝蚓	*Limnodrilus hoffmeistteri*	3.20±0.04	—	50	0,0.1,0.15,0.2,0.25,0.3,0.35,0.4
				153	0,0.1,0.2,0.3,0.4,0.5,0.6
				265	0,0.1,0.3,0.5,0.7,0.9

续表

物种	拉丁名	体长/cm	平均体重/g	硬度/(mg/L)	浓度设置/(mg/L)
鲫鱼	*Carassius auratus*	1.84±0.08	0.08	50	0,1,2,4,6,8
				150	0,11,12,13,14,15,16
				250	0,10,12,14,16,18,20
黄颡鱼	*Pelteobagrus fulvidraco*	2.50±0.15	0.10	50	0,2,4,6,8,10,12
				150	0,10,12,14,16,18,20
				250	0,12,15,18,21,24,27
乌鳢	*Channa argus*	3.80±0.02	0.21	50	0,10,14,18,22,26,30
				150	0,15,18,21,24,27,33,39
				234	0,20,28,36,44,52,60
长吻鮠	*Leiocassis longirostris*	3.35±0.04	0.28	53	0,1,2,4,6,8,10
				151	0,8,12,16,20,24,28
				245	0,15,20,25,30,35,40

表 7-5　3 种本土淡水水生生物慢性毒理学试验浓度设置

物种	拉丁名	体长/cm	平均体重/g	硬度/(mg/L)	浓度设置/(mg/L)
黄颡鱼	*Pelteobagrus fulvidraco*	2.50±0.15	0.10	50	0,0.106,0.191,0.343,0.617,1.111,2.000
				150	0,0.529,0.953,1.715,3.086,5.556,10.000
				250	0,0.635,1.143,2.058,3.704,6.667,12.000
长吻鮠	*Leiocassis longirostris*	3.35±0.04	0.28	53	0,0.164,0.262,0.420,0.672,1.075,1.720
				151	0,0.486,0.778,1.245,1.992,3.188,5.100
				245	0,0.858,1.373,2.197,3.516,5.625,9.000
秀丽白虾	*Exopalaemon modestus*	1.50±0.12	0.12	53	0,0.058×10^{-2},0.105×10^{-2},0.189×10^{-2},0.340×10^{-2},0.611×10^{-2},0.011
				151	0.222×10^{-2},0.276×10^{-2},0.497×10^{-2},0.895×10^{-2},0.161×10^{-1},0.290×10^{-1}
				250	0.439×10^{-2},0.790×10^{-2},0.119×10^{-1},0.178×10^{-1},0.267×10^{-1},0.400×10^{-1}

⑥ FAV 和 FCV 的计算。

a. FAV 的计算　采用物种敏感度排序法（species sensitivity rank，SSR）计算镉的急性基准值。将收集筛选的硝基苯数据与本书补充的毒性数据结合起来，计算每个物种的物种平均急性值（SMAV）和每个属的属平均急性值（GMAV），将 GMAV 从小到大进行排序，并且将其分配等级 R，最小的属平均急性值的等级为 1，最大的属平均急性值的等级为 N（N 为属的个数），对每个属平均急性值的累积概率 P，按公式 $P=R/(N+1)$ 进行计算，选择累积概率最小的 4 个属平均急性值，用这 4 个属平均急性值和它们的累积概率计算最终急性值 FAV，计算公式如下：

$$S^2=\frac{\sum(\ln\text{GMAV})^2-[\sum(\ln\text{GMAV})]^2/4}{\sum P-(\sum\sqrt{P})^2/4} \tag{7-1}$$

$$L=[\sum(\ln\text{GMAV})-S(\sum\sqrt{P})]/4 \tag{7-2}$$

$$A=S\sqrt{0.05}+L \tag{7-3}$$

$$\text{FAV}=e^A \tag{7-4}$$

式中，S、L、A 为计算中采用的符号，没有特殊含义；GMAV 为属平均急性值；P 为累积概率；FAV 为最终急性值。

本节中镉的毒性受水质因子（水的硬度）影响，应该使用回归分析修正推算方法，根据美国水质基准制定的方法学指南，具体计算过程如下。

Ⅰ 对急性毒性值标准化：用所有物种的每个急性值除以急性值的几何平均值。这里是归一化了急性值，所以这些归一化的几何平均值都是 1。

Ⅱ 对水质因子值标准化：用所有物种的每个水质因子除以水质因子值的几何平均值。

Ⅲ 用所有标准化的急性毒性值对标准化的水质因子值进行最小二乘回归，求得混合急性斜率（V）以及 95%置信区间。对每个单个物种来说，拟合最好的直线将通过（1，1）点。

Ⅳ 使用等式：$Y=\ln W-V(\ln X-\ln Z)$ 计算在水质特征选定值 Z 下每个物种平均急性值的对数值 Y。

Ⅴ Z 为已知时，用等式：SMAV＝eY 计算每个物种的种平均急性值。

Ⅵ 重复式（7-1）～式（7-4）即可求得 Z 已知时的最终急性值。

Ⅶ 在商业或者鱼类上重要的物种在 Z 已知时的 SMAV 低于 Z 已知时的最终急性值，那么硬采用 SMAV 来代替最终急性值。

Ⅷ 最终急性等式为：

$$\text{FAV}=e^{[V(\ln\text{水特征值})+\ln A-V(\ln Z)]} \tag{7-5}$$

式中，V 为绘制的急性斜率；A 为 Z 已知时的最终急性值。由于 V、A 和 Z 都已知，对于任何有特定谁知特种值都可以计算出最终急慢性值。

b. FCV 的计算　本书慢性毒性数据比较不足，故采用急慢性比值计算 FCV。

7.3.2 本土生物毒性试验结果

7.3.2.1 镉对本土生物急性毒性试验结果

为了研究水体硬度对镉毒性的影响，对沙颍河流域的 6 个本土生物进行了不同硬度值（50～250mg/L，以 $CaCO_3$ 计）的毒性试验[181]。通过对 6 种水生生物的毒性试验数据分析得出各时间段内浓度对数与直线回归方程和 LC_{50} 及其 95%置信区间如表 7-6 所示。整个试验过程中空白对照组的水生生物均未出现死亡。急性毒性试验过程中，在硬度为 150mg/L 的急性毒性试验中（表 7-6），秀丽白虾对镉为最敏感的物种（96h-LC_{50}＝0.029mg/L），其次是（按降序排列）霍甫水丝蚓、长吻鮠、鲫鱼、黄颡鱼和乌鳢。随着硬度从 50～250mg/L 的增加，镉对 6 种水生生物的急性毒性逐渐降低。有研究[182] 报道，随着钙浓度从 0.46mg/L 增加到 192mg/L，镉对大型蚤的急性毒性降低。同样有研究发现钙可降低水中镉对水蚤的毒性[183]。这些结果支持了本书的发现，即镉对本书中所有物种在软水中的毒性比硬水中的急性毒性更大。

表 7-6　镉对 6 种本土水生生物的急性毒性试验结果

物种	硬度/(mg/L)	暴露时间/h	回归方程	χ^2	P	LC_{50}/(mg/L)	95%置信区间/(mg/L)
秀丽白虾	50	24	$y=1.332x-1.858$	2.484	0.648	0.040	0.026～0.087
		48	$y=1.538x-2.598$	1.151	0.886	0.020	0.014～0.032
		72	$y=1.551x-2.878$	5.102	0.277	0.014	0.009～0.021
		96	$y=1.707x-3.341$	5.555	0.235	0.011	0.008～0.016
	150	24	$y=1.776x+3.749$	0.214	0.995	0.079	0.057～0.139
		48	$y=1.927x+2.434$	0.852	0.931	0.054	0.041～0.078
		72	$y=2.297x+3.237$	3.859	0.425	0.039	0.030～0.050
		96	$y=2.429x+3.749$	3.329	0.504	0.029	0.021～0.036
	250	24	$y=2.697x+2.786$	0.291	0.990	0.093	0.075～0.122
		48	$y=3.185x+3.717$	2.749	0.601	0.068	0.056～0.083
		72	$y=3.622x+4.449$	3.433	0.488	0.059	0.049～0.070
		96	$y=3.637x+4.753$	4.233	0.375	0.049	0.040～0.059
霍甫水丝蚓	50	48	$y=1.860x+0.633$	1.242	0.941	0.457	0.342～1.020
		72	$y=2.481x+1.558$	0.434	0.994	0.235	0.197～0.282
		96	$y=2.672x+1.941$	0.533	0.991	0.188	0.153～0.219
	150	24	$y=1.793x+0.044$	2.544	0.467	0.944	0.572～7.365
		48	$y=1.695x+0.198$	2.142	0.543	0.764	0.494～3.616
		72	$y=1.559x+0.446$	1.828	0.609	0.554	0.518～1.407
		96	$y=1.711x+1.103$	0.660	0.883	0.227	0.154～0.303
	250	24	$y=3.013x-0.296$	0.833	0.842	1.254	0.927～3.522
		48	$y=2.166x+0.079$	3.069	0.381	0.920	0.698～1.597
		72	$y=2.391x+0.613$	4.067	0.254	0.554	0.446～0.715
		96	$y=2.426x+0.887$	4.595	0.204	0.431	0.343～0.537
鲫鱼	50	24	$y=2.460x-1.809$	2.405	0.493	5.434	4.207～7.792
		48	$y=2.523x-1.191$	0.468	0.926	2.966	2.230～3.814
		72	$y=3.003x-1.093$	2.938	0.401	2.312	1.764～2.890
		96	$y=3.114x-1.062$	3.685	0.298	2.193	1.676～2.732
	150	24	$y=10.223x-11.087$	5.356	0.253	12.147	11.415～12.830
		48	$y=12.779x-13.591$	7.448	0.114	11.576	9.710～12.672
		72	$y=14.842x-15.606$	4.506	0.342	11.259	10.657～11.729
		96	$y=15.444x-16.158$	3.332	0.504	11.123	10.522～11.583
	250	24	$y=6.172x-7.467$	1.773	0.777	16.208	14.831～18.193
		48	$y=6.685x-7.903$	2.342	0.673	15.208	13.953～16.659
		72	$y=8.902x-10.260$	1.299	0.861	14.210	13.210～15.180
		96	$y=9.800x-11.213$	1.249	0.870	13.938	13.006～14.820

续表

物种	硬度/(mg/L)	暴露时间/h	回归方程	χ^2	P	LC_{50}/(mg/L)	95%置信区间/(mg/L)
黄颡鱼	50	24	$y=3.583x-3.238$	4.776	0.383	8.010	6.799～9.713
		48	$y=4.456x-3.306$	8.853	0.065	5.521	3.469～7.607
		72	$y=4.774x-3.129$	11.809	0.019	4.522	2.346～6.606
		96	$y=4.627x-2.740$	9.259	0.055	3.909	2.188～5.490
	150	24	$y=4.568x-6.169$	0.292	0.990	22.411	18.876～40.411
		48	$y=7.109x-8.720$	2.334	0.674	16.847	15.560～18.802
		72	$y=5.970x-7.097$	3.856	0.426	15.445	14.073～17.218
		96	$y=7.304x-8.282$	1.973	0.741	13.609	11.811～14.123
	250	24	$y=4.200x-6.512$	1.203	0.878	35.514	27.837～107.656
		48	$y=7.620x-10.059$	6.806	0.146	20.899	17.894～25.801
		72	$y=7.318x-9.330$	9.181	0.057	18.828	14.898～23.673
		96	$y=6.977x-8.654$	5.371	0.251	17.397	15.822～18.896
乌鳢	50	24	$y=6.404x-7.668$	2.860	0.582	15.758	14.018～17.362
		48	$y=7.269x-8.367$	5.378	0.251	14.161	12.636～15.551
		72	$y=6.590x-7.411$	3.532	0.473	13.322	11.619～14.766
		96	$y=7.203x-8.043$	4.527	0.339	13.083	11.510～14.435
	150	24	$y=3.345x-5.352$	0.624	0.960	39.843	30.840～138.885
		48	$y=5.033x-7.249$	2.989	0.560	27.557	24.616～33.667
		72	$y=4.448x-6.329$	2.438	0.656	26.475	23.450～32.776
		96	$y=4.483x-6.283$	3.774	0.438	25.212	22.388～30.360
	250	24	$y=7.258x-11.336$	8.894	0.064	36.464	28.397～45.074
		48	$y=8.240x-12.584$	8.719	0.069	33.674	26.445～40.715
		72	$y=7.620x-11.471$	9.380	0.052	32.016	24.031～39.437
		96	$y=7.047x-10.451$	7.034	0.134	30.403	23.499～36.439
长吻鮠	50	24	$y=2.463x-2.761$	2.258	0.688	13.210	9.358～35.920
		48	$y=3.285x-2.856$	0.707	0.951	7.401	6.124～9.609
		72	$y=2.966x-1.602$	4.832	0.305	3.468	2.740～4.252
		96	$y=2.766x-1.100$	4.382	0.357	2.500	1.883～3.127
	150	24	$y=4.905x-6.470$	3.050	0.550	20.845	18.504～24.117
		48	$y=5.923x-6.917$	8.456	0.076	14.721	10.699～18.630
		72	$y=4.660x-4.889$	3.366	0.498	11.198	9.187～12.846
		96	$y=4.297x-4.129$	5.071	0.280	9.141	6.725～10.846
	250	24	$y=6.874x-9.860$	5.722	0.221	27.191	24.839～29.751
		48	$y=7.377x-9.952$	1.832	0.767	22.341	20.192～24.321
		72	$y=8.323x-10.498$	4.219	0.377	18.255	16.224～19.933
		96	$y=7.855x-9.517$	1.048	0.902	16.276	13.712～18.046

注：利用SPSS 18.0概率单位回归计算半致死浓度，Pearson模型拟合优度检验的显著水平 $P>0.05$，表明模型拟合良好。

7.3.2.2 镉对本土生物慢性毒性试验结果

慢性毒性试验结果见表 7-7。慢性毒性试验表明，对于黄颡鱼和长吻鮠，以生长为毒性指标（此处为体重）比死亡率更为敏感。以生长为毒性终点时，黄颡鱼对镉在水体硬度为 50mg/L、150mg/L 和 250mg/L 下的 28d-EC_{20} 分别为 0.125mg/L、0.697mg/L 和 0.785mg/L，而长吻鮠对镉在水体硬度为 50mg/L、150mg/L 和 250mg/L 下的 28d-EC_{20} 分别为 0.212mg/L、0.782mg/L 和 1.003mg/L。而以死亡率为终点时，28d-NOEC 和 28d-LOEC 均低于 28d-EC_{20} 的值。先前的研究表明，行为与生殖效应相似，并且这两种毒性指标都比致死率更敏感[184]，这与我们对黄颡鱼和长吻鮠的研究结果相吻合。秀丽白虾对镉的 28d-NOEC 和 28d-LOEC（以死亡率为测试终点）表明它是这 3 个物种中最敏感的，而以体长和体重为毒性指标时，试验组和空白对照组之间没有发现显著差异。

表 7-7 镉对 3 种本土水生生物的慢性毒性试验结果

物种	硬度/(mg/L)	终点	NOEC/(mg/L)	LOEC/(mg/L)	MATC/(mg/L)	EC_{20}/(mg/L)
黄颡鱼	50	死亡率	0.191	0.343	0.256	—
		生长	—	—	—	0.125
	150	死亡率	0.953	1.715	1.278	—
		生长	—	—	—	0.697
	250	死亡率	1.143	2.058	1.534	—
		生长	—	—	—	0.785
长吻鮠	50	死亡率	0.262	0.420	0.332	—
		生长	—	—	—	0.212
	150	死亡率	0.778	1.245	0.984	—
		生长	—	—	—	0.782
	250	死亡率	1.373	2.197	1.737	—
		生长	—	—	—	1.003
秀丽白虾	50	死亡率	0.105×10^{-2}	0.189×10^{-2}	0.141×10^{-2}	—
	150	死亡率	0.276×10^{-2}	0.497×10^{-2}	0.370×10^{-2}	—
	250	死亡率	0.790×10^{-2}	0.119×10^{-2}	0.968×10^{-2}	—

7.3.2.3 毒性试验结果分析

急性毒性试验中，秀丽白虾为最敏感生物，其次为霍甫水丝蚓。4 种鱼类毒性试验中，乌鳢为最不敏感生物，其余 3 种鱼类的敏感性相差不大。在慢性毒性试验中，黄颡鱼和长吻鮠的毒性终点为死亡率和生长。结果显示，毒性终点为生长较死亡率更为敏感，且不同硬度下出现了相同的结果；不同硬度下黄颡鱼的敏感性均大于长吻鮠；3 种慢性试验中，秀丽白虾是最敏感的生物。由图 7-1 和图 7-2 可知，随着水体硬度的增大，镉对生物的毒性效应显著降低，在不同物种中体现出一致的趋势，也表明了必须计算水体硬度对镉毒性的影响参数（硬度斜率）以调整不同硬度条件下的毒性数据才能推算镉基准。

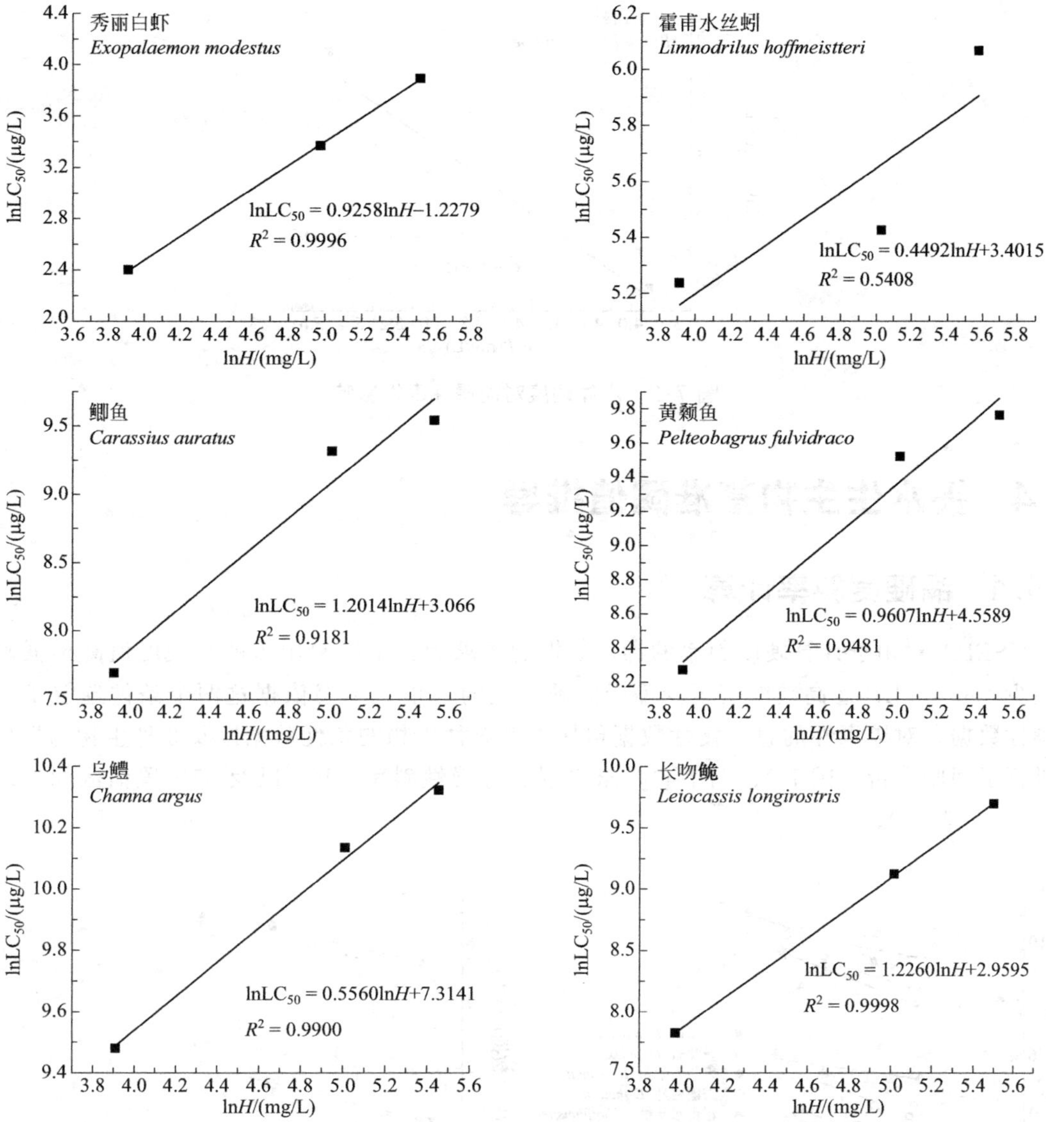

图 7-1 水体硬度对镉急性毒性影响

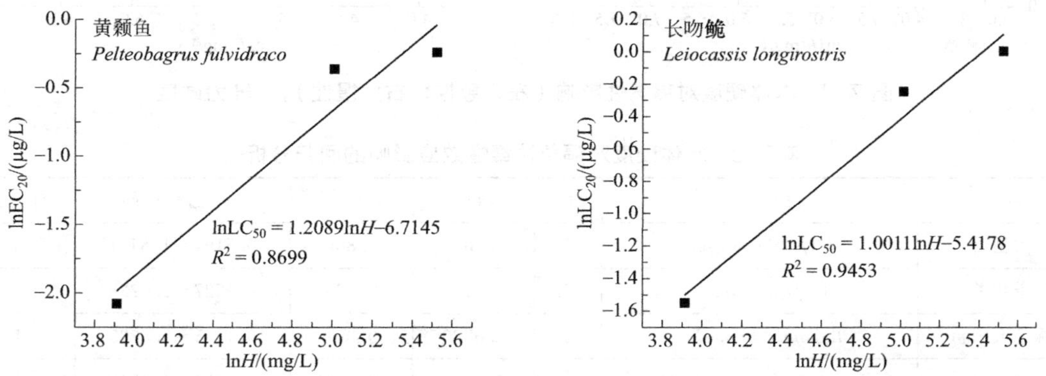

图 7-2

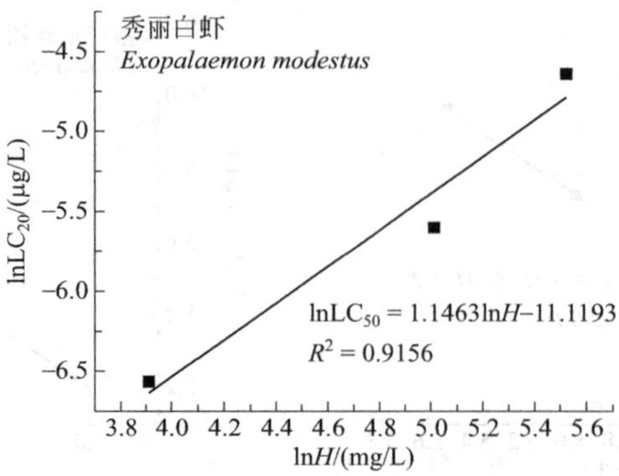

图 7-2 水体硬度对镉慢性毒性影响

7.4 镉水生生物基准阈值推导

7.4.1 镉硬度斜率计算

USEPA 对用于计算硬度斜率的毒性数据的要求为：①试验用水的高硬度值高出低硬度值至少 100mg/L；②高硬度值至少等于低硬度值的 3 倍。本书依据这两个条件选取了合格的毒性数据，对镉毒性的急、慢性数据包括本书 6 种生物的急性数据以及 3 种生物的慢性数据进行了回归分析（图 7-3、图 7-4），求得混合急慢性斜率（V）以及 95%置信区间，结果见表 7-8、表 7-9。

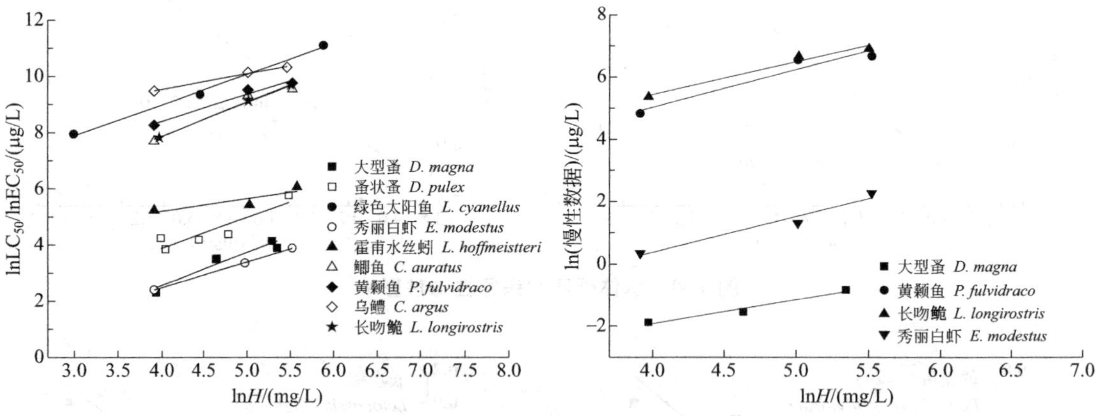

图 7-3 水体硬度对镉毒性影响（左：急性；右：慢性），H 为硬度

表 7-8 水体硬度对镉急性毒性效应影响的回归分析

物种	拉丁名	n	斜率	R^2	95%置信区间	自由度
大型蚤	*Daphnia magna*	5	1.1824	0.886	0.5194～1.8451	3
蚤状蚤	*Daphnia pulex*	5	1.0974	0.768	0.1727～2.0228	3
绿色太阳鱼	*Lepomis cyanellus*	3	1.0880	0.991	0.1375～2.0385	1
秀丽白虾	*Exopalaemon modestus*	3	0.9162	0.978	0.5775～1.2548	1
霍甫水丝蚓	*Limnodrilus hoffmeistteri*	3	0.4492	0.541	−2.6664～3.5659	1

续表

物种	拉丁名	n	斜率	R^2	95%置信区间	自由度
鲫鱼	*Carassius auratus*	3	1.2370	0.777	−0.3352～2.8095	1
黄颡鱼	*Pelteobagrus fulvidraco*	3	0.9607	0.948	−1.0323～2.9535	1
乌鳢	*Channa argus*	3	0.5560	0.990	0.0562～1.0567	1
长吻鮠	*Leiocassis longirostris*	3	1.2260	0.999	1.0861～1.3663	1
合计	—	31	0.9969	0.8848	0.8629～1.1309	21

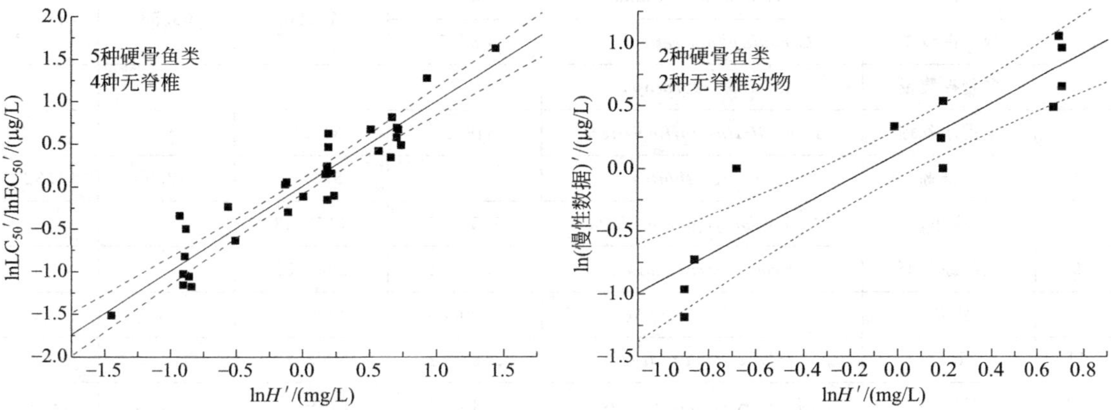

图 7-4 混合斜率（左：急性；右：慢性），LC_{50}'、EC_{50}' 和（慢性数据）′为标准化后的毒性值，H' 为标准化后的硬度值

表 7-9 水体硬度对镉慢性毒性效应影响的回归分析

物种	拉丁名	n	斜率	R^2	95%置信区间	自由度
大型蚤	*Daphnia magna*	3	0.7724	0.927	−1.1379～2.6828	1
黄颡鱼	*Pelteobagrus fulvidraco*	3	1.2088	0.870	−2.8433～5.2611	1
长吻鮠	*Leiocassis longirostris*	3	1.0523	0.946	−1.1707～3.2753	1
秀丽白虾	*Exopalaemon modestus*	3	1.1463	0.916	−1.9110～4.2035	1
合计	—	12	1.0083	0.8294	0.7039～1.3127	7

7.4.2 镉毒性数据标准化

本书将不同硬度的毒性数据统一标准化到 $H=100\text{mg/L}$ 对应的毒性数值，来计算 SMAV、GMAV 和 SMCV、GMCV 值，标准化公式为：

$$标准化的毒性值=\exp[\ln W-V(\ln X-\ln Z)] \tag{7-6}$$

我们将上述斜率 V 用作暴露浓度标准化的斜率，公式为：

$$标准化暴露浓度=\exp[\ln A-V(\ln B-\ln Z)] \tag{7-7}$$

式中，A 为每个采样点的暴露浓度；V 为斜率；B 为各个采样点的硬度；Z 为特定条件下的硬度值。

将标准化后急性毒性值计算出对应的 SMAV、GMAV 和 SMCV、GMCV 值，排序见

表 7-10。

表 7-10 镉急性毒性数据排序

序号	物种	拉丁名	SMAV /(μg/L)	GMAV /(μg/L)	GMCV /(μg/L)	SMCV /(μg/L)
1	青鳉	*Oryzias latipes*	19.27	19.27		
2	秀丽白虾	*Exopalaemon modestus*	20.52	20.52	3.00	6.84
3	大型蚤	*Daphnia magna*	29.14	52.35	0.36	143.57
	蚤状蚤	*Daphnia pulex*	94.05			
4	模糊网纹蚤	*Ceriodaphnia dubia*	63.29	72.90	68.58	1.06
	棘爪网纹蚤	*Ceriodaphnia reticulata*	83.97			
5	多刺裸腹蚤	*Moina macrocopa*	86.90	86.90		
6	霍甫水丝蚓	*Limnodrilus hoffmeistteri*	346.27	346.27		
7	正颤蚓	*Tubifex tubifex*	939.93	939.93	712.90	1.32
8	草鱼	*Ctenopharyngodon idella*	1156.43	1156.43		
9	克氏原螯虾	*Procambarus clarkii*	2948.51	2948.51		
10	鲤鱼	*Cyprinus carpio*	4300.00	4300.00		
11	鲫鱼	*Carassius auratus*	5663.72	5663.72		
12	长吻鮠	*Leiocassis longirostris*	5749.85	5749.85	446.23	12.89
13	黄颡鱼	*Pelteobagrus fulvidraco*	7908.07	7908.07	331.86	23.83
14	绿色太阳鱼	*Lepomis cyanellus*	15156.99	15156.99		
15	乌鳢	*Channa argus*	17888.36	17888.36		

7.4.3 沙颍河流域镉水生生物基准

采用 SSR 法，选择其中最敏感的 4 个 GMAV 值（R 为 1～4）进行推算，得出沙颍河流域镉水生生物急性基准（表 7-11），如式（7-8）所示，是一个以水体硬度为自变量的函数。由于慢性数据不足、采用急、慢性比计算慢性基准值，见式（7-9）。

表 7-11 急性基准值计算

序号	GMAV/(μg/L)	lnGMAV	$(\ln GMAV)^2$	累积概率(P)	$\sqrt{P}$
1	19.27	2.96	8.75	0.06	0.25
2	20.52	3.02	9.13	0.13	0.35
3	52.35	3.96	15.67	0.19	0.43
4	72.90	4.29	18.40	0.25	0.50
合计	—	14.23	51.94	0.63	1.54
$S^2=38.63, S=6.22, L=1.17, A=2.56$, FAV=12.92μg/L					

急、慢性基准函数为：

$$\text{CMC}=(1.136672-0.041838\times\ln H)\times e^{0.9969\ln H-2.6676} \tag{7-8}$$

$$CCC=(1.101672-0.041838\times \ln H)\times e^{1.0083\ln H-4.1488} \tag{7-9}$$

调查沙颍河流域全年平均硬度为 234mg/L，将 234mg/L 带入急、慢性基准公式得到最终沙颍河流域水质基准值为 CMC=14.51μg/L、CCC=3.38μg/L[181]。

闫振广等[84] 对我国以及四大典型流域（珠江流域、长江流域、太湖流域和辽河流域）分别以水体硬度为自变量推导了急、慢基准函数。此外，美国镉基准文件也推导了镉的急、慢基准函数。图 7-5 中描述了不同研究（珠江流域、长江流域、太湖流域、辽河流域和中国基准为闫振广等[84] 研究）基于不同硬度值镉的急性基准（CMC）和慢性基准（CCC）。从图 7-5 中可以明显看出，本书的 CMC 值在相同的硬度范围内要高于我国和四大流域镉基准值，同时也高于美国镉基准值。四大流域的 CMC 值相差不大且均高于中国和美国的 CMC 值，而中国和美国的 CMC 值在低硬度几乎重合，高硬度相差也不大。总体来说，流域的 CMC 值要高于中国和美国的 CMC 值。相似的，本书的 CCC 值在相同的硬度范围内要高于中国和四大流域（除了珠江流域的低硬度区域），同时也高于美国镉基准值。与 CMC 值不同，四大流域中只有珠江流域的 CCC 值高于中国和美国，其他三个流域以及中国的 CCC 值均低于美国。

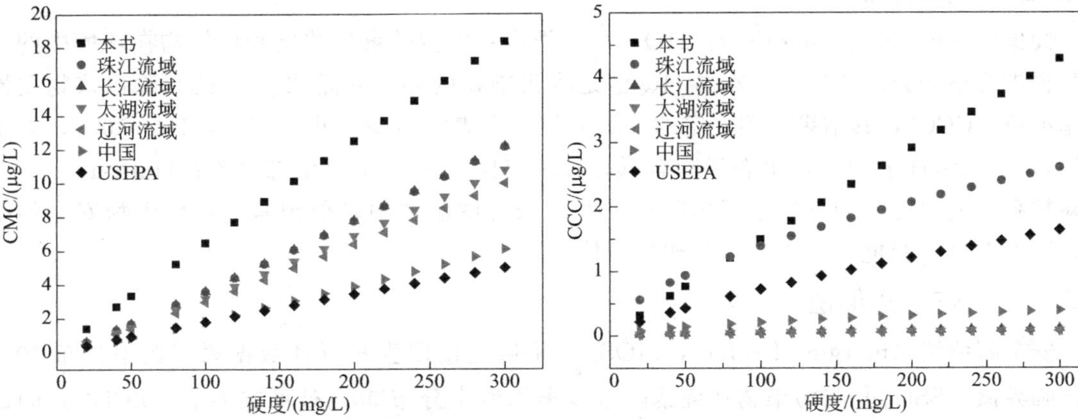

图 7-5 不同研究中不同硬度下镉的急、慢性基准值对比

这些差异归因于物种选择的不同和数据处理（即毒性数据的标准化）。水生生物的区系分布具有很强的地域性不仅体现在国内外物种中，在中国不同流域水环境中分布的水生生物也会存在较大差异，因而不同流域的基准值也会不相同。在闫振广等的研究中，推导中国层面上的镉基准时选用的物种来自全中国，还包括很多外来物种，而推导四大流域的镉基准时选取的是其各自流域内的物种。在美国镉基准文件中，则存在很多中国没有的物种。因此，水生生物基准的制定需要根据各流域水环境生物区系特点，选择适当的代表性物种用于水生生物基准的推导，以使得基于流域水环境代表性水生生物而得出的基准推导值可以为大多数生物提供适当保护。

7.5 沙颍河流域镉的生态风险评估

7.5.1 样品采集和测试

在沙颍河流域定点布设了 40 个采样点，使用手持 GPS 进行导航定位。具体采样点位如

图 4-1 所示。共采集水样 40 个。各采样点采集 100mL 水样于聚乙烯塑料瓶中，参照《水质样品的保存和管理技术规定》（HJ 493—2009）现场加入硝酸（pH<3）进行保存，使用多参数水质分析仪（HACH，HQ40d）现场测定水样的温度、pH 和溶解氧。所有采集的水样都在车载冰箱 4℃保存，带回实验室分析。水样运回实验室后用 0.45μm 孔径微孔滤膜进行过滤，4℃条件下保存待进行可溶性镉分析。

使用电感耦合等离子体质谱仪（ICP-MS；Agilent，7500a）测定水样中 Cd 的浓度。待测水样直接上机，采用空白样和平行样进行质量控制。测定的空白样品的重金属含量低于 0.1μg/L，平行样品之间的标准偏差小于 5%，标准物质测试值与实际值的误差小于 5%，结果满足质量控制要求。

7.5.2 生态风险评估方法

生态风险评价的目的是定性和定量评估污染物对水生生物的生态风险。本书采用多层级风险评估方法，即商值法、安全阈值法和联合概率曲线法。

7.5.2.1 商值法

商值法（hazardous quotient，HQ）是污染物对生物的毒性浓度和污染物在环境中的暴露数据进行整合分析的过程。本书 HQ 值是将污染物的环境暴露浓度（EC）除以该物质慢性基准值（CCC），其结果按照一定的等级分类，来表征风险大小。其中：HQ<0.1，无生态风险；0.1≤HQ<1.0，生态风险较低；1.0≤HQ<10，中等生态风险；HQ≥10，生态风险较高。因为使用 HQ 法进行风险评估时，未考虑水体中其他因素对水生生物安全的影响，所以 HQ 法只能用于生态风险初步评估。

7.5.2.2 安全阈值法

安全阈值法（margin of safety，MOS_{10}）是通过使用生物毒性数据累积概率分布 10% 处的临界值（SSD_{10}）与污染物环境暴露浓度累积概率分布 90%处的临界值（ECD_{90}）的比值，来分析目标污染物的生态风险程度。总体来说，安全阈值法同时使用了污染物毒性效应分布曲线与污染物环境暴露浓度曲线，是在商值法基础上的延伸。一般 MOS_{10} 取值为 1 界定风险程度：$MOS_{10}<1$ 表明毒性数据和暴露浓度的分布具有高重合度并且可能导致对水生生物的高风险；$MOS_{10}>1$ 表明对水生生物几乎没有环境风险。

7.5.2.3 联合概率曲线法

联合概率曲线法（joint probability curve，JPC）是基于安全阈值法开发的联合概率曲线，JPC 通过 Matlab 拟合获得关系曲线，曲线越靠近 x 轴，说明目标污染物对水生生物的生态风险越小。与前两种方法相比，它能更好地描述环境风险。

7.5.3 生态风险评估

7.5.3.1 商值法生态风险评估

在 HQ 方法的镉生态风险评估过程中，要考虑不同的硬度条件。因此，将不同硬度条件下的镉的暴露浓度标准化为 100mg/L（以 $CaCO_3$ 计）的条件下。沙颍河（丰水期和枯水期）的镉浓度和 HQ 如表 7-12 所示。在所有采样点中，丰水期 S2 的 HQ 最高（HQ＝0.437），表现为风险等级低。镉浓度总体偏低，所有点位的风险水平为低风险甚至无风险。

表 7-12 沙颍河流域镉的 HQ 值

丰水期					枯水期			
采样点	原始浓度/(μg/L)	硬度/(mg/L)	标准化浓度/(μg/L)	HQ	原始浓度/(μg/L)	硬度/(mg/L)	标准化浓度/(μg/L)	HQ
S1	0.040	158	0.025	0.017	0.023	159	0.015	0.010
S2	1.700	262	0.651	0.437	0.066	253	0.026	0.018
S3	0.060	211	0.029	0.019	0.000	272	0.000	0.000
S4	0.670	175	0.384	0.257	0.000	245	0.000	0.000
S5	0.090	203	0.044	0.030	0.011	240	0.005	0.003
S6	0.080	198	0.040	0.027	0.064	248	0.026	0.017
S7	1.090	206	0.530	0.356	0.007	229	0.003	0.002
S8	0.030	165	0.018	0.012	0.000	208	0.000	0.000
S9	0.040	284	0.014	0.009	0.077	248	0.031	0.021
S10	0.030	112	0.027	0.018	0.010	224	0.004	0.003
S11	0.050	209	0.024	0.016	0.009	253	0.004	0.002
S12	0.050	173	0.029	0.019	0.016	275	0.006	0.004
S13	0.040	136	0.029	0.020	0.003	308	0.001	0.001
S14	0.060	176	0.034	0.023	0.020	277	0.007	0.005
S15	0.040	106	0.038	0.025	0.020	158	0.012	0.008
S16	0.050	127	0.039	0.026	0.016	176	0.009	0.006
S17	0.070	123	0.057	0.038	0.000	182	0.000	0.000
S18	0.050	153	0.033	0.022	0.002	199	0.001	0.001
S19	0.040	183	0.022	0.015	0.024	303	0.008	0.005
S20	0.040	166	0.024	0.016	0.070	288	0.025	0.016
S21	0.050	143	0.035	0.023	1.223	219	0.560	0.376
S22	0.050	135	0.037	0.025	0.002	211	0.001	0.001
S23	0.040	165	0.024	0.016	0.000	246	0.000	0.000
S24	0.050	224	0.022	0.015	0.005	311	0.002	0.001
S25	0.040	160	0.025	0.017	0.001	189	0.001	0.000
S26	0.030	151	0.020	0.013	0.080	280	0.029	0.019
S27	0.070	207	0.034	0.023	0.035	278	0.012	0.008
S28	0.050	223	0.022	0.015	0.010	308	0.003	0.002
S29	0.040	197	0.020	0.014	0.000	275	0.000	0.000
S30	0.030	154	0.020	0.013	0.048	239	0.020	0.014
S31	0.060	184	0.033	0.022	0.000	286	0.000	0.000
S32	0.040	357	0.011	0.008	0.003	250	0.001	0.001
S33	0.080	207	0.039	0.026	0.011	253	0.004	0.003

续表

采样点	丰水期				枯水期			
	原始浓度/(μg/L)	硬度/(mg/L)	标准化浓度/(μg/L)	HQ	原始浓度/(μg/L)	硬度/(mg/L)	标准化浓度/(μg/L)	HQ
S34	0.060	184	0.033	0.022	0.000	276	0.000	0.000
S35	0.050	188	0.027	0.018	0.022	250	0.009	0.006
S36	0.160	180	0.089	0.060	0.036	316	0.011	0.008
S37	0.050	230	0.022	0.015	0.003	265	0.001	0.001
S38	0.040	382	0.011	0.007	0.015	317	0.005	0.003
S39	0.050	228	0.022	0.015	0.044	275	0.016	0.011
S40	0.060	224	0.027	0.018	0.020	260	0.008	0.005

注：硬度均以 $CaCO_3$ 计。

从图 7-6 可以看出，丰水期 S9 和 S15 处的暴露浓度相同，均为 0.04μg/L，然而 S9 点处的 HQ 值为 0.009，S15 点处 HQ 值为 0.025，两者相差将近 3 倍。这主要原因就是硬度的影响，采样点 S9 点处的硬度为 284mg/L，S15 点处的硬度为 106mg/L，两者相差 2.67 倍。同样的，虽然枯水期 S1 处的 Cd 的浓度为 0.023μg/L，小于采样点 S39 处 Cd 的浓度（0.044μg/L），但其 HQ 值均为 0.01，主要还是受水体硬度的影响，S1 处的硬度为 159mg/L，S39 处的硬度为 275mg/L。同样受水体硬度的影响还有丰水期 S16 点处的 Cd 浓度为 0.05μg/L，小于枯水期 S20 点处的 Cd 浓度（0.07μg/L），然而，丰水期 S16 点处 HQ 值为 0.026，大于枯水期 S20 点处 HQ 值（0.016）。

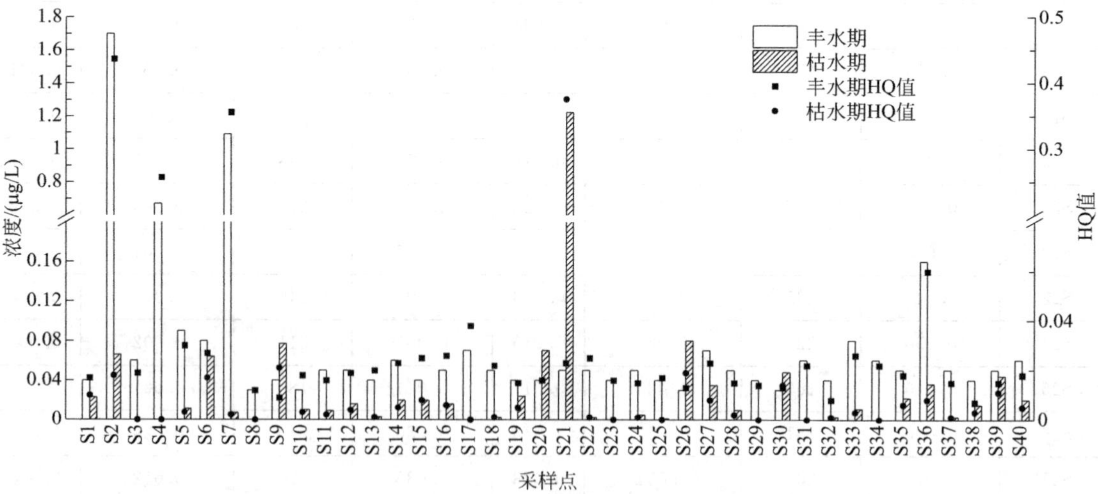

图 7-6 沙颍河流域镉的浓度和 HQ 值

使用商值法对 Cd 进行生态风险评价的过程中，需要考虑到不同硬度的情况，所以本书将不同硬度条件下的 Cd 暴露浓度统一标准化到硬度值为 100mg/L（以 $CaCO_3$ 计）条件下（依据美国 EPA 常规基准值所对应的硬度），通过标准化的暴露浓度除以硬度值为 100mg/L（以 $CaCO_3$ 计）条件下的慢性基准值 CCC，最终获得 HQ 值。吴丰昌等[81] 虽然对镉的水质基准进行了推导，但未考虑硬度对 Cd 的毒性影响去推算水质基准。闫振广等[84] 虽然基于硬度值推到了我国镉的水质基准，但未应用到对地表水的生态风险评估上。Burger 等[82] 和 Hou 等[85] 虽然对水体进行了风险评估，但都没有考虑体硬度对 Cd 的毒性影响。硬度也可以影响铜的毒性，但后续在进行水体风险评估时，都忽视了水体硬度对其毒性的影响[81,86]。因此，本书为受水质因子影响的污染进行风险评估提供了参考。

7.5.3.2 安全阈值法生态风险评估

采用 Log-logistic 函数进行曲线拟合，沙颍河流域镉的环境暴露浓度和物种敏感度分布曲线见图 7-7。运用安全阈值法评估沙颍河水体中镉的生态风险，根据图 7-7 可以得到镉丰水期环境暴露浓度累计分布曲线上 90%处的浓度（EXD_{90}）为 0.048μg/L，枯水期环境暴露浓度累计分布曲线上 90%处的浓度（EXD_{90}）为 0.047μg/L，毒性数据分布曲线上 10%处的浓度（SSD_{10}）为 0.865μg/L。经过计算，沙颍河流域丰水期与枯水期的 MOS_{10} 分别为 18.02 与 18.40，表明丰水期和枯水期都无生态风险。总体来说，安全阈值法同时使用了污染物毒性效应分布曲线与污染物环境暴露浓度曲线，是在商值法基础上的延伸。

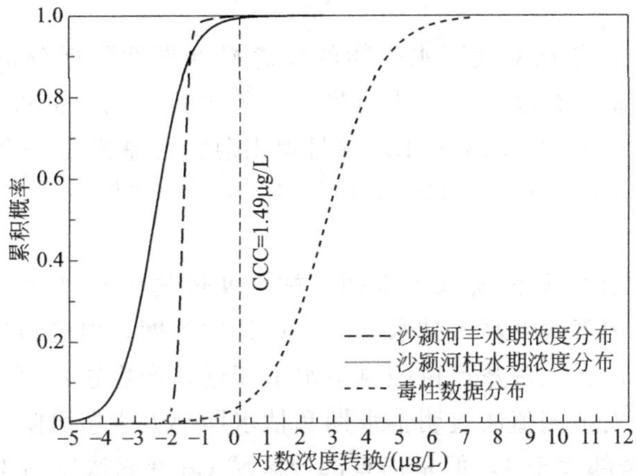

图 7-7 沙颍河流域镉的环境暴露浓度和物种敏感度分布曲线

7.5.3.3 联合概率曲线法

联合概率曲线法显示线下面积为零，表明沙颍河流域基本无生态风险，这与商值法和安全阈值法评估的结果一样[181]。

7.6 本章小结

本章筛选了镉对本土淡水水生生物的 53 个急性毒性数据，6 个慢性毒性数据。对 6 种沙颍河本土水生生物分别进行高、中、低 3 种不同硬度下的急性毒性和慢性毒性试验，推导出硬度为 100mg/L 条件下沙颍河流域镉的水质基准值以及以硬度为自变量的水质基准公式。并利用三种风险评估方法即商值法、安全阈值法、联合概率曲线法对镉在沙颍河流域的风险进行了评估，得到以下结论是。

① 对于同一种生物分别设置三种不同硬度（H = 50mg/L，H = 150mg/L，H = 250mg/L，以 $CaCO_3$ 计）条件下的毒性试验。对本土 6 种淡水水生生物进行 96h 急性毒性试验：镉对秀丽白虾在 H=50mg/L、H=150mg/L、H=250mg/L 条件下的 96h-LC_{50} 分

别为0.011mg/L、0.029mg/L、0.049mg/L；对霍甫水丝蚓的96h-LC_{50}分别为0.188mg/L、0.227mg/L、0.431mg/L；对鲫鱼的96h-LC_{50}分别为2.193mg/L、11.123mg/L、13.938mg/L；对黄颡鱼的96h-LC_{50}分别为3.909mg/L、13.609mg/L、17.397mg/L；对乌鳢的96h-LC_{50}分别为13.083mg/L、25.212mg/L、30.403mg/L；对长吻鮠的96h-LC_{50}分别为2.500mg/L、9.141mg/L、16.276mg/L。其中秀丽白虾对镉的敏感性最高，其次为霍甫水丝蚓，乌鳢为最不敏感生物，鲫鱼、黄颡鱼和长吻鮠在不同硬度条件下敏感度不同。对3种淡水水生生物的28d慢性毒性试验：镉对黄颡鱼在$H=50$mg/L、$H=150$mg/L、$H=250$mg/L条件下以死亡为终点的28d-MATC分别为0.256mg/L、1.278mg/L、1.534mg/L，以体重为终点的28d-EC_{20}分别为0.125mg/L、0.697mg/L、0.785mg/L。镉对长吻鮠以死亡为终点的28d-MATC分别为0.332mg/L、0.984mg/L、1.737mg/L，以体重为终点的28d-EC_{20}分别为0.212mg/L、0.782mg/L、1.003mg/L。镉对秀丽白虾以死亡为终点的28d-MATC分别为0.141×10^{-2}、0.370×10^{-2}、0.968×10^{-2}mg/L。其中秀丽白虾最为敏感，其次为黄颡鱼、长吻鮠；对于黄颡鱼和长吻鮠来说，体重毒性终点较死亡更为敏感。

② 依据USEPA技术指南对我国水生物的镉急慢性毒性数据分析并排序后，选择其中最敏感的4个GMAV值（R为1～4）进行推算，得出我国国家镉水生生物基准的CMC值和CCC值分别为2.86μg/L和0.23μg/L。并且得出急慢性基准是一个以水体硬度为自变量的函数：$CMC=(1.136672-0.041838\times\ln H)\times e^{0.9969\ln H-2.6676}$；$CCC=(1.101672-0.041838\times\ln H)\times e^{1.0083\ln H-4.1488}$。

③ 运用商值法评估了沙颍河流域丰水期、枯水期镉的生态风险，结果表明：虽然沙颍河丰水期采样点处镉的浓度普遍高于枯水期采样点处的浓度，但是通过把镉的暴露浓度标准化至同一硬度条件下，两者大多数点位的风险水平相近，产生这种原因可以归因于不同采样点处的硬度值的差异。安全阈值法表明丰水期和枯水期都无生态风险。虽然沙颍河流域丰水期和枯水期的MOS_{10}全部大于1，但是仍有部分区域Cd暴露浓度高于水质基准阈值。这说明沙颍河流域的Cd对水生生物仍存在潜在的生态风险。联合概率曲线法显示线下面积为零，表明沙颍河流域基本无生态风险，这与商值法和安全阈值法评估的结果一样。

08

第8章

基于温度和pH-毒性响应关系的沙颍河流域氨氮水质基准研究与生态风险评估

8.1 引言

氨氮在我国地表水中广泛存在，尤其是在我国的七大水系中都普遍存在。水体中的氨氮可以导致水体发生富营养化问题，也能使水体发臭，从而污染水体环境[185]。此外，氨氮在水体中存在两种形式，即离子铵和非离子氨，其毒性与水环境的pH值、温度、盐度及溶解氧等因子有关。其中非离子氨的生物毒性远大于铵离子[186]，因此氨氮在水中的存在形式对其毒性是非常重要的，即水体的pH和温度对氨氮的生物毒性有显著影响。1984年，USEPA搜集了大量氨氮毒性数据，对氨氮水质基准展开修订，1985年首次发行了单独的氨氮国家水质基准文件[187]，后统称为"1984/1985氨氮基准文件"。文件中使用了NPSSD法和适宜的毒理数学模型对氨氮水质基准进行了推算，充分考虑了水体pH值和温度对氨氮生物毒性的影响。研究表明，氨氮对鱼类等水生生物有毒害，高浓度时毒性很大[188]。目前，氨氮污染已然成为严峻的问题，是我国现阶段的主要污染因子之一[103]。研究水体pH值和温度条件下氨氮的毒性具有重要意义。

8.2 沙颍河流域本土基准受试生物及毒性数据的筛选

8.2.1 毒性数据收集与筛选

收集了我国淡水水生生物的氨氮毒性数据，包括淡水无脊椎动物和脊椎动物的氨氮急性数据以及慢性数据。数据来源包括USEPA的ECOTOX毒性数据库、美国2009年氨氮水质基准文件及中国知网。经筛选确定推算水质基准的合格数据后，根据文献把数据调整至20℃（无脊椎动物）和pH 7.0（全部水生生物），计算SMAV、GMAV、SMCV和GMCV。

8.2.2 氨氮毒性数据筛选结果

收集氨氮急性毒性数据共63个，其中脊索动物门5科，节肢动物门5科，环节动物门1科，软体动物门2科。慢性数据10个，脊索动物门3科，节肢动物门2科。结果如表8-1和表8-2所示。

8.3 氨氮生态毒理学试验研究

8.3.1 材料与方法

① 试验药品：氯化铵（CAS：12125-02-9），购自国药集团化学试剂有限公司。

② 试验仪器：氨气敏电极（美国，哈希公司），不锈钢电热鼓风干燥箱（日本，Sibata公司，SOD-600），多功能水质参数仪（美国，哈希公司，HQ40d），智能光照培养箱（宁波海曙赛福实验仪器厂，PGX-450B）。

③ 受试生物：秀丽白虾、霍甫水丝蚓均购自朝来春花鸟鱼虫市场，黄颡鱼购自广东省水产养殖场。所有生物在实验前用曝气48h以上的自来水驯养至少7天，死亡率在5%以内。

④ 试验方法：试验用水为不同pH的曝气水，试验过程同镉的方法一样。

⑤ 氨氮对本土淡水水生生物的急、慢性毒理学试验各项参数见表8-3。

表 8-1　氨氮对我国淡水水生生物的急性毒性

门	科	物种	拉丁名	时间/d	方法	pH	温度/℃	总氨氮/(mg/L)	总氨氮(pH=7,20℃)/(mg/L)
环节动物门	颤蚓科	霍甫水丝蚓	*Limnodrilus hoffmeistteri*	4	F,M	7.9	11.5	96.62	170.14
环节动物门	颤蚓科	正颤蚓	*Tubifex tubifex*	4	S,U	8.2	12	66.67	216.46
软体动物门	锥实螺科	静水锥实螺	*Lymnaea stagnalis*	4	F,M	7.9	11.5	50.33	88.63
软体动物门	蚬科	河蚬	*Corbicula fluminea*	4	F,M	8.05	30.3	2.125	23.56
软体动物门	蚬科	河蚬	*Corbicula fluminea*	4	F,M	8.05	29.4	6.316	64.98
软体动物门	蚬科	河蚬	*Corbicula fluminea*	4	F,M	8	25	1	6.50
软体动物门	蚬科	河蚬	*Corbicula fluminea*	4	F,M	8	25	1.78	11.56
软体动物门	蚬科	河蚬	*Corbicula fluminea*	4	F,M	8	25	2.25	14.62
节肢动物门	蚤科	模糊网纹蚤	*CeriodapHnia dubia*	2	S,M	8.08	24.75	15.6	115.60
节肢动物门	蚤科	模糊网纹蚤	*CeriodapHnia dubia*	2	R,M	8.4	26.4	7.412	117.10
节肢动物门	蚤科	模糊网纹蚤	*CeriodapHnia dubia*	2	R,NR	7.4	23	48.59	97.89
节肢动物门	蚤科	模糊网纹蚤	*CeriodapHnia dubia*	2	R,M	7.8	25	33.98	152.91
节肢动物门	蚤科	模糊网纹蚤	*CeriodapHnia dubia*	2	R,M	8.2	7	16.65	35.72
节肢动物门	蚤科	模糊网纹蚤	*CeriodapHnia dubia*	2	S,M	8.02	24.8	21.265	141.13
节肢动物门	蚤科	模糊网纹蚤	*CeriodapHnia dubia*	2	S,M	7.5	25	47.05	129.22
节肢动物门	蚤科	模糊网纹蚤	*CeriodapHnia dubia*	2	S,M	7.5	25	56.84	156.10
节肢动物门	蚤科	模糊网纹蚤	*CeriodapHnia dubia*	2	S,M	8.16	22	24.77	170.49
节肢动物门	蚤科	模糊网纹蚤	*CeriodapHnia dubia*	2	S,M	8.4	23	28.06	334.44
节肢动物门	蚤科	模糊网纹蚤	*CeriodapHnia dubia*	2	S,M	8.4	23	32.63	388.91
节肢动物门	蚤科	模糊网纹蚤	*CeriodapHnia dubia*	2	S,M	7.85	23	28.65	119.47
节肢动物门	蚤科	模糊网纹蚤	*CeriodapHnia dubia*	2	S,M	7.85	23	28.77	119.97
节肢动物门	蚤科	模糊网纹蚤	*CeriodapHnia dubia*	2	S,M	8	25	14.52	94.34
节肢动物门	蚤科	大型蚤	*DapHnia magna*	2	S,M	8.5	20	26.34	296.76
节肢动物门	蚤科	大型蚤	*DapHnia magna*	2	S,M	7.92	21	9.463	38.00
节肢动物门	蚤科	大型蚤	*DapHnia magna*	2	S,M	8.2	25	20.71	197.53
节肢动物门	蚤科	大型蚤	*DapHnia magna*	2	R,U	8.34	19.7	51.92	419.01

续表

门	科	物种	拉丁名	时间/d	方法	pH	温度/℃	总氨氮/(mg/L)	总氨氮(pH=7,20℃)/(mg/L)
节肢动物门	蚤科	大型蚤	*DapHnia magna*	2	S,M	8.07	19.6	51.09	242.36
节肢动物门	蚤科	大型蚤	*DapHnia magna*	2	S,M	7.51	20.1	48.32	89.75
节肢动物门	蚤科	大型蚤	*DapHnia magna*	2	S,M	7.53	20.1	55.41	106.09
节肢动物门	蚤科	大型蚤	*DapHnia magna*	2	S,M	7.5	20.3	43.52	80.96
节肢动物门	蚤科	大型蚤	*DapHnia magna*	2	S,M	7.4	20.6	42.31	69.86
节肢动物门	蚤科	大型蚤	*DapHnia magna*	2	S,M	8.09	20.9	41.51	227.88
节肢动物门	蚤科	大型蚤	*DapHnia magna*	2	S,M	7.95	22	51.3	236.63
节肢动物门	蚤科	大型蚤	*DapHnia magna*	2	S,M	8.15	22	37.44	252.76
节肢动物门	蚤科	大型蚤	*DapHnia magna*	2	S,M	8.04	22.8	38.7	226.03
节肢动物门	蚤科	老年低额蚤	*SimocepHalus vetulus*	2	F,M	8.3	17	31.58	188.50
节肢动物门	蚤科	老年低额蚤	*SimocepHalus vetulus*	2	F,M	8.1	20.4	21.36	114.68
节肢动物门	蚤科	老年低额蚤	*SimocepHalus vetulus*	2	F,M	7.25	24.5	83.51	157.03
节肢动物门	蚤科	老年低额蚤	*SimocepHalus vetulus*	2	F,M	7.06	24	83.51	122.89
节肢动物门	螯虾科	克氏原螯虾	*Procambarus clarkii*	4	F,M	8	20	26.08	111.95
节肢动物门	螯虾科	克氏原螯虾	*Procambarus clarkii*	4	F,M	8	12	76.92	170.12
节肢动物门	弓蟹科	中华绒螯蟹	*Eriocheir Sinensis*	4	R,M	7.81	22	31.6	112.88
脊索动物门	合鳃鱼科	黄鳝	*Monopterus alba*	4	R,M	7	28	3478	3477.88
脊索动物门	鲤科	鲤鱼	*Cyprinus carpio*	4	R,M	7.72	28	51.78	133.90
脊索动物门	鲤科	鲤鱼	*Cyprinus carpio*	4	R,M	7.72	28	48.97	126.63
脊索动物门	鲤科	鲤鱼	*Cyprinus carpio*	4	R,M	7.4	28	45.05	70.78
脊索动物门	棘臀鱼科	绿色太阳鱼	*Lepomis cyanellus*	4	F,M	7.84	12.3	33.09	105.68
脊索动物门	棘臀鱼科	绿色太阳鱼	*Lepomis cyanellus*	4	F,M	7.2	22.4	142.8	174.48
脊索动物门	棘臀鱼科	绿色太阳鱼	*Lepomis cyanellus*	4	F,M	6.61	22.4	254.5	196.99
脊索动物门	棘臀鱼科	绿色太阳鱼	*Lepomis cyanellus*	4	F,M	7.72	22.4	55.79	144.27
脊索动物门	棘臀鱼科	绿色太阳鱼	*Lepomis cyanellus*	4	F,M	8.69	22.4	9.24	148.52
脊索动物门	鲤科	高体鳑鲏	*Rhodeus ocellatus*	4	F,M	7.3	25	6.775	9.33

续表

门	科	物种	拉丁名	时间/d	方法	pH	温度/℃	总氨氮/(mg/L)	总氨氮(pH=7,20℃)/(mg/L)
脊索动物门	鲤科	鲢鱼	*HypopHthalmichthys molitrix*	4	F,M	7.2	30	20.92	25.56
脊索动物门	鲤科	青鱼	*MylopHaryngodon piceus*	4	F,M	7.4	26	29.499	46.35
脊索动物门	鲤科	草鱼	*CtenopHaryngodon idellus*	4	F,M	7.2	27.1	45.476	55.56
脊索动物门	鲤科	草鱼	*CtenopHaryngodon idellus*	4	F,M	7.5	24	48.161	87.39
脊索动物门	鲤科	草鱼	*CtenopHaryngodon idellus*	4	F,M	7.2	33	25.181	30.77
脊索动物门	鳅科	泥鳅	*Misgurnus anguillicaudatus*	4	F,M	8.3	25	25.812	197.57
脊索动物门	蛙科	中国林蛙	*Rana chensinensis*	4	F,M	7.95	22	129.46	597.17
节肢动物门	摇蚊科	摇蚊幼虫	*Chironomus riparius*	2	S,M	7.9	11.5	88.249	155.40
节肢动物门	摇蚊科	摇蚊幼虫	*Chironomus riparius*	2	S,M	6.75	20	246.74	205.59
节肢动物门	裸腹蚤科	直额裸腹蚤	*Moina rectirostris*	2	S,M	8.3	25	13.028	150.93
节肢动物门	裸腹蚤科	直额裸腹蚤	*Moina rectirostris*	2	S,M	8.3	25	12.137	140.61

表 8-2 氨氮对我国淡水水生生物的慢性毒性

门	科	物种	拉丁名	终点	pH	温度/℃	总氨氮/(mg/L)	总氨氮(pH=7,20℃)/(mg/L)
节肢动物门	蚤科	模糊网纹蚤	*CeriodapHnia dubia*	7d LC 繁殖率	7.8	25	15.2	38.96
节肢动物门	蚤科	模糊网纹蚤	*CeriodapHnia dubia*	7d LC 繁殖率	8.57	26	5.8	52.16
节肢动物门	蚤科	大型蚤	*DapHnia magna*	21d LC 繁殖率	8.45	20	7.37	36.74
节肢动物门	蚤科	大型蚤	*DapHnia magna*	21d LC 繁殖率	7.92	20	21.7	47.10
脊索动物门	鲤科	鲤鱼	*Cyprinoid carpio*	28d ELS 体重	7.85	23	8.36	16.54
脊索动物门	棘臀鱼科	绿色太阳鱼	*Lepomis cyanellus*	30d ELS 生物量	7.9	22	5.61	11.85
脊索动物门	棘臀鱼科	绿色太阳鱼	*Lepomis cyanellus*	30d 幼体存活率	8.16	25.4	5.84	18.06
节肢动物门	摇蚊科	摇蚊幼虫	*Chironomus riparius*	21d EC_{20}	6.75	25	25.28	32.36
脊索动物门	鲤科	草鱼	*CtenopHaryngodon idellus*	42d LOEC 生物量	7.5	24	9	12.19
脊索动物门	鲿科	黄颡鱼	*Pelteobagrus fulvidraco*	56d LOEC 生物量	6.8	28	20.58	19.32

⑥ 数据处理：氨氮毒性显著受到水体温度和 pH 值的影响，本书中氨氮数值均以氮的含量表示。根据 EPA 氨氮基准文件的数据调整方法，将获得的氨氮文献毒性数据统一标准化到 pH=7、$T=20$℃条件下。调整后对数据进行分析，求得各个物种的种平均急性值（species mean acute value，SMAV）和平均慢性值（species mean chronic value，SMCV），SMAV/SMCV 等于同一物种的毒性值的几何平均值；然后对全部物种的 SMAV/SMCV 从小到大进行排序。根据氨氮基准文件中的方法，计算出氨氮急慢性水质基准，推导氨氮基准公式。

表 8-3　6 种本土淡水水生生物急、慢性浓度设置

拉丁名	体长/cm	平均体重/g	pH	急性浓度设置/(mg/L)	慢性浓度设置/(mg/L)
秀丽白虾	1.50±0.12	0.12	7	0,50,70,90,110,130,150	—
			8	0,30,36,43.2,51.84,62.208,74.65	0,1.323,2.381,4.287,7.716,13.889,25
			9	0,1.526,2.441,3.906,6.25,10,16	—
霍甫水丝蚓	3.20±0.04	—	7	0,27.466,43.945,65.918,98.877,148.315,222.473	—
			8	0,13.733,21.973,32.959,49.438,74.158,111.237	0,0.794,1.429,2.572,4.63,8.333,15
			9	0,4.578,6.866,10.3,15.45,23.174,34.761	—
黄颡鱼	2.50±0.15	0.10	7	0,7.901,11.852,17.777,26.666,39.999,59.998	—
			8	0,5,7.5,11.25,16.875,25.313,37.969	—
			9	0, 3.951, 5.926, 8.889, 13.333, 20.000, 30.000	—

8.3.2 本土生物毒性试验结果

对沙颍河流域三个本土物种（秀丽白虾、霍甫水丝蚓和黄颡鱼）进行不同 pH 条件下的氨氮急、慢性毒性试验[189]。

① 氨氮对 3 种本土水生生物的急性毒性试验结果如表 8-4 所示。

表 8-4　氨氮对 3 种本土水生生物的急性毒性试验结果

物种	pH	暴露时间/h	回归方程	χ^2	P	LC_{50}/(mg/L)	95%置信区间/(mg/L)
秀丽白虾	7	24	$y=5.425x-11.080$	6.089	0.193	110.245	99.057～125.106
		48	$y=5.937x-11.496$	9.730	0.450	86.358	60.546～111.966
		72	$y=6.732x-12.448$	3.709	0.447	70.628	62.306～77.922
		96	$y=5.976x-10.868$	3.451	0.485	65.844	56.345～73.582
	8	24	$y=5.163x-9.44$	0.823	0.935	67.369	59.436～84.502
		48	$y=5.739x-9.948$	2.558	0.634	54.124	49.030～61.202
		72	$y=8.231x-13.425$	1.691	0.792	42.755	39.362～46.142
		96	$y=8.927x-14.257$	1.430	0.839	39.534	36.322～42.524
	9	24	$y=1.277x-1.518$	0.350	0.986	15.452	10.231～33.257
		48	$y=1.659x-1.698$	0.307	0.989	10.562	7.305～15.038
		72	$y=3.970x-3.280$	7.728	0.102	6.703	3.958～9.598
		96	$y=3.414x-2.343$	2.210	0.697	4.855	3.456～5.965

续表

物种	pH	暴露时间/h	回归方程	χ^2	P	LC_{50}/(mg/L)	95%置信区间/(mg/L)
霍甫水丝蚓	7	24	$y=3.264x-6.911$	0.999	0.910	131.012	111.774～159.166
		48	$y=3.650x-7.306$	1.159	0.885	100.454	87.039～116.834
		72	$y=3.743x-7.203$	0.177	0.996	84.059	72.883～96.978
		96	$y=4.025x-7.488$	1.468	0.832	72.494	63.128～82.976
	8	24	$y=3.338x-6.019$	3.253	0.516	63.574	54.384～76.785
		48	$y=3.581x-5.927$	5.245	0.263	45.186	39.100～52.595
		72	$y=3.709x-5.822$	2.232	0.693	37.134	29.494～39.500
		96	$y=3.959x-5.867$	2.317	0.678	30.328	26.223～34.769
	9	24	$y=3.485x-4.571$	7.154	0.128	20.493	15.347～31.942
		48	$y=3.752x-4.515$	11.432	0.022	15.980	10.977～25.745
		72	$y=3.458x-3.933$	7.552	0.109	13.716	10.027～19.213
		96	$y=3.431x-3.648$	5.231	0.264	11.570	9.923～13.426
黄颡鱼	7	24	$y=2.791x-5.3$	0.642	0.958	79.240	55.632～217.111
		48	$y=3.13x-5.606$	0.960	0.916	61.775	47.552～108.223
		72	$y=2.726x-4.736$	0.431	0.980	54.621	41.878～90.459
		96	$y=3.116x-5.084$	0.471	0.976	42.804	34.757～58.486
	8	24	$y=4.110x-6.946$	0.498	0.974	49.008	37.072～139.063
		48	$y=4.460x-6.949$	4.214	0.378	36.150	29.907～51.701
		72	$y=3.174x-4.377$	11.896	0.018	23.944	14.400～140.495
		96	$y=3.398x-4.533$	7.624	0.106	21.585	14.907～41.451
	9	24	$y=2.059x-2.675$	1.520	0.823	19.920	13.093～56.087
		48	$y=2.624x-2.966$	1.177	0.882	15.508	10.266～21.904
		72	$y=2.771x-2.704$	3.670	0.452	9.461	7.532～12.912
		96	$y=2.978x-2.612$	4.250	0.373	7.533	6.123～9.661

② 氨氮对 2 种本土水生生物的慢性毒性试验结果如表 8-5 所示。

表 8-5 氨氮对 2 种本土水生生物的慢性毒性试验结果

本土生物	pH	毒性终点	NOEC/(mg/L)	LOEC/(mg/L)	MATC/(mg/L)
秀丽白虾	8	死亡率	1.323	2.381	1.775
霍甫水丝蚓	8	死亡率	1.429	2.572	1.917

8.4 氨氮水生生物基准阈值推导

8.4.1 氨氮毒性数据标准化

8.4.1.1 急性数据标准化

根据在总氨（TA）表示下求出的急性毒性浓度（AV）转换为在总氨氮（TAN）表示下的急性毒性浓度（AV_t）：

$$\frac{AV_t}{AV}=\frac{14mgTAN/mmol}{17mgTAN/mmol}=\frac{14}{17} \tag{8-1}$$

将试验 pH 下的毒性浓度（AV_t）转换到标准测试 pH=7 时的转换公式：

$$AV_{t,7}=\frac{AV_t}{\frac{0.0114}{1+10^{7.204-pH}}+\frac{1.6181}{1+10^{pH-7.204}}} \tag{8-2}$$

仅限无脊椎动物的温度调整公式，毒性值 AV_t 在 pH=7 时根据总氨氮（TAN）表示为 $AV_{t,7}$，转换到标准测试温度（T=20℃）时使用以下公式即可得出 $AV_{t,7,20}$：

$$\lg(AV_{t,7,20})=\lg(AV_{t,7})-[-0.036(T-20)] \tag{8-3}$$

8.4.1.2 慢性数据标准化

根据在总氨（TA）表示下求出的慢性毒性浓度（CV）转换为在总氨氮（TAN）表示下的慢性毒性浓度（CV_t）：

$$\frac{CV_t}{CV}=\frac{14mgTAN/mmol}{17mgTAN/mmol}=\frac{14}{17} \tag{8-4}$$

将实验 pH 下的毒性浓度（CV_t）转换到标准测试 pH=7 时的转换公式：

$$CV_{t,7}=\frac{CV_t}{\frac{0.0278}{1+10^{7.688-pH}}+\frac{1.1994}{1+10^{pH-7.688}}} \tag{8-5}$$

仅限无脊椎动物的温度调整公式，毒性值 CV_t 在 pH=7 时根据总氨氮（TAN）表示为 $CV_{t,7}$，转换到标准测试温度（T=20℃）时使用以下公式即可得出 $CV_{t,7,20}$：

$$\lg(CV_{t,7,20})=\lg(CV_{t,7})-[-0.028(T-20)] \tag{8-6}$$

根据标准转化公式，将所有急慢性数据统一标准化到 pH=7、T=20℃条件下，得到标准化后急慢性数据（表 8-1、表 8-2），以此来计算 SMAV、GMAV 和 SMCV、GMCV 值。

8.4.2 沙颍河流域氨氮水生生物基准

对沙颍河流域淡水水生生物的氨氮急性毒性数据按物种敏感度排序后如表 8-6 所示，共 22 属，最敏感的 4 属生物包括 3 种鱼类（高体鳑鲏、鲢鱼、青鱼）和 1 种软体动物（河蚬），最敏感的生物是高体鳑鲏，最不敏感的是黄鳝，两者 GMAV 相差 300 多倍。

表 8-6 我国淡水水生生物的氨氮急性毒性数据排序

序号	物种	拉丁名	SMAV /(mg/L)	GMAV /(mg/L)	GMCV /(mg/L)	ACR
1	高体鳑鲏	*Rhodeus ocellatus*	9.33	9.33		
2	河蚬	*Corbicula fluminea*	17.58	17.58		
3	鲢鱼	*HypopHthalmichthys molitrix*	25.56	25.56		
4	青鱼	*MylopHaryngodon piceus*	46.35	46.35		
5	草鱼	*CtenopHaryngodon idellus*	53.06	53.06	12.19	4.35
6	静水锥实螺	*Lymnaea stagnalis*	88.63	88.63		
7	黄颡鱼	*Pelteobagrus fulvidraco*	93.38	93.38	19.32	4.83
8	秀丽白虾	*Exopalaemon modestus*	104.85	104.85	4.31	24.33

续表

序号	物种	拉丁名	SMAV /(mg/L)	GMAV /(mg/L)	GMCV /(mg/L)	ACR
9	鲤鱼	*Cyprinus carpio*	106.27	106.27	16.54	6.43
10	中华绒螯蟹	*Eriocheir Sinensis*	112.88	112.88		
11	模糊网纹蚤	*CeriodapHnia dubia*	134.25	134.25	45.08	2.98
12	克氏原螯虾	*Procambarus clarkia*	138.00	138.00		
13	老年低额蚤	*SimocepHalus vetulus*	142.92	142.92		
14	直额裸腹蚤	*Moina rectirostris*	145.68	145.68		
15	绿色太阳鱼	*Lepomis cyanellus*	150.74	150.74	14.63	10.30
16	大型蚤	*DapHnia magna*	157.77	157.77	41.60	3.79
17	霍甫水丝蚓	*Limnodrilus hoffmeistteri*	159.62	159.62	4.66	34.29
18	摇蚊幼虫	*Chironomus riparius*	178.74	178.74	32.36	5.52
19	泥鳅	*Misgurnus anguillicaudatus*	197.57	197.57		
20	正颤蚓	*Tubifex tubifex*	216.46	216.46		
21	中国林蛙	*Rana chensinensis*	597.17	597.17		
22	黄鳝	*Monopterus alba*	3477.88	3477.88		

由表 8-7 中最敏感的 4 属 GMAV 计算得 FAV 为 10.170mg/L，CMC＝FAV/2＝5.09mg/L，比最小的 GMAV（9.33mg/L）低 45.48%，因此，CMC 公式系数为 0.545。

表 8-7 氨氮急性基准值的计算结果

序号	GMAV/(mg/L)	lnGMAV	$(\ln GMAV)^2$	累积概率(P)	$\sqrt{P}$
1	9.33	2.233	4.986	0.043	0.209
2	17.58	2.867	8.220	0.087	0.295
3	25.56	3.241	10.504	0.130	0.361
4	46.35	3.836	14.716	0.174	0.417
合计	—	12.177	38.426	0.435	1.282
$S^2=56.082$	$S=7.489$	$L=0.645$	$A=2.319$	FAV＝10.170mg/L	

根据氨氮基准方法学，沙颍河流域氨氮 CMC 基准公式为：

$$\mathrm{CMC}=0.5456\times\left(\frac{0.0114}{1+10^{7.204-\mathrm{pH}}}+\frac{1.6181}{1+10^{\mathrm{pH}-7.204}}\right)\times \mathrm{Min}[9.33,9.33\times10^{0.036\times(20-T)}] \tag{8-7}$$

其中，0.0114、1.6181 和 7.204 为 USEPA 氨氮基准文件中直接给出的值。9.33 为最低的 GMAV（*Rhodeus ocellatus*）值，同时也是鱼类的最低 GMAV 值。0.5456 为计算公式系数，即 CMC 除以最低 GMAV 值。

由于氨氮慢性毒性数据丰度欠缺，不满足三门八科，因此本书采用急慢性比值来推导慢性基准，得到沙颍河流域氨氮 CCC 基准公式为：

$$\mathrm{CCC}=0.3155\times\left(\frac{0.0278}{1+10^{7.688-\mathrm{pH}}}+\frac{1.1994}{1+10^{\mathrm{pH}-7.688}}\right)\times \mathrm{Min}\{12.91,\ 4.31\times10^{0.028\times[20-\mathrm{Max}(T,7)]}\} \tag{8-8}$$

其中，0.0278、1.1994 和 7.688 为氨氮基准文件中直接给出的值。4.31 为最低的 GMCV（*Exopalaemon Modetus*）值，12.91 是鱼类（*Ctenopharyngodon idellus*）的最低 GMCV 值。0.3155 为计算公式系数，即 CMC 除以最低 GMCV 值。

氨氮基准值对比见表 8-8。即 pH=7、T=20℃的条件下，表 8-8 中列出了中国部分流域氨氮的 WQC、中国氨氮的 WQC 和其他国家氨氮的 WQC。由表 8-8 可知，中国沙颍河流域的 CMC 和 CCC 低于中国辽河流域、中国以及其他四个国家（美国、加拿大、澳大利亚和新西兰）。这个结果可能是由物种的差异、数据处理（考虑 pH 和温度）以及在 WQC 的推导方法引起的。本书搜集了沙颍河流域本土物种的毒性数据并补充了 3 个本土物种的急慢性毒性数据，使用了美国 EPA 推荐的毒性百分数排序法 SSR（基于四个最敏感的属）和三种 SSD 方法（arctangent、log-logistic 和 log-normal 模型）来计算沙颍河流域的氨氮的 WQC，最终采纳 SSR 的结果。辽河流域采用本土物种并用 SSD 法（log-normal 模型）推导了 WQC。中国生态环境部环境基准与风险评估国家重点实验室采用在中国广泛存在的水中生物推导了中国氨氮的 WQC。与本书用于沙颍河和辽河的水生生物相比，用于推导中国氨氮的 WQC 物种数更多。美国环保署使用 100 个物种的急性毒性数据和 21 个物种的慢性毒性数据并使用 SSR 法来计算氨氮的 WQC。澳大利亚和新西兰使用 SSD 法计算氨氮的 WQC，仅得出了 CCC。加拿大的 CCC 以总氨表示，而澳大利亚和新西兰的 CCC 在未知物种数量以及未考虑温度的情况下进行了 CCC 推算。

使用更多的毒性数据可提高推导 WQC 的不确定性。因此，应获取更多来自沙颍河水生生物的毒性数据，以提高 WQC 的准确性。综上所述，中国不同地区生物群落的差异可能意味着中国的基准值在用于管理沙颍河和辽河时未能提供足够的保护。同样，其他国家（例如加拿大和美国）的 WQC 也不适用于中国。

表 8-8　氨氮基准值对比

国家或地区	分类	物种数	pH	温度/℃	常规基准值/(mg/L)
中国沙颍河流域(本书)	CMC	22	6.0～9.0	5～30	0.08～7.75(5.09)
	CCC	9	6.0～9.0	5～30	0.06～3.7(1.36)
中国辽河流域	CMC	22	7.0	20	10.0
	CCC	4	7.0	20	1.8
中国	CMC	53	6.0～9.0	5～30	0.36～18(12)
	CCC	16	6.0～9.0	5～30	0.065～2.1(1.5)
美国	CMC	100	6.5～9.0	0～30	0.27～33(17)
	CCC	21	6.5～9.0	0～30	0.08～4.9(1.9)
加拿大	CCC	7	6.0～10.0	0～30	0.021～231(4.82①)
澳大利亚和新西兰	CCC	未知	6.0～9.0	未考虑	0.18～2.57(2.18)

①表示总氨。

8.4.3　沙颍河流域氨氮水质基准时间分布差异

作者所在的课题组于 2018 年对沙颍河流域的水质参数共进行了 3 次调研，分别是丰水期、枯水期和平水期。沙颍河流域一年的水温范围为 10.5～33.5℃，pH 值为 7.0～8.97，温度和 pH 值变化范围比较大。丰水期、枯水期和平水期的平均水温分别为 29.4℃、20.22℃和 16.31℃。丰水期、枯水期和平水期的平均 pH 分别为 7.95、8.43 和 7.78。将所有点的温度和 pH 值代入函数［式（8-7）、式（8-8）］，结果见表 8-9。对 CMC 和 CCC 值进行 Kolmogorov-Smirnov 检验（软件 SPSS 18.0），显示 CMC 和 CCC 基本符合正态分布，再使用独立样本 t 检验对各组间的差异（丰水期-枯水期、丰水期-平水期、枯水期-平水期）进行了比较。在丰水期-枯水期和枯水期-平水期两组中发现有显著差异（$P<0.05$），但在丰水期-平水期组中没有发现显著差异（$P>0.05$）。丰水期的高温和平水期的高 pH 值导致严格的 WQC 可能解释了这两个季节的 CMC 和 CCC 相似且无显著差异。在先前的研究中，有研究仅考虑温度的变化，将中国七大流域的氨氮的 WQC 分为夏季和非夏季。但是，pH 值以及温度都会影响 WQC 值。因此，将氨氮基准值分为夏季和非夏季不适用于沙颍河流域[189]。

表 8-9　沙颍河流域氨氮的 HQ 值

采样点	丰水期						枯水期						平水期					
	温度/℃	pH	浓度/(mg/L)	类别	CCC	HQ	温度/℃	pH	浓度/(mg/L)	类别	CCC	HQ	温度/℃	pH	浓度/(mg/L)	类别	CCC	HQ
S1	29.3	8.62	0.530	Ⅲ	0.113	4.710	15.8	7.98	0.446	Ⅱ	0.757	0.590	14.9	8.71	0.578	Ⅲ	0.245	2.359
S2	27.4	7.65	2.560	Ⅴ	0.540	4.738	17.4	7.30	1.751	Ⅴ	1.384	1.266	16.7	7.34	2.700	Ⅴ	1.409	1.916
S3	29	8.27	1.340	Ⅳ	0.207	6.488	13.8	7.88	1.264	Ⅳ	0.988	1.279	17.8	8.10	1.060	Ⅳ	0.557	1.903
S4	29.1	8.36	1.670	Ⅴ	0.177	9.447	15	8.51	0.965	Ⅲ	0.341	2.831	20.0	8.58	1.350	Ⅳ	0.219	6.158
S5	28.7	7.98	2.700	Ⅴ	0.329	8.197	13.9	7.93	0.654	Ⅲ	0.917	0.713	19.5	8.09	1.120	Ⅳ	0.507	2.210
S6	28.5	7.90	1.310	Ⅳ	0.373	3.515	14.2	7.88	0.525	Ⅲ	0.962	0.546	19.3	8.09	0.819	Ⅲ	0.513	1.595
S7	28.1	7.68	0.730	Ⅲ	0.500	1.460	14.1	7.72	0.609	Ⅲ	1.180	0.516	19	7.87	0.923	Ⅲ	0.716	1.290
S8	28.7	8.22	0.720	Ⅲ	0.228	3.153	14.2	8.10	0.560	Ⅲ	0.702	0.797	19.7	8.58	0.763	Ⅲ	0.224	3.414
S9	30.1	7.91	0.820	Ⅲ	0.332	2.472	13.4	8.05	0.757	Ⅲ	0.798	0.949	17	8.86	0.967	Ⅲ	0.168	5.755
S10	30.3	8.72	0.580	Ⅲ	0.089	6.494	18.6	7.00	1.094	Ⅳ	1.491	0.734	18.3	8.45	0.886	Ⅲ	0.305	2.907
S11	29.3	8.17	0.870	Ⅲ	0.238	3.656	18.2	7.50	0.853	Ⅲ	1.129	0.755	18.8	8.63	0.851	Ⅲ	0.218	3.908
S12	31.2	8.40	0.680	Ⅲ	0.144	4.710	14.9	7.85	0.383	Ⅱ	0.957	0.401	21.7	8.89	0.477	Ⅱ	0.118	4.027
S13	29.9	8.54	1.101	Ⅳ	0.124	8.883	13.1	8.02	0.691	Ⅲ	0.850	0.813	22.8	8.70	0.429	Ⅱ	0.150	2.866
S14	30	7.97	1.140	Ⅳ	0.307	3.711	10.5	7.46	0.308	Ⅱ	1.920	0.160	20.1	8.26	0.392	Ⅱ	0.373	1.052
S15	30	8.68	0.920	Ⅲ	0.097	9.457	18.3	8.09	0.290	Ⅱ	0.548	0.530	20.1	8.60	0.352	Ⅱ	0.211	1.671
S16	31.9	8.53	0.620	Ⅲ	0.111	5.597	19.3	8.10	0.283	Ⅱ	0.506	0.559	16.5	8.05	0.267	Ⅱ	0.653	0.409
S17	29.9	8.67	0.670	Ⅲ	0.100	6.730	19.2	7.74	0.266	Ⅱ	0.830	0.321	22.5	8.78	0.218	Ⅱ	0.134	1.628
S18	29.4	8.01	0.720	Ⅲ	0.302	2.388	18	7.59	0.682	Ⅲ	1.053	0.648	19.4	8.28	0.305	Ⅱ	0.377	0.808

续表

采样点	丰水期						枯水期						平水期					
	温度/℃	pH	浓度/(mg/L)	类别	CCC	HQ	温度/℃	pH	浓度/(mg/L)	类别	CCC	HQ	温度/℃	pH	浓度/(mg/L)	类别	CCC	HQ
S19	30.7	8.66	0.550	Ⅲ	0.096	5.721	17.9	7.71	0.283	Ⅱ	0.934	0.303	21.6	8.97	0.331	Ⅱ	0.106	3.134
S20	29.1	7.64	0.830	Ⅲ	0.489	1.696	17	7.63	1.642	Ⅴ	1.079	1.522	22.6	8.24	0.337	Ⅱ	0.328	1.029
S21	28.1	7.37	0.581	Ⅲ	0.662	0.877	16.4	7.61	0.294	Ⅱ	1.144	0.257	20.9	8.45	1.350	Ⅳ	0.258	5.237
S22	28.8	7.71	0.581	Ⅲ	0.462	1.256	15.9	7.98	0.211	Ⅱ	0.752	0.280	20.2	8.24	0.194	Ⅱ	0.382	0.507
S23	31.2	8.32	0.626	Ⅲ	0.165	3.795	19.9	7.98	0.434	Ⅱ	0.581	0.747	20.2	7.95	0.187	Ⅱ	0.594	0.315
S24	30.2	7.59	1.055	Ⅳ	0.479	2.200	19.7	7.75	1.727	Ⅴ	0.794	2.175	18.9	8.20	0.405	Ⅱ	0.444	0.913
S25	30.2	8.05	0.506	Ⅲ	0.270	1.875	19.8	7.68	0.290	Ⅱ	0.854	0.340	20.9	8.94	0.377	Ⅱ	0.116	3.263
S26	33.5	7.99	0.929	Ⅲ	0.238	3.899	19.4	8.11	0.732	Ⅲ	0.495	1.480	21.3	8.57	0.590	Ⅲ	0.205	2.878
S27	31.4	7.74	1.152	Ⅳ	0.378	3.049	14.1	7.63	0.537	Ⅲ	1.300	0.413	23.8	8.11	0.167	Ⅱ	0.373	0.448
S28	29.8	7.40	1.038	Ⅳ	0.580	1.789	13.7	7.84	0.662	Ⅲ	1.047	0.632	22	8.51	0.277	Ⅱ	0.217	1.277
S29	29.6	7.33	0.763	Ⅲ	0.618	1.236	14.9	7.86	0.464	Ⅱ	0.944	0.491	21.3	8.91	0.397	Ⅱ	0.118	3.369
S30	29.7	7.45	0.609	Ⅲ	0.561	1.085	16.3	7.52	0.315	Ⅱ	1.254	0.251	21.1	8.92	0.426	Ⅱ	0.118	3.623
S31	29.9	7.42	0.523	Ⅲ	0.567	0.922	14.8	7.55	0.776	Ⅲ	1.344	0.578	18.6	8.50	0.485	Ⅱ	0.275	1.765
S32	29.2	7.91	0.278	Ⅱ	0.352	0.790	14.8	7.67	0.307	Ⅱ	1.192	0.257	19.3	8.77	0.339	Ⅱ	0.167	2.027
S33	30.3	7.45	0.741	Ⅲ	0.540	1.371	13.5	7.67	0.470	Ⅱ	1.296	0.363	21.8	8.68	0.191	Ⅱ	0.165	1.157
S34	30.2	7.68	0.398	Ⅱ	0.437	0.911	15.6	7.81	0.665	Ⅲ	0.962	0.691	20.2	7.77	0.565	Ⅲ	0.751	0752
S35	28.6	7.29	0.741	Ⅲ	0.676	1.095	15.6	7.46	0.749	Ⅲ	1.382	0.542	22	8.50	0.317	Ⅱ	0.221	1.437
S36	26.5	7.95	0.603	Ⅲ	0.396	1.524	15.6	7.68	1.956	Ⅴ	1.120	1.748	22.9	8.31	0.854	Ⅲ	0.287	2.981
S37	26.7	8.52	0.541	Ⅲ	0.158	3.431	15.8	8.21	0.457	Ⅱ	0.533	0.856	19.5	8.37	0.538	Ⅲ	0.323	1.667
S38	25.8	7.59	1.558	Ⅴ	0.637	2.447	21.1	7.91	0.205	Ⅱ	0.593	0.346	20.1	8.27	0.533	Ⅲ	0.367	1.454
S39	27.6	7.35	1.101	Ⅳ	0.693	1.588	19.1	7.71	0.909	Ⅲ	0.864	1.052	21	8.46	0.380	Ⅱ	0.252	1.509
S40	28	7.4	1.089	Ⅳ	0.651	1.672	19.5	7.55	0.734	Ⅲ	0.993	0.739	24.4	8.68	0.279	Ⅱ	0.140	1.999

8.5 沙颍河流域氨氮污染生态风险评估

8.5.1 现场测定

由于氨氮浓度受温度和 pH 的影响，所以本书对水样中氨氮的浓度采取现场测定。本书采取了沙颍河枯水期、平水期、丰水期各 40 个点位的水样进行了现场测定。使用哈希水质参数仪 HQ40d，连接氨气敏电极和 pH 探头，取 25mL 水样于三角锥形瓶中，加入一包铵离子强度调节剂混合均匀，将氨氮探头放入锥形瓶中，探头不接触锥形瓶底边，一边慢慢摇晃锥形瓶，一边读取稳定氨氮数值，并记录。同时每个点位的水样使用HQ40d测定pH和温度，并记录。

8.5.2 质量保证

氨气敏电极使用之前，用10mg/L和100mg/L氨氮校正液对电极进行校正，校正完毕后测定氨氮标液。将100mg/L氨氮标液稀释至0.1mg/L、1mg/L、10mg/L和50mg/L进行测定，测定结果分别为0.089mg/L、1.126mg/L、10.937mg/L和50.693mg/L，偏差10%左右，认为测定结果在误差范围内，可以使用。

8.5.3 生态风险评估

(1) 熵值法　由8.4.3可知，考虑到氨氮受温度和pH的影响，所以将各个点位的温度和pH值代入到氨氮基准值公式（8-8）中，得出各个点位的氨氮慢性基准值，各点位的HQ值见表8-9。

表8-9列出了沙颍河流域丰水期、枯水期和平水期的氨氮浓度和HQ。丰水期所有采样点（S1～S40）的氨氮浓度为0.28～2.70mg/L（平均浓度为0.91mg/L），枯水期为0.21～1.96mg/L（平均浓度为0.68mg/L），平水期为0.17～2.70mg/L（平均浓度为0.60mg/L）。采用HQ方法用于评估沙颍河流域氨氮的生态风险。由于氨氮的毒性受温度和pH值的影响，因此推导出了不同季节、不同点位的氨氮慢性基准值CCC来评估沙颍河流域氨氮生态风险（表8-9）。氨氮总体具有生态风险，即HQ＞1.0。HQ值越高，风险越高。在丰水期，有90%的采样点为中等风险，枯水期有20%的采样点为中等风险，在平水期有82.5%的采样点为中等风险。有研究表明，中国的黄河流域、海河流域、淮河流域、松花江流域和辽河流域均存在氨氮风险。

在不同时期，某些采样点的浓度属于当前中国地表水环境质量标准（GB 3838—2002）的Ⅲ类水，通常认为水质良好，但在本书中的生态风险为中等，如丰水期和平水期中S7～S11等点位。在平水期中，S2～S15的水质属于Ⅱ类，但生态风险也为中等。因此，未考虑温度和pH的中国地表水环境质量标准对于氨氮的风险评估会产生偏差，即使水质良好（Ⅱ类或Ⅲ类），在沙颍河流域的丰水期（温度较高）和平水期（pH较高）时，氨氮也会对水生生物产生危害。

(2) 联合概率曲线法生态风险评估　联合概率曲线法（joint probability curves，JPC）基于污染物暴露浓度的反累积概率作为y轴，而毒性数据的累积概率作为x轴。JPC越靠近x轴，受影响的生物越少。本书使用JPC方法计算了沙颍河流域氨氮影响5%物种的慢性生态风险概率（图8-1）。对于长期暴露，在丰水期、枯水期和平水期中受氨氮影响的5%物种的概率分别为41.3%、5.09%和27.5%（丰水期＞平水期＞枯水期），表明长期氨氮暴露已造成了潜在的生态风险。用这种方法，将暴露浓度调节至pH 7和20℃。在调整pH和温度之前和之后比较暴露浓度时，氨氮的浓度的差异变化很大。调整后丰水期、枯水期和平水期氨氮的浓度比分别为1.95～15.25、0.71～3.99和0.97～12.90。有研究报告，调整后的氨氮浓度比未调整的浓度高35～55倍。因此，pH和温度在确定氨氮的风险事起着重要作用，因而不能只关注氨氮本身的暴露浓度。JPC结果表明，沙颍河流域氨氮对水生生物产生了生态环境风险。

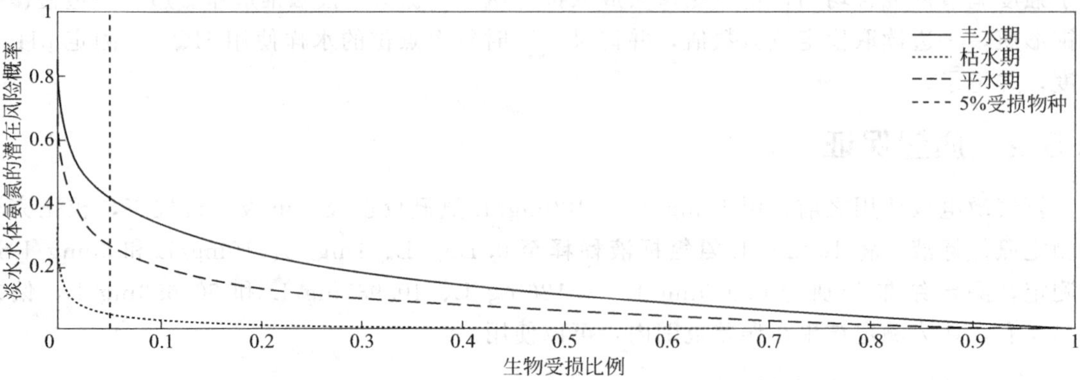

图 8-1　基于不同时期地表水体的氨氮联合概率曲线

目前我国开展流域水环境污染物风险评估的主要依据是《地表水环境质量标准》（GB 3838—2002），其中规定的氨氮 5 类水质标准限值为 0.15mg/L（Ⅰ类）、0.5mg/L（Ⅱ类）、1.0mg/L（Ⅲ类）、1.5mg/L（Ⅳ类）和 2.0mg/L（Ⅴ类），这 5 类氨氮标准在制定过程中没有考虑水质条件对氨氮毒性的影响。由于我国流域众多，pH 值等水质因子各异，不同季节水温差异明显，因此采用现行的这 5 类氨氮水质标准对氨氮生态风险进行评估容易产生偏差。本书中制定了符合沙颍河流域水环境特征和本土生物区系特点的氨氮水质基准，为沙颍河流域水环境氨氮风险评估提供了基础数据，同时也为推动沙颍河流域水环境氨氮生态风险的精细化评估和管理提供科学依据。

8.6　本章小结

本章氨氮急性毒性数据共 63 个。其中脊索动物门 5 科，节肢动物门 5 科，环节动物门 1 科，软体动物门 2 科。慢性数据 10 个，脊索动物门 3 科，节肢动物门 2 科。对 3 种沙颍河本土水生生物分别进行急性毒性和慢性毒性试验，分别设置了三种不同 pH（pH＝7，pH＝8，pH＝9）情况下的毒性试验，最后推导出 pH＝7、T＝20℃条件下我国氨氮的水质基准值以及以温度和 pH 为自变量的水质基准公式，并利用熵值法和联合概率曲线法对氨氮在沙颍河流域的风险进行了评估，得到以下结论。

① 对本土 3 种淡水水生生物进行 96h 急性毒性试验：氨氮对秀丽白虾在 pH＝7、pH＝8、pH＝9 条件下的 96h-LC_{50} 分别为 65.844mg/L、39.534mg/L、4.855mg/L；对霍甫水丝蚓的 96h-LC_{50} 分别为 72.494mg/L、30.328mg/L、11.570mg/L；对黄颡鱼的 96h-LC_{50} 分别为 42.804mg/L、21.585mg/L、7.533mg/L；黄颡鱼相对其他两种生物为最敏感生物，霍甫水丝蚓为相对不敏感生物。对 2 种淡水水生生物的 28d 慢性毒性试验：氨氮对秀丽白虾在 pH＝8 条件下以死亡为终点的 28d-MATC 为 1.775mg/L。氨氮对霍甫水丝蚓以死亡为终点的 28d-MATC 为 1.917mg/L，秀丽白虾和霍甫水丝蚓的敏感度差不多。

② 依据 USEPA 技术指南对我国水生生物的氨氮急慢性数据毒性调整到 pH＝7、T＝20℃条件下排序后，选择其中最敏感的 4 个 GMAV 值（R 为 1～4）进行推算，得出我国国家氨氮水生生物基准的 CMC 值和 CCC 值分别为 21.416mg/L 和 0.602mg/L。并且得出急慢性基准是一个以温度和 pH 为自变量的函数：

$$\text{CMC}=0.5456\times\left(\frac{0.0114}{1+10^{7.204-\text{pH}}}+\frac{1.6181}{1+10^{\text{pH}-7.204}}\right)\times\text{Min}[9.33,\ 9.33\times10^{0.036\times(20-T)}]$$

$$\text{CCC}=0.3155\times\left(\frac{0.0278}{1+10^{7.688-\text{pH}}}+\frac{1.1994}{1+10^{\text{pH}-7.688}}\right)\times\text{Min}\{12.91,\ 4.31\times10^{0.028\times[20-\text{Max}(T,7)]}\}$$

③ 熵值法和联合概率曲线风险评估结果一致，沙颍河流域氨氮的水生态风险丰水期＞平水期＞枯水期，大部分地区呈现中等生态风险，表明沙颍河流域中氨氮存在较为严重的生态风险，有关部门应加强氨氮的污染防治与管理。

09

第9章

沙颍河流域淡水水生生物硝基苯基准研究与生态风险评估

9.1 引言

硝基苯是化学工业大量使用的化工原料和反应中间体，在生活和工业中用途广泛，因而有很多途径进入到环境当中。沙颍河流域重污染行业中化工、制药、印染等主要污染行业占有很大比例，因而硝基苯作为污染物之一，应当引起重视。目前中国用于保护地表水的硝基苯 WQS（0.017mg/L）是从美国现行的硝基苯人体健康标准中复制而来的。然而，由于美国和中国之间许多物理、化学和生物因素的差异可能会影响某种物质在水生生物中的毒性，因此中国现有的 WQS 对中国的水生生态系统可能会过度保护或者欠保护。硝基苯通过苯与硝酸和硫酸的硝化生产用于工业用途，并广泛用于染料和农药的生产。硝基苯对淡水动植物的急性和慢性毒性已经积累很多数据，但硝基苯对沙颍河流域本土生物毒性数据缺乏，无法制定针对流域的水质基准。因此，补充沙颍河流域本土水生生物的硝基苯毒性数据对于制定沙颍河流域硝基苯的水质基准具有重要意义。

9.2 沙颍河流域本土基准受试生物及毒性数据的筛选

9.2.1 毒性数据收集与筛选

根据毒性数据收集来源以及筛选原则，剔除非本土生物以及不符合要求的数据。

9.2.2 硝基苯毒性数据筛选结果

收集筛选了硝基苯对本土淡水动物急性毒性数据共 19 个（表 9-1），对本土淡水动物慢性毒性数据共 7 个（表 9-2），对淡水植物的毒性数据 7 个（表 9-3）。其中急性数据中，大型蚤的数据最为丰富。慢性毒性数据不足，只有鱼类和大型蚤两个物种。

表 9-1 硝基苯对我国淡水动物的急性毒性

门	科	种	拉丁名	毒性终点	LC_{50}/EC_{50}/(mg/L)
软体动物门	椎实螺科	静水椎实螺	*Lymnaea stagnalis*	96h-LC_{50}	64.5
节肢动物门	蚤科	大型蚤	*Daphnia magna*	48h-LC_{50}	11
节肢动物门	蚤科	大型蚤	*Daphnia magna*	48h-LC_{50}	16.3
节肢动物门	蚤科	大型蚤	*Daphnia magna*	48h-LC_{50}	34.6
节肢动物门	蚤科	大型蚤	*Daphnia magna*	48h-LC_{50}	27
节肢动物门	蚤科	大型蚤	*Daphnia magna*	48h-LC_{50}	35
节肢动物门	蚤科	大型蚤	*Daphnia magna*	48h-LC_{50}	33
节肢动物门	蚤科	大型蚤	*Daphnia magna*	48h-LC_{50}	58.7
节肢动物门	蚤科	大型蚤	*Daphnia magna*	48h-LC_{50}	33
节肢动物门	蚤科	大型蚤	*Daphnia magna*	48h-LC_{50}	33
节肢动物门	蚤科	大型蚤	*Daphnia magna*	48h-LC_{50}	52.61
环节动物门	颤蚓科	霍普水丝蚓	*Limnodrilus hoffmeisteri*	48h-LC_{50}	116.12

续表

门	科	种	拉丁名	毒性终点	LC_{50}/EC_{50}/(mg/L)
脊索动物门	鲤科	鲤鱼	*Cyprinus carpio*	96h-LC_{50}	1.907
节肢动物门	蚤科	隆线蚤	*Daphnia carinala*	48h-LC_{50}	39.8
脊索动物门	异鳉科	青鳉	*Oryzias latipes*	48h-LC_{50}	141.4
脊索动物门	异鳉科	青鳉	*Oryzias latipes*	48h-LC_{50}	1.8
脊索动物门	鲤科	鲫鱼	*Carassius auratus*	96h-LC_{50}	119.1
软体动物门	田螺科	中华圆田螺	*Cipangopaludina cahayensis*	96h-LC_{50}	103.0
节肢动物门	长臂虾科	日本沼虾	*Macrobrachium nipponense*	96h-LC_{50}	0.039

表 9-2　硝基苯对我国淡水动物的慢性毒性

门	科	种	拉丁名	毒性终点	NOEC/(mg/L)
节肢动物门	蚤科	大型蚤	*Daphnia magna*	21d-NOEC	13
节肢动物门	蚤科	大型蚤	*Daphnia magna*	21d-NOEC	2.6
节肢动物门	蚤科	大型蚤	*Daphnia magna*	21d-NOEC	2.5
节肢动物门	蚤科	大型蚤	*Daphnia magna*	21d-NOEC	5
节肢动物门	蚤科	大型蚤	*Daphnia magna*	21d-NOEC	10
节肢动物门	蚤科	大型蚤	*Daphnia magna*	21d-NOEC	10
脊索动物门	鲤科	鲫鱼	*Carassius auratus*	28d-NOEC	4.0

表 9-3　硝基苯对我国淡水植物的毒性

门	科	种	拉丁名	毒性终点	LC_{50}/EC_{50}/(mg/L)
绿藻门	栅藻科	四尾栅藻	*Scenedesmus quadricauda*	96h-EC_{50}	40.000
绿藻门	栅藻科	四尾栅藻	*Scenedesmus quadricauda*	8d-NOEC	33
绿藻门	小球藻科	月牙藻	*Pseudokirchneriella subcapitata*	96h-EC_{50}	35.5
绿藻门	小球藻科	月牙藻	*Pseudokirchneriella subcapitata*	96h-EC_{50}	36.6
绿藻门	小球藻科	月牙藻	*Pseudokirchneriella subcapitata*	96h-NOEC	3.2
绿藻门	小球藻科	月牙藻	*Pseudokirchneriella subcapitata*	96h-EC_{50}	20.79
绿藻门	小球藻科	月牙藻	*Pseudokirchneriella subcapitata*	96h-EC_{50}	23.78

9.3 硝基苯生态毒理学试验研究

9.3.1 材料与方法

① 实验药品：硝基苯（CAS：98-95-3，AR 99%），由于硝基苯较难溶于水，试验前用二甲基亚砜（CAS：67-68-5）助溶于去离子水中，剂量不超过 0.5%，配置成高浓度母液。再根据需要用水稀释成相应浓度。

② 实验仪器：高效液相色谱（美国，安捷伦公司，HPLC1200），色谱柱（ZORBAX Eclipse XDB-C18，0.3mm×150mm×5μm），分析天平（瑞士，Mettler 公司，AE240），不锈钢电热鼓风干燥箱（日本，Sibata 公司，SOD-600），多功能水质参数仪（美国，哈希公司，HQ40d），智能光照培养箱（宁波海曙赛福实验仪器厂，PGX-450B）。

③ 受试生物：秀丽白虾、霍甫水丝蚓均购自朝来春花鸟鱼虫市场，黄颡鱼购自广东省水产养殖场，河蚬购自河南省海鲜市场。所有生物在实验前用曝气 48h 以上的自来水驯养至少 7 天，死亡率在 5%以内。

④ 试验方法：毒性试验按照《化学品测试方法：生物效应卷》执行，试验过程及数据处理与镉的方法相同。

⑤ 硝基苯对本土淡水水生生物的急性、慢性毒理学试验各项参数见表 9-4。

表 9-4 6 种本土淡水水生生物的急性、慢性浓度设置

物种	拉丁名	体长/cm	平均体重/g	急性浓度设置/(mg/L)	慢性浓度设置/(mg/L)
秀丽白虾	*Exopalaemon modestus*	1.50±0.12	0.12	0,30,39,50.7,91,85.683	1.588,2.858,5.144,9.259,16.667,30.000
黄颡鱼	*Pelteobagrus fulvidraco*	2.50±0.15	0.10	0,10,15,22.5,33.75,50.625,75.93	1.058,1.905,3.429,6.173,11.111,20.000
霍甫水丝蚓	*Limnodrilus hoffmeistteri*	3.20±0.04	—	0,100,140,180,220,260,300	—
河蚬	*Corbicula fluminea*	1.5±0.2(壳长)	1.0±0.2(壳高)	0,80,100,120,140,160	—

9.3.2 本土生物毒性试验结果

在急性、慢性毒性试验过程中，空白对照组和助溶剂对照组的水生生物均未出现死亡。急性试验结果如表 9-5 所示，硝基苯对 4 种沙颍河本土生物的毒性大小为：黄颡鱼（LC_{50}＝17.397mg/L）＞秀丽白虾（LC_{50}＝45.436mg/L）＞河蚬（LC_{50}＝119.069mg/L）＞霍甫水丝蚓（LC_{50}＝178.299mg/L），黄颡鱼为最敏感生物，霍甫水丝蚓为最不敏感生物[190]。有研究报道，硝基苯对于黄颡鱼的 96h-LC_{50} 为 81.57mg/L[191]，高于本书，可能因为所选的黄颡鱼规格大小不同，导致其对污染物敏感性不同。杨扬等[192] 的研究结果中，硝基苯对霍甫水丝蚓 96h-LC_{50} 为 285.76mg/L，表现为低等毒性，与本书中霍甫水丝蚓为不敏感生物结果一致。

由表 9-6 可见，硝基苯对黄颡鱼的慢性试验中，秀丽白虾和黄颡鱼 28d-NOEC 分别为 2.858mg/L 和 3.429mg/L；28d-LOEC 分别为 5.144mg/L 和 6.173mg/L；黄颡鱼以生长为毒性终点的 28d-EC_{20} 为 4.538mg/L[190]。黄颡鱼以生长为毒性终点与以死亡为毒性终点的敏感度相当。硝基苯慢性毒性研究表明，硝基苯能抑制生物发育[193]，导致生物体重减轻。Zheng 等[194] 基于 6 个不同的毒性终点研究了莠去津对水生生物的毒性效应，发现繁殖是最敏感的毒性终点，其次分别为基因、行为、生化和生长，致死为最不敏感的毒性终点。这与本书结果不同，可能因为莠去津具有强烈内分泌干扰物效应，直接影响生物的繁殖，而硝基苯主要抑制生物发育，不同污染物对水生生物的毒性机理不同。

表 9-5 硝基苯对 4 种本土水生生物的急性毒性试验结果

物种	暴露时间/h	回归方程	χ^2	P	LC_{50} /(mg/L)	95%置信区间 /(mg/L)
秀丽白虾	48	$y=13.843x-23.402$	1.867	0.600	49.044	45.072～53.669
	72	$y=9.906x-16.577$	3.836	0.280	47.148	42.718～52.282
	96	$y=8.316x-13.783$	5.068	0.167	45.436	40.658～50.794
霍甫水丝蚓	24	$y=7.099x-16.663$	2.624	0.623	222.494	206.762～240.552
	48	$y=7.366x-16.959$	3.367	0.498	200.565	186.268～215.486
	72	$y=7.088x-16.128$	6.397	0.172	188.529	174.439～202.896
	96	$y=7.467x-16.810$	4.795	0.309	178.299	164.951～191.461
黄颡鱼	24	$y=4.200x-6.512$	1.203	0.878	35.514	27.837～107.656
	48	$y=7.620x-10.059$	6.806	0.146	20.899	17.894～25.801
	72	$y=7.318x-9.330$	9.181	0.057	18.828	14.898～23.673
	96	$y=6.977x-8.654$	5.371	0.251	17.397	15.822～18.896
河蚬	24	$y=16.818x-35.827$	6.933	0.074	134.982	109.855～180.380
	48	$y=15.135x-31.996$	5.123	0.163	130.052	123.390～137.319
	72	$y=13.922x-29.162$	3.287	0.350	124.357	117.508～131.457
	96	$y=16.242x-33.714$	0.921	0.820	119.069	112.796～125.211

表 9-6 硝基苯对 2 种本土水生生物的慢性毒性试验结果

本土生物	毒性终点	NOEC/(mg/L)	LOEC/(mg/L)	MATC/(mg/L)	EC_{20}/(mg/L)
秀丽白虾	死亡率	2.858	5.144	3.834	
黄颡鱼	死亡率	3.429	6.173	4.601	
	生长				4.538

9.4 硝基苯水生生物基准阈值推导

收集筛选了硝基苯对沙颍河流域本土水生动物急性毒性数据共 19 个（表 9-1），慢性毒性数据共 7 个（表 9-2），对淡水植物的毒性数据 7 个（表 9-3）。将收集筛选的硝基苯数据与本书的试验数据结合起来进行排序，结果见表 9-7。

表 9-7 本土水生生物分布与硝基苯急性毒性数据

排序	物种	拉丁名	种平均急性值(SMAV)/(mg/L)	属平均急性值(GMAV)/(mg/L)	属平均慢性值(GMCV)/(mg/L)	急/慢性毒性比(ACR)
1	日本沼虾	*Macrobrachium nipponense*	0.039	0.039		
2	青鳉	*Oryzias latipes*	1.8	1.8		
3	鲤鱼	*Cyprinus carpio*	1.907	1.907		
4	黄颡鱼	*Pelteobagrus fulvidraco*	17.397	17.397	4.535	3.836

续表

排序	物种	拉丁名	种平均急性值(SMAV)/(mg/L)	属平均急性值(GMAV)/(mg/L)	属平均慢性值(GMCV)/(mg/L)	急/慢性毒性比(ACR)
5	大型溞	*Daphnia magna*	30.292	34.722	5.902	5.132
	隆线蚤	*Daphnia carinala*	39.8			
6	秀丽白虾	*Exopalaemon modestus*	45.436	45.436	3.834	11.851
7	静水椎实螺	*Lymnaea stagnalis*	64.5	64.5		
8	中华圆田螺	*Cipangopaludina cahayensis*	103	103		
9	河蚬	*Corbicula fluminea*	119.069	119.069		
10	鲫鱼	*Carassius auratus*	119.1	119.1		
11	霍甫水丝蚓	*Limnodrilus hoffmeistteri*	143.89	143.89		

整理数据得出，沙颍河流域生物硝基苯急性毒性数据共 11 个属，由表 9-7 得到 GMAV 最小的 4 个生物依次为日本沼虾（0.039mg/L）、青鳉（1.8mg/L）、鲤鱼（1.907mg/L）和黄颡鱼（17.397mg/L）。采用 SSR 法计算得到 FAV，结果如表 9-8 所示。

表 9-8　沙颍河流域硝基苯 FAV 的计算结果

序号	GMAV/(mg/L)	lnGMAV	$(\ln GMAV)^2$	累积概率(P)	$\sqrt{P}$
1	0.039	−3.244	10.525	0.083	0.289
2	1.800	0.588	0.345	0.167	0.408
3	1.907	0.646	0.417	0.250	0.500
4	17.397	2.856	8.158	0.333	0.577
合计	—	0.845	19.445	0.833	1.774
$S^2=415.935, S=20.394, L=-8.835, A=-4.275$, FAV=0.014mg/L					

注：S、L 和 A 为计算中采用的符号，没有特殊含义；GMAV 为属平均急性值；P 为累积概率；FAV 表示最终急性值。

计算得到 FAV 为 0.014mg/L，CMC 为 0.007mg/L。黄颡鱼、大型蚤和秀丽白虾的急慢性比（ACR）分别为 3.836、5.132 和 11.851，通过这 3 种水生生物 ACR 的几何平均值算出 FACR 为 6.156。FCV 为 FAV/FACR，CCC 为 FCV 和植物毒性终值（FPV，3.2mg/L）两者中的最小值，得出 CCC 为 0.002mg/L。此外，采用物种敏感度分布法（SSD 曲线用 Log-logistic 函数进行拟合）得出硝基苯的急性、慢性基准值分别为 0.208mg/L 和 0.034mg/L。SSD 法求得的沙颍河流域硝基苯基准值高于 SSR 法，主要因为 SSD 法更多地依赖整体毒性数据对基准的影响，没有考虑到敏感生物的毒性数据。所以 SSD 法与 SSR 法推导的硝基苯基准值有一定差异，甚至不是一个数量级，本书采用 SSR 法的计算结果。

Yan 等[195] 用 SSR 法推导出国家层面的硝基苯急性基准值（0.018mg/L）高出沙颍河流域的基准值 2 倍多。闫振广等[196] 在研究中报道了四大流域的镉急性基准值，其全部小于国家镉的基准值，这与本书结果相似。首先，水生生物的区系分布具有很强的地域性，这不仅体现在国内外物种差异中，在中国不同流域水环境中分布的水生生物也会存在较大差异，因而不同流域的基准值也会不同[197,198]。由于物种分布差异对流域的基准推导有直接影响，因此受试生物的筛选是水质基准推导的重点之一。本书筛选的水生生物均为沙颍河流域内的本土水生生物，补充沙颍河流域本土生物毒性数据时所选取的生物均为沙颍河流域的优势物种。在沙颍河流域中，鲫鱼（*Carassius auratus*）为重要经济鱼种，黄颡鱼（*Pelteobagrus fulvidraco*）和长吻鮠（*Leiocassis longirostris*）均为重点保护物种，乌鳢（*Channa argus*）、萼花臂尾轮虫（*Brachionus calyciflorus*）和大型蚤（*Daphnia magna*）均为国际通用物种，霍甫水丝蚓（*Limnodrilus hoffmeisteri*）、铜锈环棱螺（*Bellamya aeruginosa*）、河蚬（*Corbicula fluminea*）和秀丽白虾（*Exopalaemon modestus*）均为沙颍河流域的优势物种[199]，可作为基准研究的受试生物。因此，在推导沙颍河流域水质基准时，可考虑采用上述物种进行毒性试验。其次，有文献报道氨氮、镉等水质基准受到温度、pH 和硬度等水质参数的影响[197,199]，但目前还未有文献报道水质因子对硝基苯基准的影响。此外，推导水质基准的方法不同也会影响基准数值的大小[200]，而污染物的毒性终点也是基准研究中需要考虑的因素[76,194]。

与中国地表水环境质量标准值（0.017mg/L）[201] 对比，现行的硝基苯标准对沙颍河流域水生生态系统不管是短期还是长期都“欠保护”。“欠保护”就不能对水生生物起到保护作用，直接危害到水生态系统的安全，因此，我国《地表水环境质量标准》中硝基苯的标准阈值应当考虑到特定流域的特征，如水生生物种类差异，以使得基于流域水环境推导得出的基准值可以为大多数生物提供适当保护。

9.5 沙颍河流域硝基苯的生态风险评估

（1）样品采集与处理　分别于 2018 年在平水期（3 月）、丰水期（7 月）和枯水期（11 月）对沙颍河流域主要断面的 40 个点位进行地表水样品采集，每个采样点采集 2L 表层水样到棕色玻璃瓶中，通过 0.45μm 玻璃纤维滤膜过滤，过滤后的水样通过固相萃取进行富集。对 C18 固相萃取小柱（SPE 小柱，6mL，500mg）依次用 10mL 二氯甲烷、10mL 甲醇和 10mL 超纯水活化填料，在真空压力下使 2L 水样以小于 5mL/min 的流速通过小柱进行富集。富集完毕后，用封口膜封存小柱，并用铝箔纸包好，放入车载冰箱中 4℃以下避光保存小柱，冷藏状态下运输到实验室。干燥后的 SPE 小柱使用二氯甲烷和正己烷（1∶1）作为洗脱剂以 1mL/min 洗脱待测物，淋洗液收集于带刻度的 K-D 玻璃瓶中，氮吹定容至 1mL，待下一步上机检测。

（2）样品测试与质量保证　使用气相色谱-质谱联用仪（GC-MS）对样品进行分析。进样模式：进样量为 1μL；分流进样。色谱柱：Agilent 122-5532。柱流量：1.00mL/min。柱温：初始温度 60℃，保留 10min，以 10℃/min 的速度上升到 200℃后，保持 10min，再以 15℃/min 的速度上升到 250℃，保持 20min。离子源温度：230℃。传输线温度：280℃。溶剂延迟时间：5min。采用 SIM 方法对标准样品及测试样品进行测定，选定替代物硝基苯-D_5 的定量离子（82.0），定性离子对（128.0/54.0）；硝基苯的定量离子（77.0），定性离子对（123.0/65.0）；内标 1-溴-2-硝基苯的定量离子（75.0），定性离子对（50.0/155.0），并确定硝基苯保留时间为 7.472min。

硝基苯和替代物硝基苯-D_5 均采用线性校准曲线进行校准，其中硝基苯的线性校准曲线相关系数 $R^2=0.9982$，硝基苯-D_5 的线性校准曲线相关系数 $R^2=0.9966$。测定过程中，设置空白和平行，空白未检测出硝基苯，平行偏差小于 5%。替代物加标回收率为 90.1%～103.2%，空白加标回收率为 73.2%～91.3%。

(3) 硝基苯生态风险评估　在本书中，共采取沙颍河 40 个地表水样。其中丰水期所有采样点硝基苯的浓度范围为 0.29～327.09ng/L，平均值为 35.55ng/L，枯水期所有采样点硝基苯的浓度范围为 NR～327.09ng/L，平均值为 164.03ng/L。张等对洪泽湖的总硝基苯测定结果为 179～5170ng/L，高于本书的硝基苯浓度。

① 商值法生态风险评估　对沙颍河流域 40 个点位进行硝基苯浓度检测，总体含量较低，但检出率较高：平水期、丰水期和枯水期的检出率分别为 80%、100%、97.5%。硝基苯各时期含量统计结果如表 9-9 所示，沙颍河流域地表水中各时期硝基苯平均浓度顺序为枯水期＞平水期＞丰水期，主要原因是夏季雨水多，流域内径流量大，导致河流中硝基苯的浓度降低；反之，冬季雨水少，流域内径流量小，导致河流中硝基苯的浓度增高。计算了不同采样点间硝基苯浓度的标准差以分析其浓度的沿程变化情况，结果显示，各时期硝基苯的空间分布差异都比较大，分别为 56.28ng/L、55.46ng/L、79.20ng/L。

表 9-9　沙颍河流域硝基苯各时期含量统计

水文期	ρ(硝基苯)/(ng/L)				检出率/%
	最大值	最小值	平均值	标准差	
平水期	223.95	ND	52.76	56.28	80
枯水期	387.63	ND	164.03	79.20	97.5
丰水期	327.09	0.29	35.55	55.46	100

采用商值法对沙颍河流域硝基苯进行生态风险评估，以沙颍河硝基苯的实际暴露浓度比上沙颍河流域硝基苯的慢性基准值（0.002mg/L）。沙颍河流域地表水平水期、丰水期和枯水期硝基苯的 HQ 值空间分布如图 9-1 所示。在 3 个时期中，沙颍河流域硝基苯处于较低风险甚至无风险水平，表明沙颍河流域硝基苯对水生生物基本没有风险。

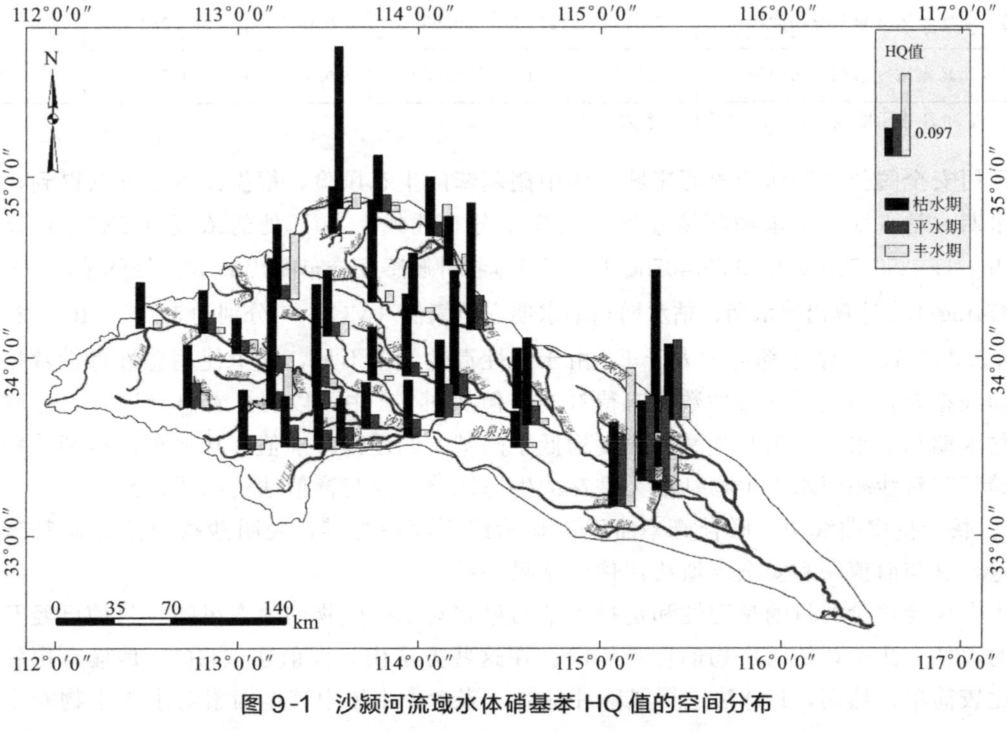

图 9-1　沙颍河流域水体硝基苯 HQ 值的空间分布

② 安全阈值法生态风险评估 采用 Log-logistic 函数进行曲线拟合，函数方程为 $y=1/\{1+\exp[(a-x)/b^2]\}$，用软件 Origin 8.0 绘制的硝基苯环境暴露浓度累积分布曲线和急性毒性数据分布曲线见图 9-2，拟合曲线的具体参数见表 9-10，拟合效果较好，可以使用安全阈值法进行生态风险评估。

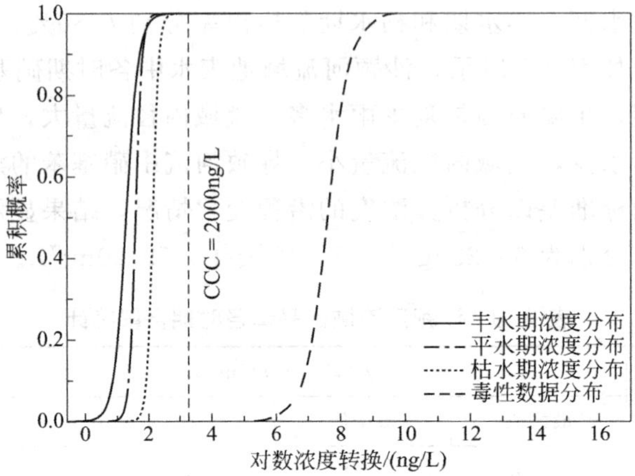

图 9-2 沙颍河流域硝基苯环境暴露浓度数据和生物急性毒性数据分布曲线

表 9-10 硝基苯拟合曲线参数

分布曲线	A,B	R^2	均方根(RMSE)	残差平方和(SSE)	K-S 检验(P)
毒性数据分布曲线	1.6372,0.3755	0.8891	0.119	0.184	0.576
丰水期暴露浓度累积分布曲线	1.3039,0.2126	0.9832	0.066	0.172	0.261
枯水期暴露浓度累积分布曲线	2.1674,0.1123	0.9894	0.047	0.084	0.893
平水期暴露浓度累积分布曲线	1.5929,0.1131	0.9526	0.125	0.503	0.070

注：A 和 B 表示曲线参数，R 表示相关系数。

运用安全阈值法评估沙颍河流域水体中硝基苯的生态风险，根据图 9-2 可以得到，硝基苯丰水期、枯水期和平水期环境暴露浓度累积分布曲线上 90%处的浓度（EXD_{90}）分别为 59.024ng/L、259.507ng/L 和 69.407ng/L，硝基苯物种敏感度分布曲线上 10%处的浓度（SSD_{10}）为 6.474mg/L，计算出丰水期、枯水期和平水期安全阈值（MOS_{10}）分别为 10.97×10^4、2.49×10^4 和 9.34×10^4，结果都远远大于 1。由于慢性毒性数据不足，这里使用急性毒性数据进行 SSD 曲线拟合，后续慢性毒性数据有待补充。但从图 9-2 中可以明显看出，沙颍河流域丰水期、枯水期和平水期的硝基苯暴露浓度均低于硝基苯的慢性基准值，从而可以推断沙颍河流域中硝基苯对沙颍河水生生物基本无潜在的生态风险，这与商值法的结果一致。

③ 联合概率曲线法 联合概率曲线法显示线下面积为零，表明沙颍河流域硝基苯无生态风险，这与商值法和安全阈值法评估的结果一样。

生态风险评价的目的是定性和定量评估污染物对水生生物的生态风险。目前已经开发了不同的评估方法来评估污染物的环境风险。在这些方法中，商值法（HQ）是最常用的，因为它比较简单，然而，HQ 法进行风险评估时，未考虑水体中其他因素对水生生物安全的影响，所以HQ法只能用于生态风险初步评估；安全阈值法（MOS_{10}）同时使用了污染物毒性效应分布曲线与污染物环境暴露浓度曲线，是在商值法基础上的延伸；联合概率曲线（JPC）由环境暴露浓度与毒性效应浓度通过Matlab编程拟合成一条曲线，与前两种方法相比，它能更好地描述环境风险。本书层级风险评估结果一致，即沙颍河水体中硝基苯对沙颍河水生生物基本没有风险，评估结果为沙颍河流域硝基苯的管理提供参考。

9.6 本章小结

本章筛选了硝基苯对本土淡水动物急性毒性数据共17个，对本土淡水动物慢性毒性数据共7个，对淡水植物的毒性7个。对4种沙颍河本土水生生物分别进行急性毒性和慢性毒性试验。采用物种敏感度排序法（SSR）推导硝基苯急慢性基准值，并且借助物种敏感度分布法（SSD）和荷兰RIVM公布的ETX 2.0软件两种方法推导硝基苯急慢性基准值进行对比。利用三种风险评估方法即商值法、安全阈值法、联合概率曲线法对镉在沙颍河流域的风险进行了评估，得到以下结论。

① 硝基苯对秀丽白虾的96h-LC_{50}为45.436mg/L，霍甫水丝蚓的96h-LC_{50}为178.299mg/L，黄颡鱼的96h-LC_{50}为17.397mg/L，河蚬的96h-LC_{50}为119.069mg/L；锯齿新米虾的28d-NOEC为0.991μg/L，28d-LOEC为1.388μg/L；麦穗鱼的28d-NOEC为380μg/L，28d-LOEC为570μg/L；秀丽白虾的慢性28d-NOEC为2.858mg/L。对于黄颡鱼，以死亡为终点的28d-NOEC为3.429mg/L，以体重为终点的28d-EC_{20}为4.538mg/L。其中，秀丽白虾对硝基苯的敏感性最高，黄颡鱼以死亡为毒性终点略敏感于生长。

② 使用物种敏感度排序法（SSR）得出急慢性基准值分别为0.030mg/L和0.008mg/L；物种敏感度分布法（SSD）和荷兰RIVM公布的ETX 2.0软件计算得出硝基苯的急性阈值CMC分别为4.544mg/L、0.622mg/L，慢性基准值CCC分别为0.610mg/L、0.167mg/L。

③ 商值法、安全阈值法和联合概率曲线法三种风险评估方法评估的结果一致，即沙颍河流域硝基苯无生态风险。

10

第10章

沙颍河流域淡水水生生物苯并[a]芘基准研究与生态风险评估

10.1 引言

沙颍河流域煤炭燃烧、汽车尾气及石油、木材、有机高分子化合物的不完全燃烧的产物，即苯并[*a*]芘（BaP），严重危害人类健康，已被许多国家的环保和卫生机构确认为重点监测目标。前人针对苯并[*a*]芘的毒性研究较少，目前尚未能颁布其水生态基准值，所以迫切需要开展这方面的研究。

10.2 沙颍河流域本土基准受试生物及毒性数据的筛选

10.2.1 毒性数据收集与筛选

根据毒性数据收集来源以及筛选原则，剔除非本土生物以及不符合要求的数据。

10.2.2 苯并 [*a*] 芘毒性数据筛选结果

收集筛选了硝基苯对本土淡水动物急性毒性数据共 10 个（表 10-1），最敏感的是大型蚤，最不敏感的是锦鲤，其次是鲤鱼，慢性毒性数据共 7 个（表 10-2），其中大型蚤数据较为丰富。

表 10-1　BaP 水生生物急性毒性数据

物种	拉丁名	时间/d	LC_{50}/EC_{50}/(μg/L)
鲤鱼	*Cyprinus carpio*	4	27.00
大型蚤	*Daphnia magna*	2	1.500
大型蚤	*Daphnia magna*	2	1.298
泥鳅	*Misgurnus anguillicaudatus*	4	3.626
麦穗鱼	*Pseudorasbora parva*	4	5.000
锦鲤	*Brocarded Carp*	4	29.98
青虾	*Macrobrachium nipponense*	4	7.632
霍甫水丝蚓	*Limnodrilus hoffmeistteri*	4	1.642
摇蚊幼虫	*Chironomus Larva*	4	1.851
泽蛙蝌蚪	*Rana limnocharis Boie tadpole*	4	5.264

表 10-2　BaP 水生生物慢性毒性数据

物种	拉丁名	终点	$NOEC/EC_{10}$/(μg/L)
麦穗鱼	*Pseudorasbora parva*	生长(*d*)	0.798
泥鳅	*Misgurnus anguillicaudatus*	生长(*d*)	0.469
大型蚤	*Daphnia magna*	生长(*d*)	0.427
大型蚤	*Daphnia magna*	第一窝时间(*d*)	0.464
大型蚤	*Daphnia magna*	第一窝数量(*n*)	0.379

续表

物种	拉丁名	终点	NOEC/EC_{10}/(μg/L)
大型溞	*Daphnia magna*	总数量(*n*)	0.266
大型溞	*Daphnia magna*	总窝数(*n*)	0.484

10.3 BaP水生生物基准阈值推导

采用SSR法计算沙颍河流域BaP的水生生物水质基准，BaP水生生物种、属平均急性值及急慢性比如表10-3所示。

表10-3 BaP水生生物种、属平均急性值及急慢性比

序号	物种	拉丁名	SMAV/(μg/L)	GMAV/(μg/L)	SACR
1	大型溞	*Daphnia magna*	1.395	1.395	5.24
2	霍甫水丝蚓	*Limnodrilus hoffmeistteri*	1.642	1.642	
3	摇蚊幼虫	*Chironomus Larva*	1.851	1.851	
4	泥鳅	*Misgurnus anguillicaudatus*	3.626	3.626	7.73
5	麦穗鱼	*Pseudorasbora parva*	5.000	5.000	6.27
6	泽蛙蝌蚪	*Ranalimnocharis Boie tadpole*	5.264	5.264	
7	青虾	*Macrobrachium nipponense*	7.632	7.632	
8	鲤鱼	*Cyprinus carpio*	27.00	27.00	
9	锦鲤	*Brocarded Carp*	29.98	29.98	

由表10-3得到GMAV最小的4个生物依次为大型溞（1.395μg/L）、霍甫水丝蚓（1.642μg/L）、摇蚊幼虫（1.851μg/L）、泥鳅（3.626μg/L）。由于我国BaP慢性毒性数据稀少，本书采用“指南”推荐的FCV＝FAV/FACR方法计算FCV值。通过3种水生生物急慢性比（SACR）（本书中大型溞、泥鳅和麦穗鱼分别为5.24、7.73、6.27）的几何平均值算出最终急慢性比（FACR）为6.333。采用毒性百分数排序法计算得到FAV，从而得到CMC和CCC值。结果见表10-4。

表10-4 BaP基准值的计算结果

序号	GMAV/(μg/L)	lnGMAV	$(\ln GMAV)^2$	累积概率(*P*)	$\sqrt{P}$
1	1.395	0.333	0.111	0.091	0.302
2	1.642	0.496	0.246	0.182	0.426
3	1.774	0.573	0.329	0.273	0.522
4	1.851	0.616	0.379	0.364	0.603
合计	—	2.018	1.064	0.909	1.853
$S^2=9.504, S=3.083, L=-0.815, A=-0.125$, FAV＝0.882μg/L					

计算得到FAV为0.882μg/L，急性基准值由FAV除以评价因子（通常取值为2），慢

性基准采用急慢性比 FCV＝FAV/FACR，最后得出急慢性基准值分别为 0.441μg/L 和 0.139μg/L。

10.4 沙颍河流域 BaP 的生态风险评估

（1）样品采集、前处理和检测　方法同硝基苯。

（2）BaP 生态风险评估　在本书中，共采取沙颍河 40 个地表水样。其中丰水期所有采样点 BaP 的浓度范围为 6.89～458.67ng/L，平均值为 74.35ng/L，枯水期和平水期未检出 BaP。

① 商值法生态风险评估　采用商值法对沙颍河流域 BaP 进行生态风险评估，以沙颍河点位监测的 BaP 浓度暴露浓度值比上 BaP 的慢性基准值（208ng/L）。沙颍河流域地表水 BaP 的具体 HQ 值统计结果见表 10-5。在所有采样点中，丰水期的 BaP 大多处于较低风险甚至无风险水平，个别处于中等风险水平，表明沙颍河流域 BaP 对水生生物存在一定风险。

表 10-5　沙颍河流域丰水期 BaP 的 HQ 值统计

HQ 风险等级	比例
无	25%
较低	62.50%
中等	12.50%
较高	0

② 安全阈值法生态风险评估　采用 Log-logistic 函数对生物毒性数据和环境暴露数据进行曲线拟合，生物毒性数据和环境暴露数据的 SSD 曲线图，见图 10-1。根据图 10-1 可以得到 BaP 丰水期 EXD_{90} 为 130.917ng/L，BaP 慢性 SSD_{10} 为 252.749ng/L。计算出丰水期安全阈值（MOS_{10}）为 1.93，结果大于 1。从而可以推断当前状况下沙颍河水体中 BaP 对沙颍河水生生物几乎没有环境风险。由图 10-1 可知，沙颍河丰水期的 BaP 暴露浓度大多数低于 BaP 的慢性基准值，但仍有部分区县部分超过慢性基准值，可以推断沙颍河水体中 BaP 对沙颍河水生生物长时间内存在潜在风险，这与商值法的结果一致。

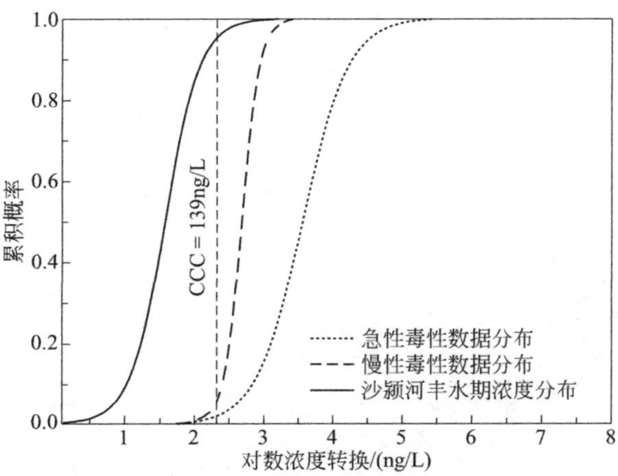

图 10-1　沙颍河流域 BaP 暴露浓度数据和生物毒性数据分布

③ 联合概率曲线法　以 BaP 环境暴露浓度的反累积概率为 y 轴，以 BaP 水生生物毒性数据的累积概率为 x 轴，通过 Matlab 编程拟合联合概率曲线。图 10-2 中可见沙颍河流域 BaP 联合概率曲线，线下面积代表了风险的大小，BaP 丰水期超过 5%的水生生物受损害时的潜在风险为 0.32%。

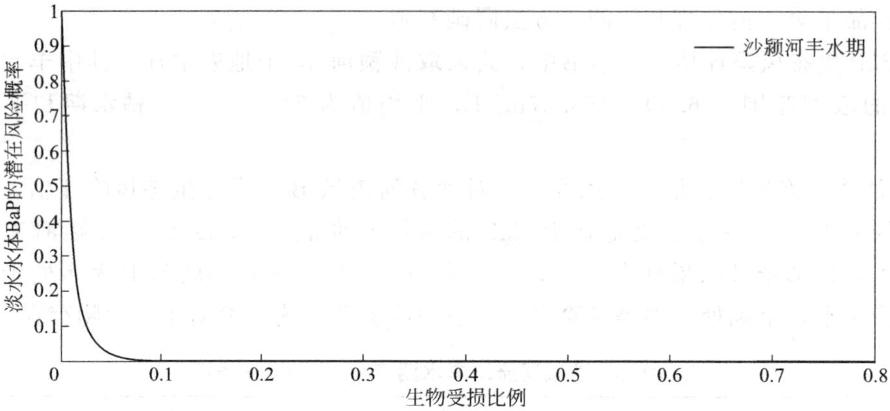

图 10-2　基于丰水期地表水体的 BaP 联合概率曲线

10.5 本章小结

收集筛选了 BaP 对本土淡水动物急性毒性数据共 11 个，最敏感的是大型蚤，最不敏感的是锦鲤，其次是鲤鱼，慢性毒性数据共 8 个，其中大型蚤数据较为丰富。商值法、安全阈值法和联合概率曲线法三种风险评估方法评估的结果一致，即沙颍河流域 BaP 对水生生物产生了一定的生态风险。

参 考 文 献

[1] 赵彩平. 淮河中下游水生态系统中 PAHs 的生物地球化学研究[D]. 合肥：安徽大学，2010.

[2] 于琳. 从流域水污染防治看工厂排污防治法律措施的完善[D]. 青岛：中国海洋大学，2011.

[3] 褚金庭. 沙颍河流量和水质对淮河污染的影响[J]. 水资源保护，2001,(3)：4-7.

[4] 马莉. 淮河水系风台至淮南主城区段水动力学及水质数学模型研究[D]. 淮南：安徽理工大学，2012.

[5] 程绪水，沈哲松. 沙颍河水利工程调度对改善淮河水质的影响分析[J]. 水资源保护，2004，(4)：25-27.

[6] 高红莉，李洪涛，赵风兰. 沙颍河(河南段)水污染的时空分布规律[J]. 水资源保护，2010，26(3)：23-26.

[7] 王一喆，张亚辉，赵莹，等. 国内外环境优先污染物筛选排序方法比较[J]. 环境工程技术学报，2018，8(4)：456-464.

[8] Arnot J A, MacKay D, Webster E, et al. Screening level risk assessment model for chemical fate and effects in the environment[J]. Environmental Science & Technology, 2006, 40(7): 2316-2323.

[9] Snyder E M, Snyder S A, Giesy J P, et al. SCRAM: A scoring and ranking system for persistent, bioaccumulative, and toxic substances for the North American Great Lakes[J]. Environmental Science and Pollution Research, 2000, 7(3): 176-184.

[10] Swanson M B, Davis G A, Kincaid L E, et al. A screening method for ranking and scoring chemicals by potential human health and environmental impacts[J]. Environmental Toxicology and Chemistry: An International Journal, 1997, 16(2): 372-383.

[11] 杨友明，柳庸行，王维国，等. 潜在有毒化学品优先控制名单筛选方法研究[J]. 环境科学研究，1993，(1)：1-9.

[12] 李祚泳，张辉军，邓新民. 密切值法用于环境质量的比较[J]. 环境科学研究，1992，(4)：15-17.

[13] Halfon E, Galassi S, Brüggemann R, et al. Selection of priority properties to assess environmental hazard of pesticides [J]. Chemosphere, 1996, 33(8): 1543-1562.

[14] Hansen B G, Van Haelst A G, Van Leeuwen K, et al. Priority setting for existing chemicals: European Union risk ranking method[J]. Environmental Toxicology and Chemistry: An International Journal, 1999, 18(4): 772-779.

[15] Khan F I, Sadiq R. Risk-based prioritization of air pollution monitoring using fuzzy synthetic evaluation technique[J]. Environmental Monitoring and Assessment, 2005, 105(1-3): 261-283.

[16] 全燮，孙英. 海域有机污染物优先排序和风险分类模糊评判系统[J]. 海洋环境科学，1996，15(1)：1-7.

[17] 高辰龙，陆纪腾，刘燕婕. 荆江航道疏浚土优先控制污染物筛选研究[J]. 水运工程，2016，(7)：26-31.

[18] 段思聪. 河北省流域水环境优先控制污染物筛选方法研究[J]. 煤炭与化工，2017，40(11)：146-150.

[19] 可欣，包清华，黄晓妍，等. 辽河保护区表层沉积物风险污染物质清单筛选研究[J]. 中国环境科学，2017，37(8)：3107-3113.

[20] 范薇，周金龙，曾妍妍. 水环境优先控制污染物筛选方法研究进展[J]. 地下水，2016，38(3)：94-96.

[21] 陈晓秋. 水环境优先控制有机污染物的筛选方法探讨[J]. 福建分析测试，2006，(1)：15-17.

[22] Van Haelst A G, Hansen B G. Priority setting for existing chemicals: automated data selection routine[J]. Environmental Toxicology and Chemistry: An International Journal, 2000, 19(9): 2372-2377.

[23] Dunn A M. A relative risk ranking of selected substances on Canada's national pollutant release inventory[J]. Human and Ecological Risk Assessment, 2009, 15(3): 579-603.

[24] Guinée J B, Heijungs R, Van Oers L F C M, et al. USES uniform system for the evaluation of substances inclusion of fate in LCA characterisation of toxic releases applying USES 1. 0[J]. International Journal of Life Cycle Assessment, 1996, 1(3): 133-138.

[25] 崔骁勇. 国内外化学污染物环境与健康风险排序比较研究[M]. 北京：科学出版社，2010.

[26] 周文敏，傅德黔，孙宗光. 中国水中优先控制污染物黑名单的确定[J]. 环境科学研究，1991，(6)：9-12.

[27] 任双梅，杨良年. 甘肃省优先控制有毒化学品名单筛选研究[J]. 甘肃环境研究与监测，1996，9(1)：8-11.

[28] 方路乡，胡望钧. 浙江省第一批环境优先污染物黑名单研究[J]. 环境污染与防治，1991，13(3)：8-11.

[29] 印楠. 福建省水环境优先污染物初探[J]. 福建环境，1997，(4)：6-7.

[30] 宋仁高，王菊先. 天津市水体中优先有机污染物的筛选[J]. 中国环境科学，1992，12(4)：276-280.

[31] 刘英会. 天津市恶臭污染优先污染物筛选研究[C] //恶臭污染防治研究进展——第四届全国恶臭污染测试与控制技术研讨会论文集. 2012.

[32] 翟平阳，刘玉萍，倪艳芳，等. 松花江水中优先污染物的筛选研究[J]. 环境科学与管理，2000，(3)：19-21.

[33] 郑庆子，祝琳琳. 松花江吉林江段优先控制污染物筛选[J]. 环境科技，2012，25(4)：68-70.

[34] 王莉，王玉平，卢迎红，等. 辽河流域浑河沈阳段地表水重点控制有机污染物的筛选[J]. 中国环境监测，2005，(6)：59-62.

[35] 肖云波. 膜生物反应器和普通活性污泥法去除原水中双酚 A 的试验研究[D]. 北京：北京交通大学，2006.

[36] 车丽娜. 哈尔滨市融雪径流中多环芳烃污染空间分布及生态风险评价[D]. 哈尔滨：哈尔滨师范大学，2019.

[37] 张俊，王乙震，袁媛，等. 京津冀地区典型地表水水源地多环芳烃污染特征分析[C] //持久性有机污染物论坛 2017 暨第十二届持久性有机污染物学术研讨会论文集. 2017.

[38] 赵雯雯. 开封市城市土壤重金属与多环芳烃污染及风险分析[D]. 开封：河南大学，2017.

[39] 郑志周，李海燕. 水环境中多环芳烃的污染现状及研究进展[J]. 环境监测管理与技术，2017，29(5)：1-6.

[40] 曹胜凯. 亚南极环境多介质中多环芳烃的分布特征与环境行为[D]. 上海：上海海洋大学，2019.

[41] 贾晓青，王慧婷，周宏. 岩溶农业区水环境中有机氯农药和多环芳烃的分布特征研究——以湖北黄粮地区为例[J]. 安全与环境工程，2018，25(3)：61-66.

[42] 高佳佳，罗维. 洋河流域环境多介质中多环芳烃(PAHs)的长距离迁移潜力[J]. 农业环境科学学报，2017，36(8)：1601-1609.

[43] 杨成建. 表面活性剂对有机农药在土壤/沉积物上吸附的影响研究[D]. 长沙：湖南农业大学，2006.

[44] 李平. 农村饮用水源的有机农药污染及其检测技术研究进展[J]. 安徽化工，2011，37(4)：62-65.

[45] 卢鑫. 有机农药污染土壤现状及其修复技术研究综述[J]. 绿色环保建材，2019，(3)：36-39.

[46] Lerche D, Matsuzaki S Y, Sørensen P B, et al. Ranking of chemical substances based on the Japanese Pollutant Release and Transfer Register using partial order theory and random linear extensions[J]. Chemosphere, 2004, 55(7): 1005-1025.

[47] Lewis R J, Sax N. Sax's Dangerous Properties of Industrial Materials[M]. New York: Van Nostrand Reinhold, 1996.

[48] 任文娟，汪贞，杨先海，等. 双酚 A 及其类似物对斑马鱼成鱼及胚胎的急性毒性[J]. 生态与农村环境学报，2017，33(4)：372-378.

[49] 中华人民共和国山东出入境检验检疫局，环境保护部化学品登记中心，中国化工信息中心. 化学品分类和标签规范第 28 部分：对水生环境的危害. 中华人民共和国国家质量监督检验检疫总局，中国国家标准化管理委员会，2013：40.

[50] 天津出入境检验检疫局，中国疾病预防控制中心职业卫生与中毒控制所，谱尼测试科技股份有限公司，等. 化学品分类和标签规范第 18 部分：急性毒性. 中华人民共和国国家质量监督检验检疫总局，中国国家标准化管理委员会，2013：40.

[51] Train R E. Quality criteria for water[M]// Quality criteria for water. Washington DC: United State Environmental Protection Agency, Office of Research and Development, 1976.

[52] 孟伟，闫振广，刘征涛. 美国水质基准技术分析与我国相关基准的构建[J]. 环境科学研究，2009，22(7)：757-761.

[53] Yan Z G, Meng W, Liu Z T, et al. Biological criteria for freshwater Cd in China[J]. Acta Scientiae Circumstantiae, 2009, 29(11): 2393-2406.

[54] Bradbury S, Nolt C, Goodman B, et al. Great Lakes water quality initiative criteria documents for the protection of wildlife(proposed): DDT, mercury 2,3,7,8-TCDD and PCBs [R]. Environmental Protection Agency, 1993.

[55] Ashwal S, Russman B S, Blasco P A, et al. Practice parameter: diagnostic assessment of the child with cerebral palsy—report of the Quality Standards Subcommittee of the American Academy of Neurology and the Practice Committee of the Child Neurology Society[J]. Neurology, 2004, 62(6): 851-863.

[56] USEPA. Methodology for deriving ambient water quality criteria for the protection of human health[R]. Washington DC: United State Environmental Protection Agency, Office of Research and Development, 2000.

[57] USEPA. Revision of National Recommended Water Quality Criteria for Acrolein and Phenol[R]. Washington DC: United State Environmental Protection Agency, Office of Research and Development, 2009.

[58] Yan Z, Wu J, Wang X, et al. Development of water quality criteria for toxic organic pollutants[M] //Toxic Pollutants in China. Springer, Dordrecht, 2015: 1-55.

[59] Wu F, Meng W, Zhao X, et al. China embarking on development of its own national water quality criteria system[J]. Environmental Science & Technology, 2010, 44(21): 7992-7993.

[60] Wu F C, Meng W, Song Y H, et al. Research progress in lake water quality criteria in China[J]. Acta Scientiae Circumstantiae, 2008, 28(12): 2385-2393.

[61] World Health Organization. Guidelines for drinking-water quality[M]. World Health Organization, 1993.

[62] Bauer W. The encyclopaedia in China[J]. Cahiers d'Histoire Mondiale. Journal of World History. Cuadernos de Historia Mundial, 1965, 9(1): 665.

[63] Shevell M I, Ashwal S, Donley D, et al. Practice parameter: evaluation of the child with global developmental delay—report of the Quality Standards Subcommittee of the American Academy of Neurology and The Practice Committee of the Child Neurology Society[J]. Neurology, 2003, 60(3): 367-380.

[64] USEPA. Recreational water quality criteria[J]. Health and Ecological Criteria Division OoSaT, 2012: 42.

[65] Alabaster J S, Lloyd R S. Water quality criteria for freshwater fish[M]. Elsevier, 2013.

[66] US Environmental Protection Agency. Office of Water Regulations and Standards. Ambient water quality criteria for bacteria-1986[M]. 1986.

[67] Yirgu Z. Accumulation of certain heavy metals in Nile tilapia(Oreochromis niloticus)fish species relative to heavy metal concentrations in the water of Lake Hawassa[D]. MSc thesis, Addis Ababa University, 2011.

[68] Yin D, Jin H, Yu L, et al. Deriving freshwater quality criteria for 2,4-dichlorophenol for protection of aquatic life in China[J]. Environmental Pollution, 2003, 122(2): 217-222.

[69] Epa U. National recommended water quality criteria[J]. United States Environmental Protection Agency', Office of Water, Office of Science and Technology, 2009.

[70] Warne M S J, Batley G E, Braga O, et al. Revisions to the derivation of the Australian and New Zealand guidelines for toxicants in fresh and marine waters[J]. Environmental Science and Pollution Research, 2014, 21(1): 51-60.

[71] Villa S, Vighi M, Casini S, et al. Pesticide risk assessment in a lagoon ecosystem. Part II: Effect assessment and risk characterization[J]. Environmental Toxicology and Chemistry: An International Journal, 2003, 22(4): 936-942.

[72] Stephan C E, Mount D I, Hansen D J, et al. Guidelines for deriving numerical national water quality criteria for the protection of aquatic organisms and their uses[M]. Washington, DC: US Environmental Protection Agency, 1985.

[73] 雷炳莉，金小伟，黄圣彪，等. 太湖流域 3 种氯酚类化合物水质基准的探讨[J]. 生态毒理学报，2009，4(1)：40-49.

[74] Posthuma L, Suter II G W, Traas T P. (2001). Species sensitivity distributions in ecotoxicology. CRC press. . Species sensitivity distributions in ecotoxicology[M]. New Jersery, USA: CRC Press, 2010.

[75] Kooijman S. A safety factor for LC50 values allowing for differences in sensitivity among species[J]. Water Research, 1987, 21(3): 269-276.

[76] Zheng L, Liu Z, Yan Z, et al. Deriving water quality criteria for trivalent and pentavalent arsenic[J]. Science of the Total Environment, 2017, 587: 68-74.

[77] 覃璐玫，周腾耀，陈雪帆，等. 5 种有机磷农药的淡水水生生物基准[J]. 环境化学，2014，(8)：1269-1275.

[78] 刘娜，金小伟，王业耀，等. 生态毒理数据筛查与评价准则研究[J]. 生态毒理学报，2016，11(3)：1-10.

[79] Yan Z G, Meng W, Liu Z T, et al. Development of aquatic criteria for cadmium for typical basins in China[J]. Research of Environmental Sciences, 2010, 23(10): 1221-1228.

[80] Meng W, Yan Z G, Liu Z T. Analysis of guidelines for deriving water quality criteria in the United States and construction of related criteria in China[J]. Research of Environmental Sciences, 2009, 22(7): 757-761.

[81] 吴丰昌，孟伟，曹宇静，等. 镉的淡水水生生物水质基准研究[J]. 环境科学研究，2011，24(2)：172-184.

[82] 张瑞卿，吴丰昌，李会仙，等. 应用物种敏感度分布法研究中国无机汞的水生生物水质基准[J]. 环境科学学报. 2012，32(2)：440-449.

[83] 廖静. 我国太湖水体中重金属污染分布特征及铅水质基准推导[D]. 南京：南京大学，2014.

[84] 吴丰昌，冯承莲，曹宇静，等. 锌对淡水生物的毒性特征与水质基准的研究[J]. 生态毒理学报，2011，4(6)：367-382.

[85] Hou D, He J, Lü C, et al. Distribution characteristics and potential ecological risk assessment of heavy metals(Cu, Pb, Zn, Cd) in water and sediments from Lake Dalinouer, China[J]. Ecotoxicology and Environmental Safety, 2013, 93(4): 135-144.

[86] 王莹，穆景利，王菊英. 我国硝基苯的海水水质基准及生态风险评估研究[J]. 生态毒理学报，2015，10(1)：160-168.

[87] Jin X, Zha J, Xu Y, et al. Derivation of aquatic predicted no-effect concentration(PNEC)for 2,4-dichlorophenol: comparing native species data with non-native species data[J]. Chemosphere, 2011, 84(10): 1506-1511.

[88] Wang X N, Liu Z T, Yan Z G, et al. Development of aquatic life criteria for triclosan and comparison of the sensitivity

between native and non-native species[J]. Journal of Hazardous Materials, 2013, 260: 1017-1022.

[89] Yan Z, Zhang Z, Wang H, et al. Development of aquatic life criteria for nitrobenzene in China[J]. Environmental Pollution, 2012, 162: 86-90.

[90] Yang S, Yan Z, Xu F, et al. Development of freshwater aquatic life criteria for Tetrabromobisphenol A in China[J]. Environmental Pollution, 2012, 169: 59-63.

[91] 孟伟. 辽河流域水污染治理和水环境管理技术体系构建——国家重大水专项在辽河流域的探索与实践[J]. 中国工程科学, 2013, 15(3): 4-10.

[92] Ernstgård L, Löf A, Wieslander G, et al. Acute effects of some volatile organic compounds emitted from water-based paints[J]. Journal of Occupational and Environmental Medicine, 2007, 49(8): 880-889.

[93] Luo X J, Chen S J, Mai B X, et al. Distribution, source apportionment, and transport of PAHs in sediments from the Pearl River Delta and the northern South China Sea[J]. Archives of Environmental Contamination and Toxicology, 2008, 55(1): 11-20.

[94] Chen S C, Liao C M. Health risk assessment on human exposed to environmental polycyclic aromatic hydrocarbons pollution sources[J]. Science of the Total Environment, 2006, 366(1): 112-123.

[95] Kannan K, Johnson-Restrepo B, Yohn S S, et al. Spatial and temporal distribution of polycyclic aromatic hydrocarbons in sediments from Michigan inland lakes[J]. Environmental Science & Technology, 2005, 39(13): 4700-4706.

[96] 赵颖, 党晋华, 王飞. 汾河流域水系和表层沉积物中多环芳烃的空间变化规律及其生态风险研究[J]. 生态毒理学报, 2017, 12(3): 579-596.

[97] 李爽, 刘殷佐, 刘入瑜, 等. 浑河沈抚段多环芳烃的污染特征及风险评价[J]. 中国环境科学, 2019, 39(4): 1551-1559.

[98] 李泽文, 王海燕, 孔秀琴, 等. 松花江表层沉积物中16种多环芳烃空间分布特征及生态风险评价[J]. 环境科学研究, 2020, 33(1): 163-173.

[99] 徐斌, 聂丹丹, 徐静, 等. 潍坊市饮用水中多环芳烃的污染调查及健康风险评价[J]. 中国热带医学, 2017, 17(10): 1005-1008.

[100] Doong R, Lin Y. Characterization and distribution of polycyclic aromatic hydrocarbon contaminations in surface sediment and water from Gao-ping River, Taiwan[J]. Water Research, 2004, 38(7): 1733-1744.

[101] Chen Y, Zhu L, Zhou R. Characterization and distribution of polycyclic aromatic hydrocarbon in surface water and sediment from Qiantang River, China[J]. Journal of Hazardous Materials, 2007, 141(1): 148-155.

[102] Feng C, Xia X, Shen Z, et al. Distribution and sources of polycyclic aromatic hydrocarbons in Wuhan section of the Yangtze River, China[J]. Environmental Monitoring and Assessment, 2007, 133(1-3): 447-458.

[103] Shushen L, Ling L I U, Fu C. Application of the concentration addition model in the assessment of chemical mixture toxicity[J]. Acta Chimica Sinica, 2013, 71(10): 1335-1340.

[104] Zhu X W, Liu S S, Qin L T, et al. Modeling non-monotonic dose-response relationships: Model evaluation and hormetic quantities exploration[J]. Ecotoxicology and Environmental Safety, 2013, 89: 130-136.

[105] Mitra S, Bianchi T S. A preliminary assessment of polycyclic aromatic hydrocarbon distributions in the lower Mississippi River and Gulf of Mexico[J]. Marine Chemistry, 2003, 82(3-4): 273-288.

[106] Zhang S, Zhang Q, Darisaw S, et al. Simultaneous quantification of polycyclic aromatic hydrocarbons(PAHs), polychlorinated biphenyls(PCBs), and pharmaceuticals and personal care products(PPCPs) in Mississippi river water, in New Orleans, Louisiana, USA[J]. Chemosphere, 2007, 66(6): 1057-1069.

[107] 孔祥胜, 祁士华, 黄保健, 等. 大石围天坑群土壤中有机氯农药的分布与富集特征[J]. 地球化学, 2012, 41(2): 188-196.

[108] Qiu X, Zhu T, Yao B, et al. Contribution of dicofol to the current DDT pollution in China[J]. Environmental Science & Technology, 2005, 39(12): 4385-4390.

[109] Fu J, Mai B, Sheng G, et al. Persistent organic pollutants in environment of the Pearl River Delta, China: an overview[J]. Chemosphere, 2003, 52(9): 1411-1422.

[110] 孙青萍. 杭州市地表水有机农药的污染现状及风险[D]. 杭州: 浙江大学, 2004.

[111] 王丽娟. 水环境中有机磷农药对水生动物和人类的影响及其检测[J]. 福建水产, 2015, 37(4): 338-344.

[112] 陈卫平, 彭程伟, 杨阳, 等. 北京市地下水有机氯和有机磷农药健康风险评价[J]. 环境科学, 2018, 39(1): 117-122.

[113] 张祖麟. 河口流域有机农药污染物的环境行为及其风险影响评价[D]. 厦门：厦门大学，2001.

[114] 付广云，韩长秀. 有机磷农药及其危害[J]. 化学教育，2005，(1)：9-10.

[115] 郭强，田慧，毛潇萱，等. 珠江河口水域有机磷农药水生生态系统风险评价[J]. 环境科学，2014，35(3)：1029-1034.

[116] 刘奇鹰，郭远明，孙秀梅，等. 杭州湾产业集聚区沉积物中邻苯二甲酸酯的含量测定及风险评估[J]. 浙江海洋大学学报(自然科学版)，2018，37(3)：254-259.

[117] 胡卫星. 渭河流域西安段水体中 PAEs 的污染特征及生态风险评价[D]. 西安：长安大学，2019.

[118] Mankidy R，Wiseman S，Ma H，et al. Biological impact of phthalates[J]. Toxicology Letters，2013，217(1)：50-58.

[119] Calafat A M，Needham L L，Silva M J，et al. Exposure to di-(2-ethylhexyl)phthalate among premature neonates in a neonatal intensive care unit[J]. Pediatrics，2004，113(5)：429-434.

[120] Paca J，Halecky M，Barta J，et al. Aerobic biodegradation of 2,4-DNT and 2,6-DNT：Performance characteristics and biofilm composition changes in continuous packed-bed bioreactors[J]. Journal of Hazardous Materials，2009，163(2-3)：848-854.

[121] Faust M，Altenburger R，Backhaus T，et al. Predicting the joint algal toxicity of multi-component s-triazine mixtures at low-effect concentrations of individual toxicants[J]. Aquatic Toxicology，2001，56(1)：13-32.

[122] 王英，梁丽，黄逸心，等. 二硝基甲苯的生产工艺和合成应用[J]. 辽宁化工，2018，47(11)：1113-1115.

[123] 郭莉莉，王健. 高效液相色谱法测定酚类化合物探讨[J]. 化工设计通讯，2018，44(3)：116-117.

[124] 葛璇，李海滨，张厚勇. 固相萃取-高效液相色谱法测地表水中 11 种酚类化合物[J]. 中国环境监测，2016，32(2)：100-103.

[125] 胡念念，杜文，戴云辉. 高效液相色谱法测定卷烟滤嘴中截留的主要酚类化合物[J]. 烟草科技，2015，48(4)：49-55.

[126] 刘彬，李爱民，贺小敏，等. 固相萃取-高效液相色谱法测定废水中的酚类化合物[J]. 中国环境监测，2015，31(3)：155-160.

[127] 李文亮，谢经磊，尚重阳. 苯胺类化合物微生物降解研究进展[J]. 环境科学与管理，2007，(11)：102-105.

[128] 储燕萍，唐莺，韩英，等. 气相色谱/质谱联用法测定饮用水源水中苯胺类化合物[J]. 环境监测管理与技术，2011，23(5)：58-61.

[129] 昝川南，叶梁银. 浅析高效液相色谱分析法在各领域的应用及发展前景[J]. 化学工程与装备，2013，(2)：158-161.

[130] 司荣彪，李学梅，任胜，等. 六氯乙烷的毒性及危害初探[J]. 中国工业医学杂志，1997，(3)：52-53.

[131] 李建华，沈梦楠，程杰，等. 多溴二苯醚的生物代谢机制研究进展[J]. 中国科学：化学，2013，43(3)：305-314.

[132] 张彩华，张建平，蓝学恒. 试论岱海渔业的改革与发展[J]. 中国渔业经济研究，1999，(2)：22.

[133] 杨伟华，于红霞. 多溴二苯醚类化合物干扰人雌激素受体 alpha 活性机理的理论研究[J]. 环境化学，2013，32(7)：1168-1179.

[134] 何华飞，王浙明，许明珠，等. 制药行业 VOCs 排放特征及控制对策研究——以浙江为例[J]. 中国环境科学，2012，32(12)：2271-2277.

[135] 梁琳玲. 水环境中挥发性有机物的监测研究[J]. 资源节约与环保，2018，(11)：50.

[136] 许志波，杨仪，卞莉，等. 太湖典型水源地挥发性有机物与环境因子的关系[J]. 安徽农业科学，2020，48(5)：78-81.

[137] Pecoraino G，Scalici L，Avellone G，et al. Distribution of volatile organic compounds in Sicilian groundwaters analysed by head space-solid phase micro extraction coupled with gas chromatography mass spectrometry(SPME/GC/MS)[J]. Water Research，2008，42(14)：3563-3577.

[138] Ramsey J，Anderson H R，Bloor K，et al. An introduction to the practice，prevalence and chemical toxicology of volatile substance abuse[J]. Human & Experimental Toxicology，1989，8(4)：261-269.

[139] Clayton C A，Pellizzari E D，Whitmore R W，et al. National Human Exposure Assessment Survey(NHEXAS)：distributions and associations of lead，arsenic，and volatile organic compounds in EPA Region 5[J]. Journal of Exposure Science & Environmental Epidemiology，1999，9(5)：381-392.

[140] Yonggang X，Wantai Y，Qiang M，et al. The antibiotic in environment and its ecotoxicity：A review[J]. Asian Journal of Ecotoxicology，2015，10(3)：11-27.

[141] Zhang Q Q，Ying G G，Pan C G，et al. Comprehensive evaluation of antibiotics emission and fate in the river basins of China：source analysis，multimedia modeling，and linkage to bacterial resistance[J]. Environmental Science & Technology，2015，49(11)：6772-6782.

[142] 梁惜梅，施震，黄小平．珠江口典型水产养殖区抗生素的污染特征[J]．生态环境学报，2013，22(2)：304-310.

[143] Nödler K, Licha T, Barbieri M, et al. Evidence for the microbially mediated abiotic formation of reversible and non-reversible sulfamethoxazole transformation products during denitrification [J]. Water Research, 2012, 46 (7): 2131-2139.

[144] Sarmah A K, Meyer M T, Boxall A B A. A global perspective on the use, sales, exposure pathways, occurrence, fate and effects of veterinary antibiotics(VAs)in the environment[J]. Chemosphere, 2006, 65(5): 725-759.

[145] 孙王茹．城市水环境中抗生素及抗性基因污染特征研究[D]．邯郸：河北工程大学，2019.

[146] 郝迪．抗生素在水环境中的生态效应及危害防御[J]．现代农村科技，2019，(4)：101.

[147] 张垚，王静．水环境抗生素残留及其生态与健康影响[J]．湖北医药学院学报，2019，38(6)：609-614.

[148] 周文敏，傅德黔，孙宗光．水中优先控制污染物黑名单[J]．中国环境监测，1990，(4)：1-3.

[149] 周文敏，傅德黔，孙宗光．中国水中优先控制污染物黑名单的确定[J]．环境科学研究，1991，(6)：9-12.

[150] Malferrari D, Brigatti M F, Laurora A, et al. Heavy metals in sediments from canals for water supplying and drainage: mobilization and control strategies[J]. Journal of Hazardous Materials, 2009, 161(2-3): 723-729.

[151] Hiller E, Jurkovič L, Šutriepka M. Metals in the surface sediments of selected water reservoirs, Slovakia[J]. Bulletin of Environmental Contamination and Toxicology, 2010, 84(5): 635-640.

[152] 罗燕，秦延文，张雷，等．大伙房水库表层沉积物重金属污染分析与评价[J]．环境科学学报，2011，31(5)：987-995.

[153] 余姝洁，李名，张保见，等．中山市主要灌溉水源底泥重金属污染及潜在生态风险评估[J]．安徽农业科学，2016，44(16)：61-63.

[154] 周国强，罗凡，淘涛，等．大冶湖流域重金属污染现状及风险评价[J]．给水排水，2016，(s1)：109-112.

[155] 方斌斌，于洋，姜伟立，等．太湖流域水体和沉积物重金属时空分布特征及潜在生态风险评价[J]．生态与农村环境学报，2017，33(3)：215-224.

[156] 王漫漫，陆昊，李慧明，等．太湖流域典型河流重金属污染和生态风险评估[J]．环境化学，2016，35(10)：2025-2035.

[157] 孔明，彭福全，张毅敏，等．环巢湖流域表层沉积物重金属赋存特征及潜在生态风险评价[J]．中国环境科学，2015，35(6)：1863-1871.

[158] 杨忠芳，夏学齐，余涛，等．湖南洞庭湖水系 As 和 Cd 等重金属元素分布特征及输送通量[J]．现代地质，2008，22(6)：897-908.

[159] 张莉，祁士华，瞿程凯，等．福建九龙江流域重金属分布来源及健康风险评价[J]．中国环境科学，2014，34(8)：2133-2139.

[160] 袁永波，苏继俊．河南省煤炭产业转型升级发展研究[J]．工业经济论坛，2017，4(1)：53-58.

[161] 左其亭，罗增良，石永强，等．沙颍河流域主要参数与自然地理特征[J]．水利水电技术，2016，47(12)：66-72.

[162] 王哲．地下水重金属污染成因及修复技术研究进展[J]．科技与创新，2020，(3)：134-135.

[163] 王镜然，帕丽达·牙合甫．降雪和积雪中重金属的污染状况与来源解析——以乌鲁木齐市 2017 年初数据为例[J]．环境保护科学，2020，46(1)：147-154.

[164] 李文华，简敏菲，余厚平，等．鄱阳湖流域饶河龙口入湖段优势淡水鱼类对微塑料及重金属污染物的生物累积[J]．湖泊科学，2020，32(2)：357-369.

[165] 龙安玉，简永远．水环境重金属分析的研究现状及发展探究[J]．资源节约与环保，2020，(1)：140.

[166] 王玉岭．水环境重金属元素污染现状分析[J]．中小企业管理与科技(中旬刊)，2019，(10)：44-45.

[167] 王文静，高鹏程，李捷，等．丹江口水库典型入库支流水质评价与趋势分析[J]．水资源保护，2016，32(3)：127-130.

[168] 邹华，王靖国，朱荣，等．太湖贡湖湾主要河流表层沉积物重金属污染及其生态风险评价[J]．环境工程学报，2016，10(3)：1546-1552.

[169] 张玉凤，吴金浩，宋永刚，等．辽东湾海水中 PAHs 分布与来源特征及风险评估[J]．环境科学研究，2017，30(6)：892-901.

[170] Long E R, MacDonald D D, Smith S L, et al. Incidence of adverse biological effects within ranges of chemical concentrations in marine and estuarine sediments[J]. Environmental Management, 1995, 19(1): 81-97.

[171] 丁婷婷，李强，杜士林，等．沙颍河流域水环境重金属污染特征及生态风险评价[J]．环境化学，2019，38(10)：2386-2401.

[172] 杜士林，丁婷婷，董淮晋，等. 沙颍河流域水环境中多环芳烃污染及风险评价[J]. 农业环境科学学报，2020，39(3)：163-173.

[173] 杜丽娜，余若祯，王海燕，等. 重金属镉污染及其毒性研究进展[J]. 环境与健康杂志，2013，30(2)：167-174.

[174] 袁啸. 镉诱导小鼠肾脏蛋白组的变化及其功能的影响[D]. 镇江：江苏大学，2015.

[175] 李书幻，温祝桂，陈亚茹，等. 我国蔬菜重金属污染现状与对策[J]. 江苏农业科学，2016，44(8)：231-235.

[176] Mo L Y，Zhao D N，Qin M，et al. Joint toxicity of six common heavy metals to Chlorella pyrenoidosa[J]. Environmental Science and Pollution Research，2019，26(30)：30554-30560.

[177] Zhang J，Ding T T，Dong X Q，et al. Time-dependent and Pb-dependent antagonism and synergism towards Vibrio qinghaiensis sp. -Q67 within heavy metal mixtures[J]. Rsc Advances，2018，8(46)：26089-26098.

[178] 邢艳帅，朱桂芬. 重金属对水生生物的生态毒理效应及生物耐受机制研究进展[J]. 生态毒理学报，2017，12(3)：13-26.

[179] 邹安琪. 重金属 Cd^{2+} 对五种常见淡水浮游藻类的毒性效应研究[D]. 武汉：长江科学院，2016.

[180] 王伟莉，焦聪颖，闫振广. 水体硬度对铜和镉生物毒性的影响[J]. 环境工程技术学报，2013，3(3)：272-278.

[181] Ding T T，Du S L，Zhang Y H，et al. Hardness-dependent water quality criteria for cadmium and an ecological risk assessment of the Shaying River Basin，China[J]. Ectoxicology and Environmental Safety，2020，198：110666.

[182] Tan Q G，Wang W X. Acute toxicity of cadmium in Daphnia magna under different calcium and pH conditions：importance of influx rate[J]. Environmental Science & Technology，2011，45(5)：1970-1976.

[183] Clifford M，McGeer J C. Development of a biotic ligand model to predict the acute toxicity of cadmium to Daphnia pulex[J]. Aquatic Toxicology，2010，98(1)：1-7.

[184] Dhawan R，Dusenbery D B，Williams P L. Comparison of lethality，reproduction，and behavior as toxicological endpoints in the nematode Caenorhabditis elegans[J]. Journal of Toxicology and Environmental Health Part A，1999，58(7)：451-462.

[185] 梁雪玲. 基于水体中氨氮检测结果分析相关影响因素研究[J]. 绿色科技，2014，(3)：87-88.

[186] Ankley G T，Schubauer-Berigan M K，Monson P D. Influence of pH and hardness on toxicity of ammonia to the amphipod Hyalella azteca[J]. Canadian Journal of Fisheries and Aquatic Sciences，1995，52(10)：2078-2083.

[187] US Environmental Protection Agency. Ambient Water Quality Criteria for Ammonia-1984. EPA-440/5-85-001[S]. 1985.

[188] Ding K，Lu L，Wang J，et al. In vitro and in silico investigations of the binary-mixture toxicity of phthalate esters and cadmium(II) to Vibrio qinghaiensis sp. Q67[J]. Science of The Total Environment，2017，580：1078-1084.

[189] Ding T T，Du S L，Huang Z Y，et al. Water quality criteria and ecological risk assessment for ammonia in the Shaying River Basin，China[J]. Ecotoxicology and Environmental Safety，2021，215：112141.

[190] 丁婷婷，杜士林，王宏亮，等. 沙颍河流域硝基苯水质基准推导及生态风险评估[J]. 生态毒理学报，2020，15(4)：259-270.

[191] 梁峰. 我国典型流域重金属的风险评价及六价铬水质基准的推导[D]. 南京：南京大学，2011.

[192] 杨扬. 3 种典型有机污染物对 2 种水生生物的急性毒性及安全评价[J]. 环境科学，2015，(8)：3074-3079.

[193] 赵志刚. 硝基苯等污染物对 4 种中国土著水生生物的毒性研究[D]. 南京：南京大学，2011.

[194] Zheng L，Zhang Y，Yan Z，et al. Derivation of predicted no-effect concentration and ecological risk for atrazine better based on reproductive fitness[J]. Ecotoxicology and Environmental Safety，2017，142：464-470.

[195] Yan Z，Wu J，Wang X，et al. Development of water quality criteria for toxic organic pollutants[M] //Toxic Pollutants in China. Dordrecht：Springer，2015：1-55.

[196] 闫振广，孟伟，刘征涛，等. 我国典型流域镉水质基准研究[J]. 环境科学研究，2010，23(10)：1221-1228.

[197] 郝明辉. 清漠河流域氨氮水生生物基准研究[D]. 郑州：郑州大学，2018.

[198] 王一喆，闫振广，张亚辉，等. 七大流域氨氮水生生物水质基准与生态风险评估初探[J]. 环境科学研究，2016，29(1)：77-83.

[199] 丁婷婷. 沙颍河流域典型污染物的水生生物基准推导及生态风险评估[D]. 合肥：安徽建筑大学，2019.

[200] 雷炳莉，金小伟，黄圣彪，等. 太湖流域 3 种氯酚类化合物水质基准的探讨[J]. 生态毒理学报，2009，4(1)：40-49.

[201] 国家环境保护总局. 地表水环境质量标准(GB 3838—2002)[S]. 北京：中国环境科学出版社，2002.